Python数据分析与应用：从数据获取到可视化（第2版）

Python应用编程丛书

黑马程序员 编著

中国铁道出版社有限公司
CHINA RAILWAY PUBLISHING HOUSE CO., LTD.

内容简介

本书以Anaconda为主要开发工具，全面系统地介绍了Python数据分析的相关知识。全书共10章，第1章介绍了数据分析的基本概念，以及开发工具的安装和使用；第2~6章介绍了Python数据分析的常用库及其应用，包括如何使用NumPy对一维数组和二维数组进行数值计算和操作，如何使用pandas进行数据获取、预处理以及分组与聚合等一些操作，如何使用Matplotlib、Seaborn与Pyecharts进行数据可视化；第7～8章介绍了时间序列和文本数据的分析；第9章介绍了机器学习的相关概念以及KNN算法；第10章开发了一个数据分析的综合项目，完整呈现了数据分析及可视化的全过程。

本书附有丰富的教学资源，包括教学大纲、教学设计、教学PPT、教学视频、配套题库、源代码等，为帮助读者更好地学习本书内容，还提供在线答疑服务。

本书适合作为高等院校计算机相关专业及其他工科专业数据分析类课程教材，也可作为数据分析爱好者的参考书。

图书在版编目（CIP）数据

Python数据分析与应用：从数据获取到可视化 / 黑马程序员编著 .— 2版 .—北京：中国铁道出版社有限公司，2024.1（2025.1重印）
（Python应用编程丛书）
ISBN 978-7-113-30649-6

Ⅰ.①P…　Ⅱ.①黑…　Ⅲ.①软件工具 - 程序设计　Ⅳ.①TP311.561

中国国家版本馆CIP数据核字（2023）第202699号

书　　名：Python数据分析与应用：从数据获取到可视化
作　　者：黑马程序员

策　　划：翟玉峰　　　　编辑部电话：（010）51873135
责任编辑：翟玉峰
编辑助理：谢世博
封面设计：王　哲
封面制作：刘　颖
责任校对：刘　畅
责任印制：赵星辰

出版发行：中国铁道出版社有限公司（100054，北京市西城区右安门西街8号）
网　　址：https://www.tdpress.com/51eds
印　　刷：河北燕山印务有限公司
版　　次：2019年1月第1版　2024年1月第2版　2025年1月第3次印刷
开　　本：787 mm×1 092 mm 1/16　印张：19　字数：460千
书　　号：ISBN 978-7-113-30649-6
定　　价：59.00元

前言

在大数据时代，数据分析的热度正在快速攀升，数据分析领域已成为当今最受关注和追捧的领域之一。数据分析是从大量数据中提取有价值信息的重要过程，它利用各种技术和方法，揭示数据中的模式、趋势和关系，并为决策和问题解决提供支持。

Python 在数据分析、数据可视化、机器学习等方面都有非常成熟的库和活跃的社区，从 21 世纪开始，在行业应用和学术研究中使用 Python 进行数据分析的势头越来越猛，对于要往数据分析方向发展的读者而言，学习 Python 数据分析是一个不错的选择。

高校对数据分析的广泛关注使得这一领域在教育界日益受到重视，不少高校纷纷开设了与数据分析相关的课程。为了满足高校数据分析教学的需求，我们特意编写了这本专注于 Python 数据分析的教材。

编写思路

本书延用第一版的编写思路，具体如下：

（1）本书循序渐进地介绍了学习数据分析必备的核心知识，以及一些机器学习相关的知识，帮助读者具备数据分析的相关技能，能够独立编写项目，以胜任 Python 数据分析工程师相关岗位的工作。

（2）本书在讲解时，采用需求引入的方式，循序渐进地介绍了数据分析库的基本使用，同时对比较特殊的时间序列和文本数据的分析进行了拓展讲解，以提高读者的开发兴趣和开发能力。

（3）在讲解知识的同时，不断地增加案例，不仅有针对某个知识点的示例，而且有针对某章的案例，还有针对全书的综合案例，以最大限度帮助读者真正掌握 Python 数据分析的核心知识，并帮助开发人员多动手练习，以真正掌握相关技术。

修订内容

为了与数据分析技术和行业发展保持同步，本书在第一版的基础上进行了修订。修订的主要内容包括技术更新、内容优化和融入思政。首先，根据数据分析行业的发展动向进行了技术更新。其次，根据任课教师的需求和反馈，对图书内容进行了优化，增加了更多案例以平衡理论与实践的比重。最后，结合国家对教育行业的政策要求，加入了与思政教育相关的内容。通过这些修订，旨在满足读者的需求，完善教学体系，推动学生全面成长。修订的具体内容如下：

（1）新增了机器学习一章，读者可以接触机器学习以及 KNN 算法。

（2）更新了数据可视化一章，删除 bokeh 库，增加 Pyecharts 库。

（3）更新 Anaconda 工具的版本，升级到 2022.10 版本，紧跟技术发展需求。

（4）优化内容，给抽象的知识点增加示意图或示例，读者更容易吸收。

（5）更新七个章节的案例，案例与知识点联系更紧密。

本书内容

本书基于 Windows 10 系统的 Anaconda3 2022.10 工具，系统全面地讲解了 Python 数据分析的核心知识，全书共分为 10 章，各章内容介绍如下。

第 1 章主要带领大家认识数据分析，包括数据分析产生的背景、什么是数据分析、数据分析的应用场景、数据分析的流程、选择 Python 做数据分析的原因、搭建开发环境、启用 Jupyter Notebook 工具，以及常见的数据分析库等。通过本章的学习，读者能对数据分析有一个初步了解，并为后续章节的学习准备好开发环境。

第 2~6 章属于本书的重点知识，主要对 Python 数据分析方向的常用库进行了介绍，包括 NumPy、pandas、Matplotlib、Seaborn 与 Pyecharts，并着重对这几个库的核心用法进行了详细讲解。通过这几章的学习，读者能够根据需求熟练使用 pandas 库进行数据处理，使用 Matplotlib、Seaborn 与 Pyecharts 库绘制出想要的图表。

第 7~9 章属于本书的扩展知识，主要介绍了时间序列分析、文本数据分析、机器学习的知识。通过这几章的学习，读者能够掌握处理时间序列和文本数据的技能，可以简单了解机器学习以及 KNN 算法的知识。

第 10 章运用前面所学的知识，开发了一个相对比较完整的项目——租房数据统计分析。通过本章的学习，读者能够在项目中灵活运用数据分析库解决问题，举一反三，以具备开发简单数据分析项目的能力。

本书特色

本书继承第一版的特色，修订后具有以下几个特色：

（1）强调实践导向。本书除了第 1、10 章以外，每个章节都为知识点配置了大量示例和章节综合案例，涵盖各种实际应用场景，比如数据清洗、可视化、统计分析和机器学习等，另外第 10 章配置了实战演练。通过这些案例，读者能够深入了解如何在真实世界中应用 Python 进行数据分析，并且可以通过实践来巩固所学内容。

（2）注重全面性。本书不仅深入探讨了 NumPy、pandas、Matplotlib 等数据分析常用库的使用方法，还扩展介绍了数据分析相关领域的知识，比如时间序列分析、文本数据分析、机器学习，使读者能够全面了解数据分析的方法和技巧。

读者若不能完全理解教材中所讲知识，可登录在线平台，配合平台中的教学视频进行学习。此外读者在学习的过程中，务必要勤于练习，确保真正吸收所学知识。若在学习的过程中遇到无法解决的困难，建议读者莫要纠结于此，继续往后学习，或可豁然开朗。

配套服务

为了提升您的学习或教学体验，我们精心为本书配备了丰富的数字化资源和服务，包括在线答疑、教学大纲、教学设计、教学 PPT、教学视频、测试题、源代码等。通过这些配套资源和服务，您的学习或教学可以变得更加高效。请扫描本书二维码获取配套资源和服务。

配套资源和服务

致　谢

本书的编写和整理工作由江苏传智播客教育科技股份有限公司完成。全体编写人员在编写过程中付出了辛勤的汗水，此外，还有很多人员参与了本书的试读工作并给出了宝贵的建议，在此向大家表示由衷的感谢。

意见反馈

尽管我们付出了最大的努力，但书中难免会有不妥之处，欢迎各界专家和读者朋友们来信给予宝贵意见，我们将不胜感激。您在阅读本书时，如发现任何问题或有不认同之处可以通过电子邮件与我们取得联系。

请发送电子邮件至：itcast_book@vip.sina.com。

黑马程序员

2024 年 12 月于北京

目　录

第 1 章 数据分析概述

学习目标

◆ 了解数据分析产生的背景，能够简述数据分析产生的背景

◆ 了解数据分析的概念及层次，能够说出数据分析的概念以及数据分析的 4 个层次

◆ 了解数据分析的应用领域，能够列举至少 3 个数据分析的应用领域

◆ 熟悉数据分析的流程，能够归纳数据分析的基本流程

◆ 了解 Python 做数据分析的优势，能够说出 Python 在数据分析方面有哪些优势

◆ 了解 Anaconda 工具，能够说出 Anaconda 工具的特点

◆ 掌握 Anaconda 的安装与使用，能够独立在计算机中安装 Anaconda 工具，并通过 Anaconda 工具安装、更新、卸载包

◆ 掌握 Jupyter Notebook 的启用方式，能够通过 Anaconda 或命令的方式启用 Jupyter Notebook 工具

◆ 熟悉 Jupyter Notebook 的界面，能够归纳 Python 脚本文件窗口包含的主要功能

◆ 掌握 Jupyter Notebook 的使用方法，能够使用 Jupyter Notebook 工具编写与运行代码

◆ 熟悉常见的数据分析库，能够归纳每个数据分析库的功能

随着大数据时代的到来，数据得到了前所未有的爆发式增长，人们每天都生活在庞大的数据之中，能够从大量数据中挖掘出有价值的信息变得愈发重要，数据分析技术应运而生。

数据分析可以运用计算机工具和数学知识处理数据，并从海量数据中发现规律性的信息，帮助企业规避自身问题以及预测未来趋势。由此可见，数据分析在大数据时代扮演着不可估量的角色。

1.1 数据分析产生的背景

随着计算机技术全面地融入社会生活，信息爆炸已经积累到开始引发变革的程度，不仅使得世界上充斥着比以往更多的信息，而且增长速度也在逐步加快，驱使着人们进入了一个崭新

的大数据时代。互联网、移动互联网、物联网、车联网、GPS、医学影像、安全监控、金融、电信等领域每天都在疯狂产生着数据。截至目前，无论是线下的大超市还是线上的商城，每天都会产生 TB 级以上的数据量。

以前，人们得不到想要的数据，是因为数据库中没有相关的数据。然而，现在人们依旧得不到想要的数据，主要原因是数据库中的数据太多但缺乏一些可以快速地从数据库中获取有利用价值数据的操作方法。在这种需求的推动下出现了数据分析技术。

数据分析可以从海量数据中获得潜藏的有价值的信息，帮助企业或个人预测未来的趋势和行为，使得商务和生产活动具有一定的前瞻性。例如，创业者可以通过分析用户对商品的评价数据优化产品，营销人员可以通过分析历史销售数据改进营销策略，产品经理可以通过数据分析研究用户的消费习惯，金融从业者可以通过数据分析规避投资风险，程序员可以通过数据分析进一步挖掘数据价值。总之，数据分析可以最大限度地开发数据的价值，发挥数据的作用，以提升人们对现实事物进行分析规划和问题识别的能力。

在大数据时代中，数据处理技术得到了突飞猛进的发展，我们终于拥有了发现及挖掘隐藏在海量数据背后的信息并且将这些信息转化为知识及智慧的能力，数据开始了从量变到质变的转化过程。

不管你从事什么行业，数据分析可以算得上是工作中必要的一项技能，掌握了这项技能往往在岗位上更有竞争力。

1.2 什么是数据分析

数据分析是指使用适当的统计分析方法对收集到的大量数据进行分析，从这些数据中提取有用信息和形成结论，并加以详细研究和概括总结的过程。

数据分析的目的在于，将隐藏在一大批看似杂乱无章的数据中提炼出来有用的数据，以找出所研究对象的内在规律。

数据分析按照复杂度和深度可以分为四个层次，分别是描述性分析、诊断性分析、预测性分析和规范性分析。数据分析的四个层次如图 1-1 所示。

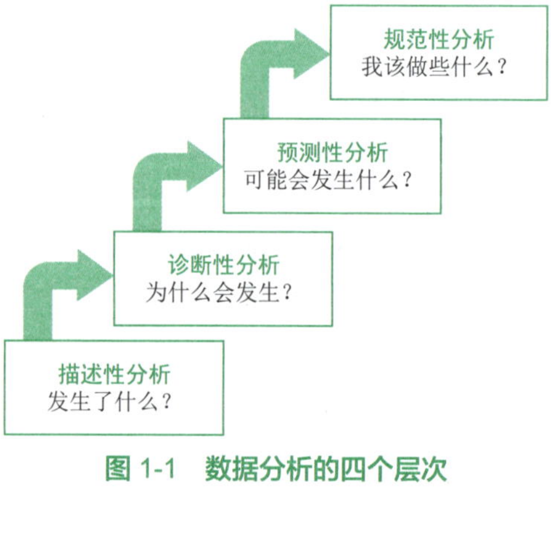

图 1-1 数据分析的四个层次

接下来，分别对数据分析的四个层次进行简单介绍。

1. 描述性分析：发生了什么？

描述性分析是数据分析中最简单形式的分析方式，它主要是在历史数据的基础之上，利用一些核心指标（如流量、转化率、收入、成本等）对业务的现状做出准确的描述，使人们能够对业务的整体情况有个认知。例如，某企业本月订单签约额比上个月增加 2 300 万，订单履约率从上个月的 95% 下降到 92%。

描述性分析一般通过简单的数学运算和统计运算便可以完成分析指标，典型的分析指标有均值、中位数、众数、方差等，不需要更加复杂的计算逻辑。为了帮助用户轻松地理解分析指标，经常会搭配折线图、热力图、直方图等一些图表进行展示。

值得一提的是，描述性分析只会关注业务中过去发生的事情，它不会对事情做进一步的推断或预测。

2．诊断性分析：为什么会发生？

诊断性分析是建立在描述性分析基础之上的分析方式，它会根据业务逻辑，通过数据寻找引起最终结果的原因，以及可以改变未来结果的有效方法。例如，部门经理发现订单履约率下降的原因是产品未按期完成生产，而产品未按期完成生产的原因是部分原材料供应商未能及时送货，原材料不齐全，无法开始生产。

在诊断性分析中，企业相关人员需要基于对业务的理解，分析业务结果和很多因素的相关性，通过一些方式快速定位到某些因素和结果的关系，这些方式包括头脑风暴、调研、与业务关键角色进行深度访谈等。

3．预测性分析：可能会发生什么？

预测性分析专注于预测并理解未来可能发生的情况，它通过分析历史数据与客户洞察总结过去的数据模式和趋势，对业务未来进行动态预测，并在此过程中为业务提供多方面的信息，包括设定实际的目标、圈定正确的客户群体、设计有效的营销计划、管理绩效的预期以及规避风险等。例如，部门经理对未能及时送货的供应商进行了研究，得出上个月原材料供应商 C 的送货及时率只有 60%，按照这样的规律进行建模预测，本月该供应商会使订单履约率下降 2%。

在预测性分析中应用的分析技术很多，如数据挖掘、统计建模、机器学习算法等，通过这些技术可以达到预测未来结果以及结果发生可能性的目的。由于预测性分析能够告诉企业未来可能发生的事情，所以这种方法会让企业采取更加主动的态度制定战略和决策。

值得一提的是，预测性分析是基于概率的，它得到的预测结果不一定完全准确，但它可以为未来的业务决策提供重要的信息，辅助客户产生更有价值的洞见并提高工作效率。

4．规范性分析：我该做些什么？

规范性分析是数据分析中最为复杂的分析方法，它建立于其他三种分析方法之上，通过算法或最优化决策帮助企业消除未来可能发生的问题，做出最佳决策。例如，供应商 C 会导致本月的订单履约率下降，企业可能采取的措施是把供应商 C 换掉，而选择其他能够及时送货的供应商。

规范性分析可以预测多个事件发生的可能性，同时在做出决定之前考虑每种可能的结果，这就意味着规范性分析的实施和管理更加复杂，它不仅需要依赖企业内部的历史数据，还需要依靠很多来自社交媒体的外部信息，甚至需要更加复杂的技术，如机器学习、业务规则和算法等。

综上所述，本节介绍的四个层次之间层层递进，历经这四个层次的分析以后，可以对企业未来的决策和行动提供更有力的支撑。

1.3　数据分析的应用场景

随着大数据的应用越来越广泛，应用的行业也越来越多，我们每天都可以看到一些关于数据分析的新鲜应用，从而帮助人们获取到有价值的信息。例如，在网购时电商平台会经常给我们推荐商品，往往这些商品恰好是我们最近浏览过的。电商平台之所以能如此了解用户的需求，主要是因为平台的运营人员对用户的上网行为进行了研究，以达到精准营销的目的。接下来，我们一起来看看数据分析在一些领域中的应用，具体内容如下。

1．营销方面的应用

据一项研究表明，习惯促成了人们每天 45% 的选择，这意味着只要我们了解了习惯的形式，就可以简单地控制它们。平台运营人员通过用户的购买数据分析用户的购物行为，这样便可以精准地预测用户下一步的消费对象，适时推送广告或优惠券促使用户开启全新的购物方式。

2．医疗方面的应用

数据分析应用的计算能力可以让我们能够在几分钟内就可以解码整个 DNA，并且让我们可以制定出最新的治疗方案，同时可以更好地去预测疾病，就好比人们戴上智能手表等可以产生的数据一样，数据分析同样可以帮助病人及早预防和预测疾病的发生，做到早治疗、早康复。大数据技术目前已经在医院应用监视早产婴儿和患病婴儿的情况，通过记录和分析婴儿的心跳，医生针对婴儿的身体可能会出现不适症状做出预测，这样可以帮助医生更好地救助患者。

3．零售方面的应用

在零售业曾经有这样一个有趣的故事，一家商店把纸尿裤和啤酒并排放在一起销售，结果纸尿裤和啤酒的销量双双增长！为什么看起来风马牛不相及的两种商品搭配在一起，能取到如此惊人的效果呢？后来经过分析发现，这些购买者多数是已婚男士，这些男士在为小孩购买尿不湿的同时会给自己购买一些啤酒。发现这个秘密后，商店就大胆地将啤酒摆放在尿不湿旁边，这样顾客购买起来的时候更方便，销量自然也会大幅上升。啤酒与尿布的例子启示我们，挖掘数据潜在的价值是零售业竞争的核心竞争力。

4．网络安全方面的应用

传统的网络安全主要依靠静态防御及处理病毒的流程发现威胁、分析威胁和处理威胁。这种情况下，往往在威胁发生以后才能做出反应。新型的病毒防御系统可以使用数据分析技术，建立潜在攻击识别分析模型，监测大量网络活动数据和相应的访问行为，识别可能进行入侵的可疑模式，做到未雨绸缪。

5．交通物流方面的应用

随着各国数据系统逐渐完善，以及对数据的深入分析，物流行业得以快速的发展。我们可以通过业务系统和 GPS 定位系统获得数据，使用数据构建交通物流状况预测分析模型，有效预测实时路况、物流状况、车流量、客流量和货物吞吐量，进而提前补货，制定库存管理策略。

随着信息技术的不断发展，数据分析应用的领域正在日益扩大，充满了巨大的潜力和机遇，同时也带来了前所未有的挑战。作为数据分析的学习者，我们应该积极主动地学习和应用数据分析，不断提升自己的专业能力，将个人进步与社会进步相结合，为社会发展做出贡献。

1.4 数据分析的流程

数据分析是基于商业目的，有目的地进行收集、整理、加工和分析数据，提炼出有价值的信息的一个过程。整个过程大致可分为五个阶段，具体如图 1-2 所示。

图 1-2　数据分析的流程

关于图 1-2 中各阶段的具体说明如下：

1. 明确目的和思路

在开展数据分析之前，我们必须要搞清楚几个问题，比如数据对象是谁？要解决什么业务问题？并基于对项目的理解，整理出分析的框架和思路。例如，减少新客户的流失、优化活动效果、提高客户响应率等。不同的项目对数据的要求是不一样的，使用的分析手段也是不一样的。

2. 数据收集

数据收集是按照确定的数据分析思路和框架内容，有目的地收集、整合相关数据的一个过程，它是数据分析的基础。

3. 数据处理

数据处理是指对收集到的数据进行清洗、加工、整理等一些操作，以便开展数据分析，它是数据分析前必不可少的阶段。这个阶段是数据分析整个过程中最耗时的，也在一定程度上保证了数据的质量。

4. 数据分析

数据分析是指通过分析手段、方法和技巧对准备好的数据进行探索、分析，从中发现因果关系、内部联系和业务规划，为商业决策提供参考。

到了这个阶段，要想驾驭数据开展数据分析，就要涉及工具和方法的使用，其一是要熟悉常规数据分析方法及原理，其二是要熟悉专业数据分析工具的使用，比如 pandas、MATLAB 等，以便进行一些专业的数据统计、数据建模等。

5. 数据展现

俗话说：字不如表，表不如图。通常情况下，数据分析的结果都会通过图表方式进行展现，常用的图表包括饼图、折线图、条形图、散点图等。借助图表展现数据的方式，可以更加直观地呈现信息、观点和建议。

1.5　为什么选择 Python 做数据分析

近年来，数据分析正在改变我们的工作方式，数据分析的相关工作也越来越受到人们的青睐。很多编程语言都可以做数据分析，比如 Python、R、MATLAB 等，Python 凭借着自身无可比拟的优势，被广泛地应用到数据科学领域中，并逐渐衍生为主流语言。选择 Python 做数据分析，主要考虑的是 Python 具有以下优势。

1. 语法简单精练，适合初学者入门

Python 相比其他编程语言，语法简单，代码可读性高，非常适合初学者学习。例如，在使用 Python 处理数据时，如果希望将一组性别数据转换成计算机能够运算的数值形式，也就是说“男”用数值“0”表示，“女”用数值“1”表示，这时可以直接用一行列表推导式完成，十分简洁。

2. 拥有一个巨大且活跃的科学计算社区

Python 在数据分析、科学计算、数据可视化等方面都有非常成熟的库和活跃的社区，这为 Python 成为数据处理的重要解决方案提供了有力支撑。Python 拥有 NumPy、pandas、Matplotlib、scikit-learn 等优秀的库，其中 pandas 在处理中型数据方面有着很大优势，并逐渐成为各行各业进行数据处理任务的首选库。

3. 拥有强大的通用编程能力

Python 的强大不仅体现在数据分析方面，而且在网络爬虫、Web 开发等领域也有着广泛的应用，这对一家公司来说，使用一种编程语言完成全部业务成为可能。例如，使用 Python 的爬虫框架 Scrapy 收集数据，然后把收集到的数据交给 pandas 库进行处理，最后使用 Django 框架开发 Web 网站，整个过程中所有任务全部是用 Python 完成的，大大地提高了公司的开发效率。

4. 人工智能时代的通用语言

在人工智能领域中，Python 已经成为了十分受欢迎的编程语言，这主要得益于其语法简洁、具有丰富的库和社区，使得大部分深度学习框架都优先支持 Python 语言编程。比如目前比较流行的深度学习框架 PyTorch，它在 Torch 里面加入了很多使用 Python 编写的功能，变得更加灵活。

5. 方便对接其他语言

Python 作为一门胶水语言，能够以多种方式与其他语言（如 C、Java 等）的组件“黏连”在一起，可以轻松地操作其他语言编写的库，这就意味着用户可以根据需要给 Python 程序添加功能，或者在其他环境系统中使用 Python 语言。

1.6 搭建开发环境

Python 的开发环境中拥有许多数据分析方面功能齐全的包或库，能够为数据分析工作提供极大的便利，不过，包或库的管理及版本问题不能让数据分析人员专注于数据分析，而是将大量的时间花费在解决包或库配置与冲突等问题上。Anaconda 工具的出现解决了这些问题，它内部集成了大量常用包或库的环境，能够避免包或库配置、兼容等出现各种问题。接下来，本节将针对 Anaconda 工具的相关内容进行介绍。

1.6.1 Anaconda 概述

Anaconda 是目前比较流行的用于数据分析的开发工具，它包含了 Conda（开源的包管理器和环境管理器）、Python 在内的超过 180 个科学计算包及其依赖项，可以便捷地获取和管理包，同时对开发环境进行统一管理，另外，它默认安装了很多工具，包括 IPython、Jupyter Notebook 等。

Anaconda 工具具有以下几个特点：

（1）具有众多流行的科学、数学、工程和数据分析的 Python 包。

（2）社区版本完全开源和免费。

（3）额外的加速和优化是收费的，但对于学术用途，可以申请免费的许可证。

（4）全平台支持 Linux、Windows、macOS。

总而言之，Anaconda 可以帮助开发人员节省大量时间，更加方便。在此，推荐初学者安装

Anaconda 学习数据分析。

多学一招：Miniconda

Miniconda 是 Anaconda 简化版的工具，它只包含 Python、Conda 及其他的必需依赖项，以及少量有用的包，包括 pip、zlib 等。用户若想要使用其他包，则需要通过 conda 命令或 pip 命令手动进行安装。对于计算机内存空间要求严格的用户来说，Miniconda 是个不错的选择。

1.6.2　Anaconda 的安装

要想使用 Anaconda 工具进行开发，就需要先在计算机中安装 Anaconda 工具。下面以 Windows 10 操作系统为例演示如何从 Anaconda 官方网站下载合适的安装包，并成功安装到计算机上，具体步骤如下。

（1）在浏览器中打开 Anaconda 官方网站的首页，如图 1-3 所示。

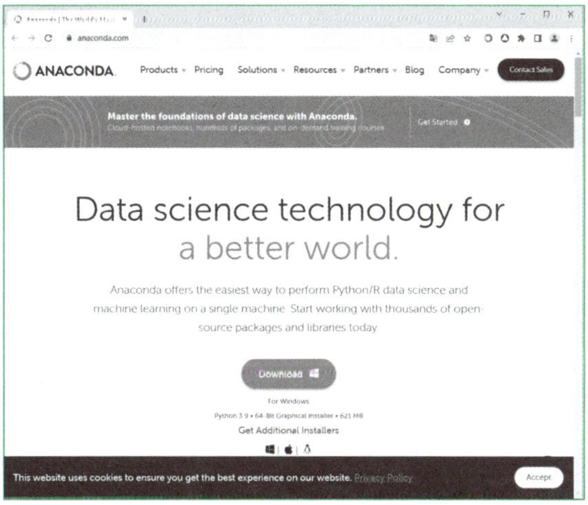

图 1-3　Anaconda 官方网站首页

（2）在图 1-3 中，把鼠标悬浮至 Products 菜单上方，自动弹出 Products 菜单的下拉列表，如图 1-4 所示。

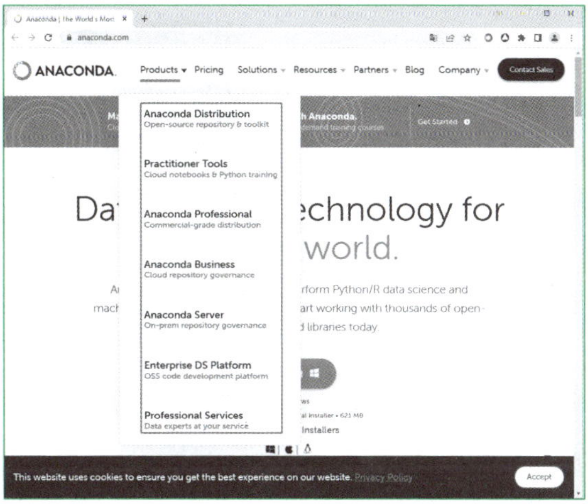

图 1-4　Products 菜单的下拉列表

在图 1-4 中，下拉列表展示了 Anaconda 官网支持的所有产品，其中 Anaconda Distribution 是开源免费的版本，该版本对于教学任务而言已经足够使用，因此这里选择下载 Anaconda Distribution。

（3）在图 1-4 中，单击“Anaconda Distribution”选项，页面会切换到 Anaconda Distribution 下载页面，如图 1-5 所示。

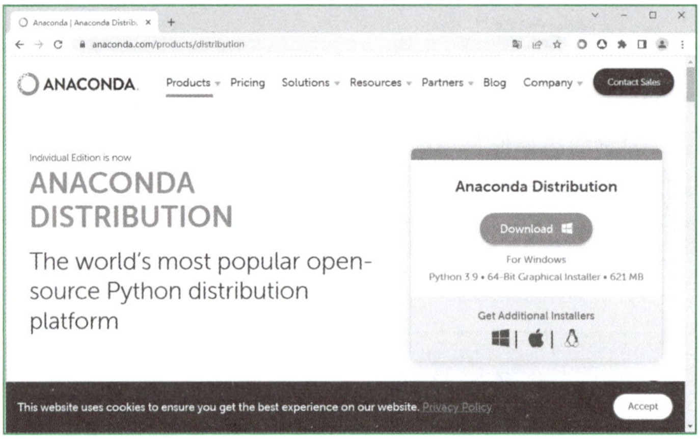

图 1-5 Anaconda Distribution 下载页面

在图 1-5 中，Anaconda Distribution 提供了 Windows、macOS 和 Linux 系统下的安装包，这里下载的是 Windows 系统下的安装包。截至本书完稿时，Anaconda 的最新版本为 Anaconda3 2022.10，这里选择该版本下载。

（4）在图 1-5 中，单击 Download 按钮，页面会切换至谢谢下载页面，如图 1-6 所示。

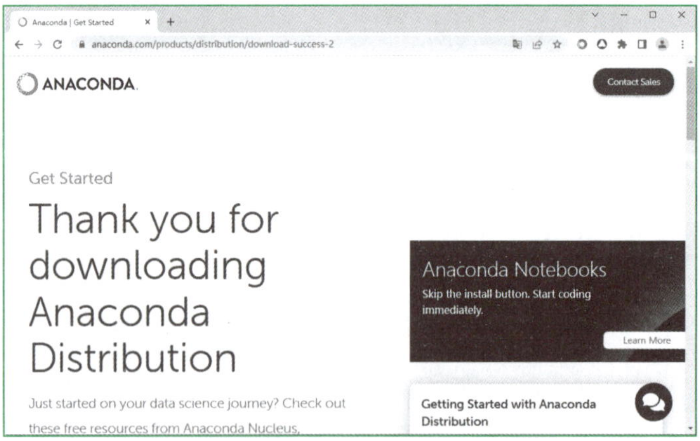

图 1-6 谢谢下载页面

在图 1-6 中，把鼠标放在窗口右侧的滚动条上方，向下拖动滚动条，可以看到页面中出现 Sign-up 按钮，此时用户需要单击 Sign-up 按钮，按照官方要求填写个人信息进行注册，注册完成后会开始下载安装包。

若大家希望绕过注册环节直接下载，则可以在图 1-5 的 Download 按钮上方右击，在右键快捷菜单中选择“在新窗口中打开链接”命令，便会打开一个新的窗口，并开始下载相应的安装包。下载完成以后，在计算机中指定的目录（默认为下载目录）下找到安装包 Anaconda3-2022.10-Windows-x86_64.exe，之后便可以通过该安装包进行安装。

（5）右击 Anaconda3-2022.10-Windows-x86_64.exe，以管理员身份运行安装程序，打开 Welcome to Anaconda3 2022.10(64-bit) Setup 对话框，如图 1-7 所示。

（6）在图 1-7 中，单击 Next 按钮进入 License Agreement 对话框，如图 1-8 所示。

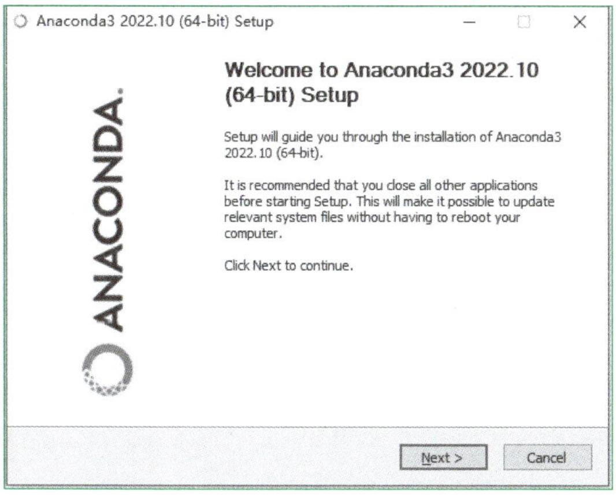

图 1-7　Welcome to Anaconda3 2022.10(64-bit) Setup 对话框

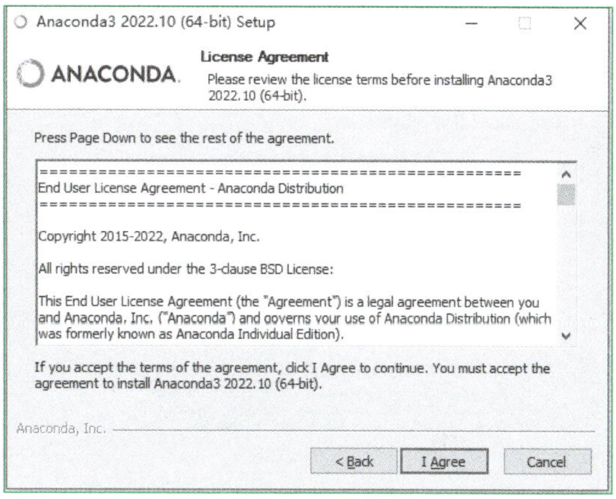

图 1-8　License Agreement 对话框

（7）在图 1-8 中，单击 I Agree 按钮同意最终用户许可协议，进入 Select Installation Type 对话框，如图 1-9 所示。

图 1-9 中有 Just Me 和 All Users 两个单选按钮，其中 Just Me 表示仅为当前用户安装 Anaconda 工具，All Users 表示为计算机中所有用户安装 Anaconda 工具。读者可以根据自己的需要选择。

（8）在图 1-9 中，选择 Just Me 选项，单击 Next 按钮进入 Choose Install Location 对话框，如图 1-10 所示。

图 1-10 的文本框中显示了 Anaconda 工具的默认位置，即 C:\Users\itcast\anaconda3。如果希望安装到其他位置，则可以单击文本框右侧的 Browse 按钮，在弹出的浏览文件夹窗口中进行选择。

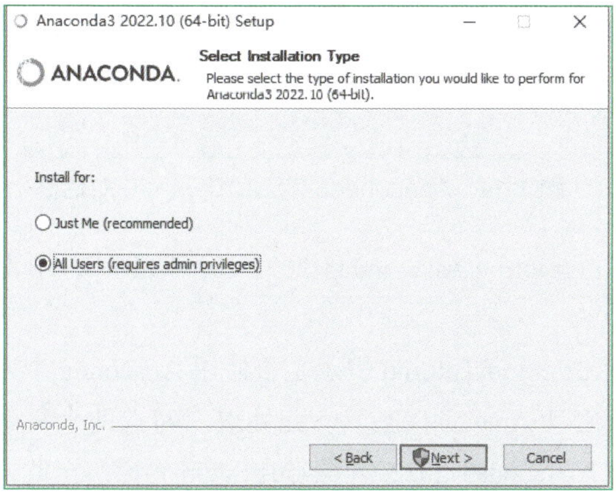

图 1-9　Select Installation Type 对话框

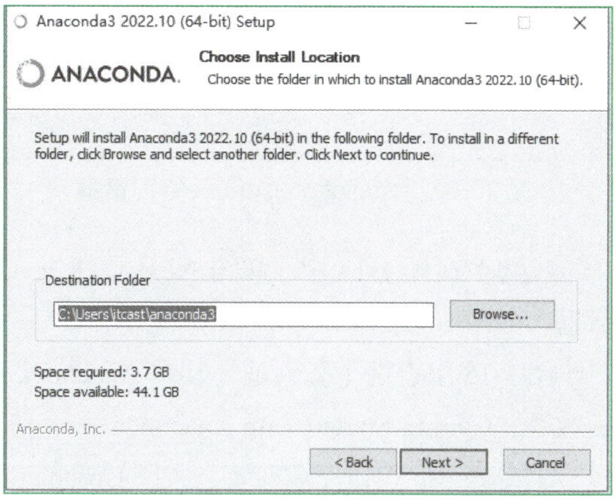

图 1-10　Choose Install Location 对话框

（9）此处保持默认配置，单击 Next 按钮进入 Advanced Installation Options 对话框，如图 1-11 所示。

图 1-11 中有两个复选框，用于定制 Anaconda 与 Windows 的集成方式，第 1 个复选框表示是否允许将 Anaconda 添加到系统环境变量中，第 2 个复选框表示是否自动安装版本号为 3.9 的 Python 解释器。此处建议同时勾选上两个复选框。

（10）在图 1-11 中勾选两个复选框，单击 Install 按钮进入 Installing 对话框，该界面中的进度条会显示当前的安装进度，如图 1-12 所示。

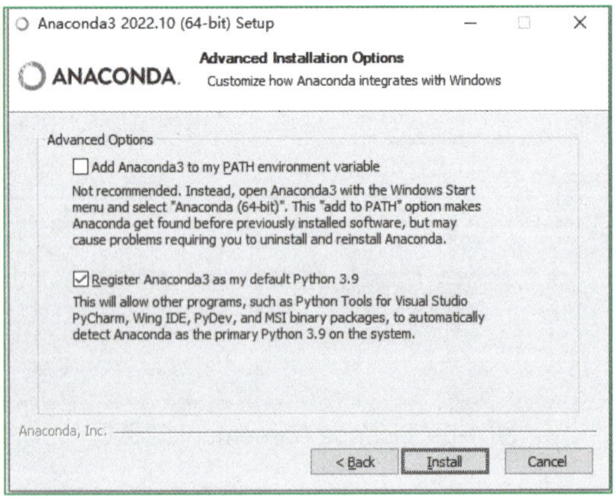

图 1-11 Advanced Installation Options 对话框

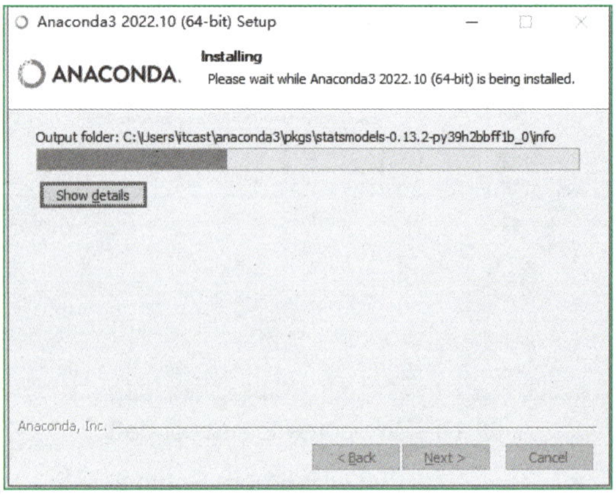

图 1-12 Installing 对话框

（11）等待片刻后，安装完成会自动进入 Installation Complete 对话框，如图 1-13 所示。

（12）在图 1-13 中，单击 Next 按钮进入 Anaconda3 2022.10(64-bit) 对话框，如图 1-14 所示。

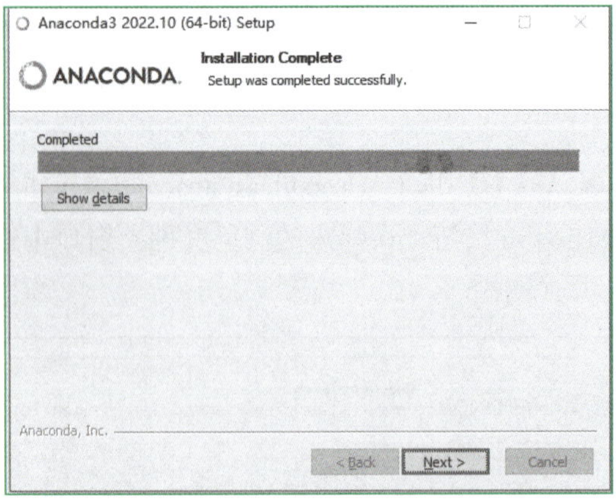

图 1-13 Installation Complete 对话框

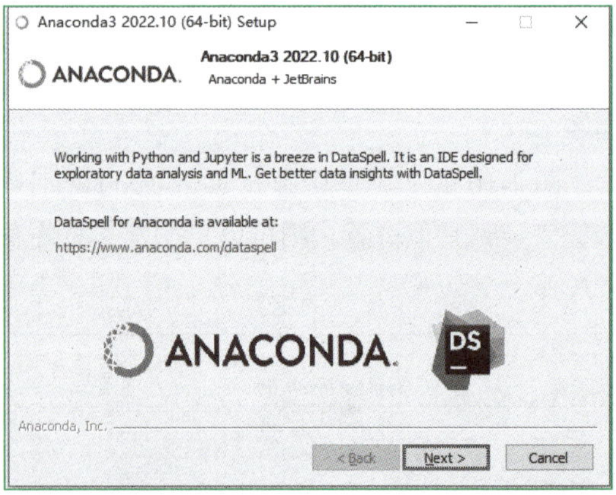

图 1-14 Anaconda3 2022.10(64-bit) 对话框

（13）在图 1-14 中，单击 Next 按钮进入 Completing Anaconda3 2022.10(64-bit) Setup 对话框，如图 1-15 所示。

图 1-15 中有两个复选框，其中 Anaconda Distribution Tutorial 表示是否使用 Anaconda 个人版教程，Getting Started with Anaconda 表示是否启动 Anaconda 工具。此处取消勾选两个复选框，单击 Finish 按钮完成安装，关闭 Completing Anaconda3 2022.10(64-bit) Setup 界面。至此，

Anaconda 工具安装完成。

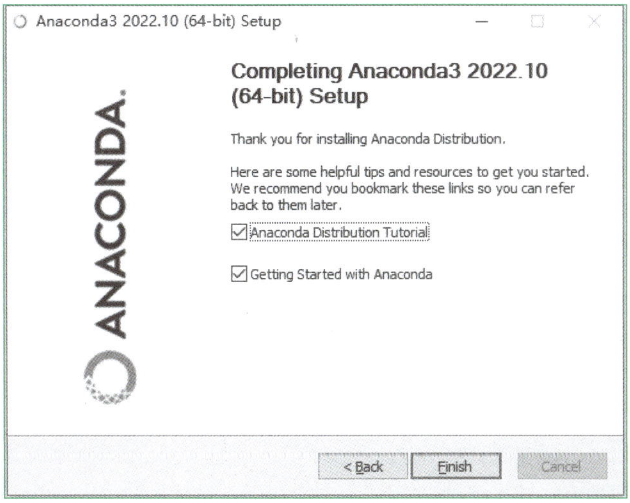

图 1-15　Completing Anaconda3 2022.10(64-bit) Setup 对话框

为了验证计算机中是否已经安装了 Anaconda 工具，可以查看 Anaconda 工具是否能够正常运行。由于 Anaconda 工具安装完成后并没有在桌面创建快捷方式，所以在计算机桌面打开开始菜单，找到 Anaconda3(64-bit) 文件夹，单击该文件夹后可以看到该文件夹下包含了几个组件，如图 1-16 所示。

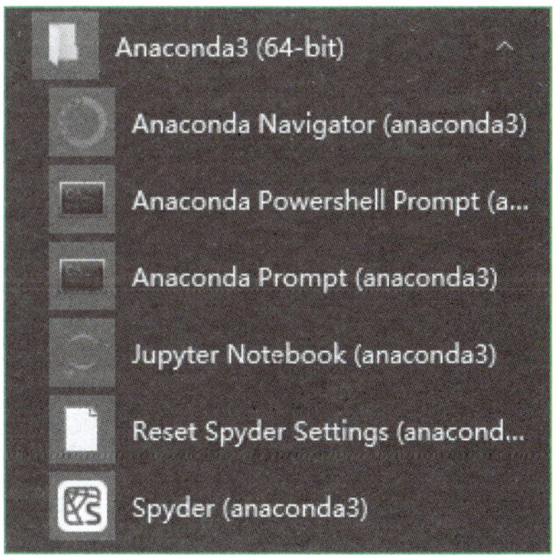

图 1-16　Anaconda3(64-bit) 文件夹

关于图 1-16 中各组件的说明如下：

- Anaconda Navigator：用于管理包和环境的图形用户界面，后续涉及的众多管理包的命令也可以在 Anaconda Navigator 界面操作。
- Anaconda Powershell Prompt：Anaconda 自带的命令行工具，支持更多的 Linux 命令。
- Anaconda Prompt：Anaconda 自带的命令行工具。
- Jupyter Notebook：基于 Web 的交互式计算环境，可以编辑易于人们阅读的文档，用于展示数据分析的过程。
- Reset Spyder Settings：用于重置 Spyder 的设置信息。
- Spyder：一个使用 Python 语言开发的、跨平台的、科学运算集成开发环境。

单击图 1-16 中的“Anaconda Navigator”图标，若能够正常启动 Anaconda Navigator，则说明 Anaconda 工具安装成功。Anaconda Navigator 启动后的首页如图 1-17 所示。

由图 1-17 可知，Anaconda 工具安装成功。

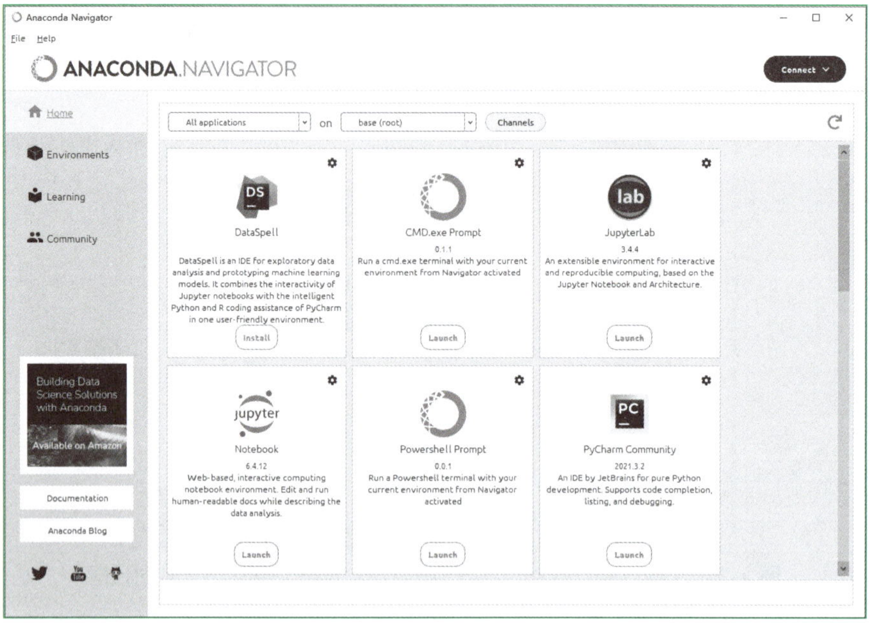

图 1-17　Anaconda Navigator 首页

1.6.3　通过 Anaconda 管理包

Anaconda 工具内部集成了众多扩展包，它能够便捷地对这些扩展包进行管理，比如安装包、卸载包等，这些操作都需要依赖 Conda。Conda 是一个开源的包管理器和环境管理器，用于帮助开发人员在独立的环境下安装多个版本的包及其依赖关系，并在多个环境之间进行切换，适用于 Windows、macOS 和 Linux 操作系统。

Conda 提供了一系列管理包的命令。若想要管理包，可以先在 Anaconda Navigator 页面找到 CMD.exe Prompt，单击 Launch 按钮启动 Anaconda Prompt 工具，或者直接在开始菜单中启动 Anaconda Prompt 工具，再在 Anaconda Prompt 中执行相应的 Conda 命令。接下来介绍常用的 Conda 命令，具体内容如下。

1. 查看当前版本

通过“conda --version”或“conda --V”命令可以查看 Conda 当前使用的版本，示例命令及运行结果如下：

```
>>> (base) C:\Users\admin>conda --version
conda 22.9.0
```

从上述运行结果中可以看出，当前使用的 Conda 版本是 22.9.0。

2. 查看当前环境下的包信息

通过“conda list”命令可以查看当前环境下已经安装的全部包的信息，包括名称和版本号，示例命令及运行结果如下：

```
>>> (base) C:\Users\admin>conda list
# packages in environment at C:\Users\itcast\anaconda3:
```

```
#
# Name                    Version                   Build  Channel
_ipyw_jlab_nb_ext_conf      0.1.0             py39haa95532_0
alabaster                   0.7.12              pyhd3eb1b0_0
anaconda                   2022.10                     py39_0
anaconda-client             1.11.0            py39haa95532_0
anaconda-navigator          2.3.1             py39haa95532_0
……
bokeh                       2.4.3             py39haa95532_0
conda                       22.9.0            py39haa95532_0
jupyter                     1.0.0             py39haa95532_8
matplotlib                  3.5.2             py39haa95532_0
nltk                        3.7                 pyhd3eb1b0_0
numpy                       1.21.5            py39h7a0a035_3
pandas                      1.4.4             py39hd77b12b_0
pip                         22.2.2            py39haa95532_0
python                      3.9.13                h6244533_1
scikit-learn                1.0.2             py39hf11a4ad_1
scipy                       1.9.1             py39he11b74f_0
seaborn                     0.11.2              pyhd3eb1b0_0
```

3. 查找包

通过“conda search”命令可以查找可供安装的包，命令格式如下：

```
conda search --full-name 包的全名
```

上述命令格式中，--full-name 表示精确查找的参数，该参数后面跟着包的全名，参数与包的全名之间需要用空格分隔。例如，查找全名为“python”的包有哪些版本可供安装，具体命令如下：

```
conda search --full-name python
```

4. 安装包

通过“conda install” 命令既可以在当前环境中安装包，也可以在指定环境中安装包，命令格式如下：

```
conda install [--name 环境名称 ] 包名称
```

上述命令格式中，--name 参数是可选的。若没有添加 --name 参数，则会在当前环境中安装包；若添加 --name 参数，则会在指定环境中安装包。

例如，在当前环境中安装 django 包，具体命令如下：

```
conda install django
```

值得一提的是，使用 conda install 命令安装包时，默认会到 Anaconda 官方的包索引数据库查找包，虽然 Anaconda 官方的包索引数据库提供了许多包，但是包的数量有限，远远少于 PyPI 的包索引数据库，也就是 pip 工具依赖的数据库。例如，jieba 包在 Anaconda 官方的包索引数据库中不存在。为了保证当前环境中能够顺利安装所需要的包，我们可以切换到 conda-forge 渠道进行安装。

例如，添加 conda-forge 渠道，并从该渠道中安装 jieba 包，具体命令如下：

```
# 添加 conda-forge 渠道
conda config --add channels conda-forge
# 从 conda-forge 渠道查找与安装 jieba 包
conda install -c conda-forge jieba
```

此外，还可以直接使用 pip 命令安装包。不过，pip 只是包管理器，它无法对环境进行管理。因此我们需要先切换到指定环境下，再使用 pip 命令进行安装。例如，在当前环境下安装 jieba 包，具体命令如下：

```
pip install jieba
```

5. 卸载包

通过"conda remove" 命令既可以卸载当前环境中的包，也可以卸载指定环境中的包，命令格式如下：

```
conda remove [--name 环境名称 ] 包名称
```

例如，在当前环境中卸载安装的 django 包，具体命令如下：

```
conda remove django
```

6. 更新包

通过"conda update"命令可以更新当前环境中指定的一个包或多个包，命令格式如下：

```
conda update 包名称 1 包名称 2 包名称 3……
```

在上述命令格式中，update 后面跟着待更新的包名称，包名称可以是一个或多个，多个包名称之间需要使用空格进行分隔。

例如，更新当前环境中的 pandas、numpy、matplotlib 包，具体命令如下：

```
conda update pandas numpy matplotlib
```

除此之外，也可以一次性更新当前环境下的所有包，具体命令如下：

```
conda update --all
```

本节介绍了一些常用的 conda 命令，想了解更多的 conda 命令，可以在命令行窗口中输入"conda -h"或"conda --help"命令查看帮助文档，该文档中包含了所有 conda 命令。

1.7 启用 Jupyter Notebook

1.7.1 启动 Anaconda 自带的 Jupyter Notebook

Jupyter Notebook（交互式笔记本）是一个支持实时代码、数学方程、可视化和 Markdown 的 Web 应用程序，它支持 40 多种编程语言。对于数据分析来说，Jupyter Notebook 的优点是能够重现数据分析的完整过程，并将说明文字、代码、图表、公式和结论都整合在一个文档中，用户可以通过电子邮件、Dropbox、GitHub 和 Jupyter Notebook Viewer 将文档分享给其他人。

默认情况下，只要计算机中安装了 Anaconda 工具，就已经拥有了 Jupyter Notebook，不需要再另行下载和安装。启动 Jupyter Notebook 工具主要有两种方式：一种方式是通过 Anaconda Navigator 启动 Jupyter Notebook；另一种方式是通过命令的方式启动 Jupyter Notebook。接下来，分别介绍这两种方式。

1．通过 Anaconda Navigator 启动 Jupyter Notebook

打开 Anaconda Navigator 首页，在首页右侧找到 Jupyter Notebook，单击该工具下面对应的 Launch 按钮，等待片刻之后会在系统默认的浏览器窗口中展示 Jupyter Notebook 的首页，如图 1-18 所示。

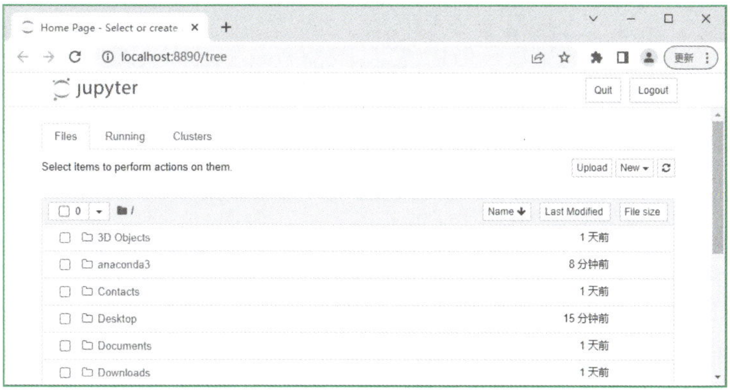

图 1-18　Jupyter Notebook 的首页

从图 1-18 中可以看出，首页展示了计算机中某个目录的结构，默认打开和保存的目录为“C:\Users\ 用户名”。注意，图 1-18 的地址栏中显示的路径是“localhost:8890/tree”，并不是“C:\Users\ 用户名”。若想要确认图 1-18 所在的路径是否为 C:\Users\ 用户名，则可以打开“C:\Users\ 用户名”目录与图 1-18 进行比对确认。

2．通过命令启动 Jupyter Notebook

除了使用 Anaconda Navigator 启用外，还可以通过命令的方式启用 Jupyter Notebook。与第一种方式相比，这种方式可以控制 Jupyter Notebook 显示目录和保存文件的路径，是推荐的启动方式。

打开 Anaconda Prompt 工具的命令行窗口，在命令提示符的后面输入“jupyter notebook”命令，执行该命令后便会打开图 1-18 所示的窗口。

若希望 Jupyter Notebook 展示其他目录，则需要先通过 cd 命令将当前路径切换至指定的目录，然后在此目录下输入“jupyter notebook”命令，执行该命令后会在 Jupyter Notebook 首页看到指定目录下的目录结构。这样一来，显示工程目录和保存 ipynb 文件都将在此目录下进行。

需要注意的是，切换的工作目录的名称尽量不要使用汉字，否则可能会出现无法识别的问题。

1.7.2　Jupyter Notebook 界面详解

在 Jupyter Notebook 的首页中，单击页面右侧的 New 按钮会打开新建文件的下拉列表，如图 1-19 所示。

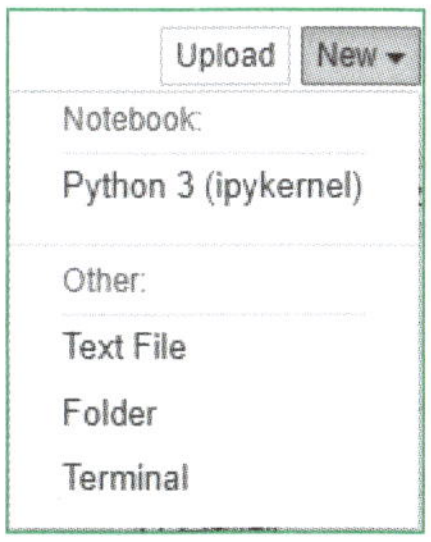

图 1-19　打开新建文件的下拉列表

在图 1-19 中，新建文件的下拉列表中罗列了可供用户选择的新建类型。其中 Python 3(ipykernel) 表示 Python 运行脚本文件，文件的扩展名为 .ipynb。在下拉列表中单击 Python 3，会在新的窗口中打开新创建的 Python 脚本文件，如图 1-20 所示。

由图 1-20 可知，Python 脚本文件窗口主要分为四部分，分别是标题栏、菜单栏、快捷键区域和编辑区域，关于这四部分的介绍如下。

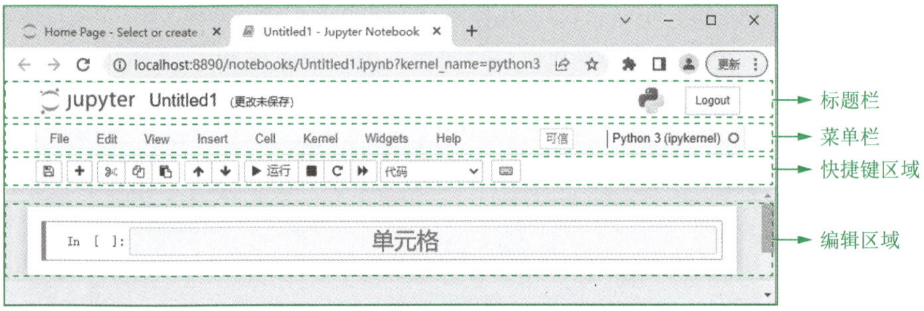

图 1-20 新创建的 Python 脚本文件

1. 标题栏

标题栏位于窗口的上方，它里面从左到右依次显示了 Jupyter Notebook 的图标、简称、脚本文件的名称、当前文件所处的状态、Python 图标和注销按钮。例如，图 1-20 中的“Untitled1”表示文件的名称，“更改未保存”表示脚本文件目前还未保存。

值得一提的是，若需要给脚本文件重新命名，则可以单击标题栏中的“Untitled1”，在弹窗中输入新的名称，此时文件的名称会换成刚刚输入的新名称。

2. 菜单栏

菜单栏位于标题栏的下方，其中包括一些常用的功能菜单。例如，File 菜单包含打开、重命名、保存、关闭等功能，Edit 菜单包含剪切单元格、复制单元格、删除单元格等与单元格有关的操作。这些菜单的功能都比较容易理解，大家可以单击查看每个菜单的具体功能，这里就不再一一列举了。

3. 快捷键区域

快捷键区域位于菜单栏下方，它里面是一排快捷键按钮，便于用户快速地完成一些常用的操作，比如插入单元格、复制单元格等。快捷键区域的按钮如图 1-21 所示。

在图 1-21 中，单元格的类型包括代码（默认）、Markdown、原生 NBConvert、标题，大家可以通过下拉框自行选择。

4. 编辑区域

编辑区域位于快捷键区域下方，它是由一系列单元格组成的，每个单元格主要有代码和 Markdown 两种类型，具体介绍如下：

- 代码类型的单元格：此类单元格的内容会被视为 Python 代码，默认内核是 Python。用户可以使用【Shift+Enter】组合键运行单元格内的代码，运行的结果会在该单元格的下方显示。此类单元格是以“In [序号]:”开头的。
- Markdown 类型的单元格：此类单元格的内容是使用 Markdown 语言格式化的文本，用户可以设置文本格式，或者插入链接、图片、数学公式。使用【Shift+Enter】组合键同样能运行此类型的单元格，以显示格式化的文本。

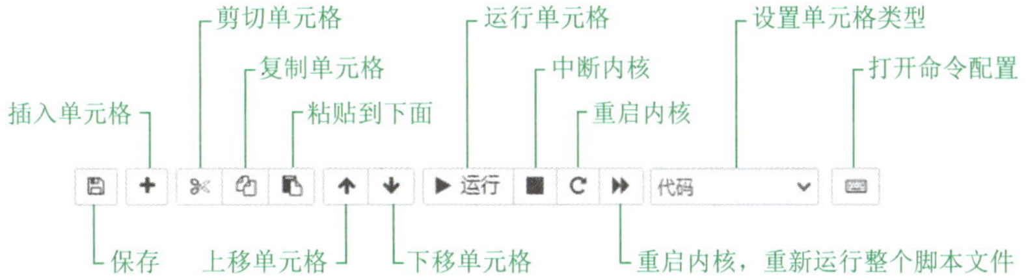

图 1-21　快捷键区域的按钮

类似于 VIM 编辑器的模式，在 Jupyter Notebook 的编辑界面中也有两种模式，分别为编辑模式和命令模式。选中单元格按【Enter】键即可进入编辑模式，处于该模式下的单元格左侧显示为绿色竖线，表明可以编辑代码和文本。选中单元格若按【Esc】键即可进入命令模式，处于该模式下的单元格左侧显示为蓝色竖线，表明可执行键盘输入的快捷命令。例如，按【H】键会弹出键盘快捷键窗口，在该窗口中可以查看所有的快捷键，如图 1-22 所示。

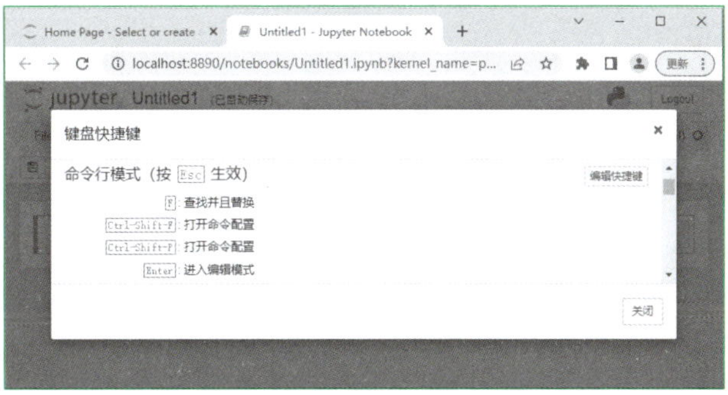

图 1-22　查看所有的快捷命令

在图 1-22 中，单击“关闭”按钮即可关闭弹出的键盘快捷键窗口。

1.7.3　Jupyter Notebook 的基本使用

打开 Jupyter Notebook 的首页，默认已经有一个单元格。接下来演示如何使用 Jupyter Notebook 进行一些简单的操作，包括编辑和运行代码、设置标题、导出文件，具体内容如下。

1．编辑和运行代码

选中单元格，按【Enter】键进入单元格的编辑模式，此时可以在单元格中输入代码并执行。例如，在单元格中输入“1 + 2”，输入完代码以后便可以通过【Shift+Enter】组合键，或单击“运行”按钮运行单元格，如图 1-23 所示。

从图 1-23 的编辑界面可以看出，单元格中的代码执行了加法运算，并将运算结果显示到单元格的下方，运行结果左侧以“Out [1]:”开头，另外光标会移动到一个新的单元格中。注意，“Out [1]:”中的“1”表示单元格运行次数的序号，而不是单元格所在的行号。

在新的单元格中继续编写代码，例如，在新的单元格中输入如下代码：

```
for i in range(5):
    print(i)
```

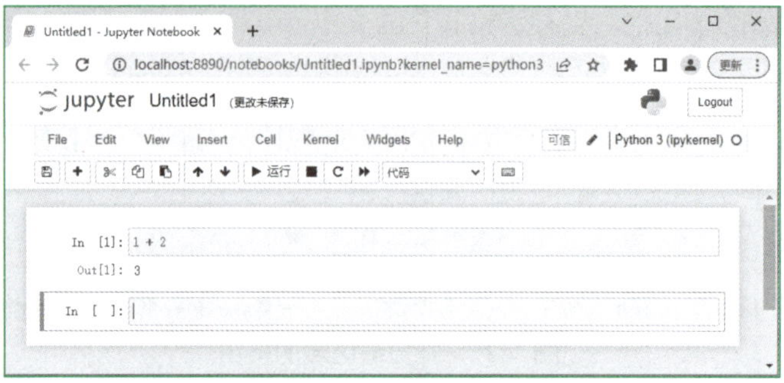

图 1-23　运行第一个单元格后的编辑界面

输入完成后再次运行代码，此时的编辑界面如图 1-24 所示。

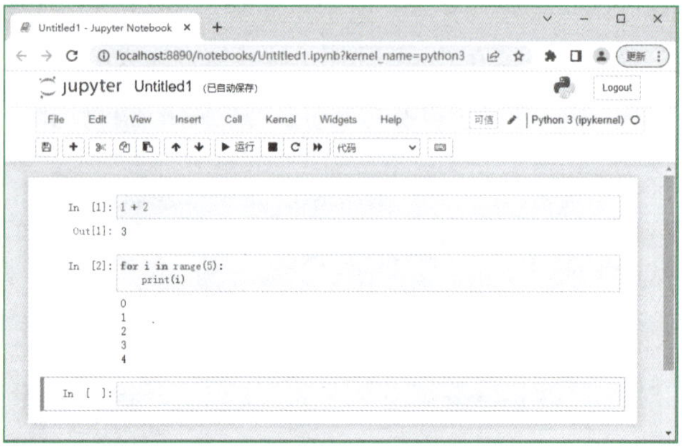

图 1-24　运行第二个单元格后的编辑界面

从图 1-24 中可以看出，第二个单元格下方显示出了输出结果，并且光标再次移动到新的单元格中。不过，这次运行结果的左侧没有出现任何标注，这是因为结果是调用 print() 函数输出的。

除此之外，还可以修改单元格的代码，并重新运行单元格中的代码。例如，把光标移回第一个单元格，并将该单元格的内容修改为“2 + 3”，之后重新运行该单元格，可以在单元格下方看到运算结果已经更新为“5”，如图 1-25 所示。

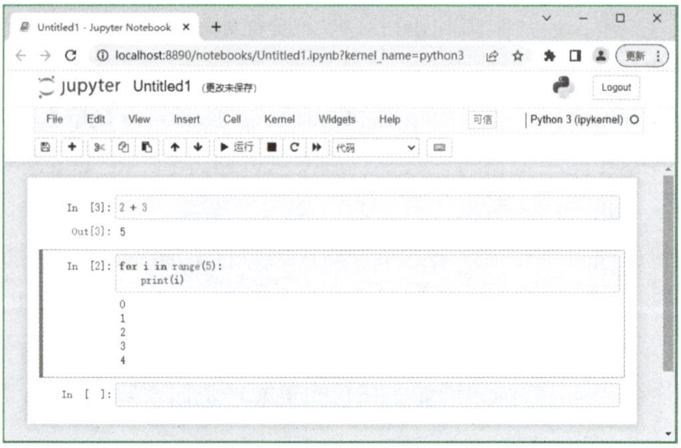

图 1-25　重新运行第一个单元格后的编辑界面

2．设置标题

选中第一个单元格，在单元格的上方插入一个新的单元格。找到设置单元格类型的下拉框，单击打开下拉列表，选择“标题”将单元格变为标题单元格，之后弹出图 1-26 所示的窗口。

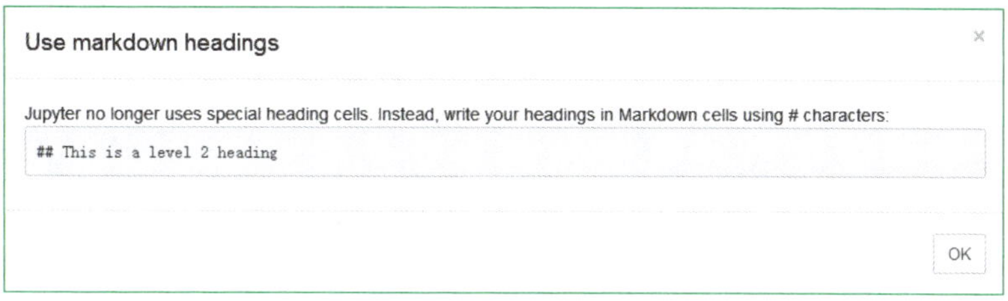

图 1-26　使用 markdown 标题的提示窗口

根据图 1-26 提示信息可知，Jupyter Notebook 已经不再使用标题单元格了，而是使用 Markdown 单元格替代，直接使用“#”字符作为标记写标题即可。为了区分标题的级别，可分为以下标注方式：

```
# 一级标题
## 二级标题
### 三级标题
#### 四级标题
##### 五级标题
```

在 Markdown 单元格中，以一个 # 字符开头的文本表示一级标题，以两个 # 字符开头的文本表示二级标题，依此类推。例如，在刚刚插入的单元格中添加一级标题和二级标题，插入的文本如下：

```
# 第一个标题
## 简单示例
```

运行单元格，可以看到单元格的上方成功添加了两个标题，如图 1-27 所示。

图 1-27　运行 Markdown 单元格

3．导出文件

Jupyter Notebook 还有一个强大的功能——导出功能，用于将脚本文件导出为多种格式的文件，比如 HTML（.html）、PDF（.pdf）、Notebook（.ipynb）、Python（.py）、Markdown（.md）等。

导出功能可以通过“File”→“Download as”级联菜单实现，如图 1-28 在打开的详情列表中选择想要的格式即可。

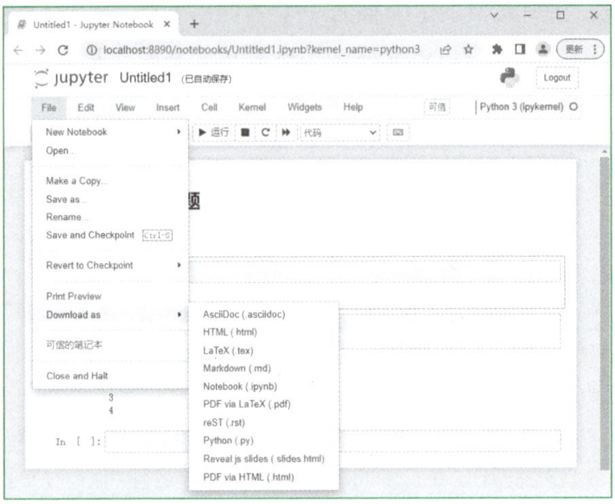

图 1-28　展开 Notebook 支持的导出格式

1.8　常见的数据分析库

Python 本身的数据分析功能并不强，需要安装一些第三方库来增强它的能力。本书用到的库包括 NumPy、pandas、Matplotlib、Seaborn、Pyecharts、NLTK、scikit-learn 等。本节将针对数据分析的相关库进行简单介绍，方便后面章节的学习。

1. NumPy 库

NumPy 是 Python 开源的科学计算库，它提供了 Python 对多维数组的支持，能够支持高维数组与矩阵运算。此外，针对数组运算也提供了大量的数学函数库。NumPy 是 Python 进行科学计算的基础，它具有以下功能：

- 快速高效的多维数据对象 ndarray。
- 多维数组具有矢量运算能力，快速且节省空间。
- 矩阵运算。无须循环即可完成类似 MATLAB 中的矢量运算。
- 线性代数、随机数生成以及傅里叶变换功能。

2. pandas 库

pandas 是一个基于 NumPy 的数据分析库，它是为了解决数据分析任务而创建的。pandas 中纳入了大量库和标准的数据模型，提供了高效操作大型数据集所需要的函数和方法，使用户能快速便捷地处理数据。

pandas 作为强大而高效的数据分析环境中的重要因素之一，具有以下功能：

- 一个快速高效的数据结构 DataFrame，它具有默认和自定义的索引。
- 用于在内存数据结构和不同文件格式中读取和写入数据，比如 CSV 文件、Excel 文件及数据库。
- 智能数据对齐和缺失数据的集成处理。

- 可以基于标签的切片、花式索引获取数据的子集。
- 可以删除或插入来自数据结构的列。
- 按数据分组进行聚合和转换。
- 具备高性能的数据合并和连接。
- 具备时间序列的功能。

3. Matplotlib 库

Matplotlib 是一个 Python 中用于绘制图表的 2D 图形库，虽然它起源于模仿 MATLAB 图形命令，但它独立于 MATLAB，可以通过快捷函数和面向对象这两种方式使用，是 Python 中比较出色的绘图库。

Matplotlib 完全使用 Python 语言编写，但它大量使用 NumPy 和其他扩展代码，即使对复杂的数组也能提供良好的性能。

4. Seaborn 库

Seaborn 是 Python 中基于 Matplotlib 的数据可视化库，它提供了很多高层封装的函数，帮助数据分析人员快速绘制美观的图表，避免了许多额外的参数配置问题。

5. Pyecharts 库

Pyecharts 是用于生成 Echarts 图表的库，Echarts 图表是百度开源的商业级数据图表，可以为用户提供直观生动、可交互、可高度个性化定制的图表。Pyecharts 是为了对接 Echarts，方便在 Python 中直接根据数据生成 Echarts 图表，不需要过多了解 JavaScript 的知识。

6. NLTK 库

NLTK 被称为“用自然语言进行游戏的神奇图书馆”，用于构建使用人类语言数据的 Python 程序，它为超过 50 个语料库和词汇资源提供了易于使用的接口，还提供了一套文本处理库，用于分类、标记化、词干化、解析和语义推理、NLP 库的包装器。

7. scikit-learn 库

scikit-learn 是 Python 中专门针对机器学习开发的开源库，它建立于 NumPy、SciPy 和 Matplotlib 之上，具有分类、回归和聚类算法，包括支持向量机、随机森林、梯度提升、k 均值和 DBSCAN，并且旨在与 Python 科学计算库 NumPy 和 SciPy 联合使用。

需要注意的是，上面介绍的 NumPy、pandas、Matplotlib、Seaborn、scikit-learn、NLTK 库在安装 Anaconda 工具时已经自动下载，后期导入程序后可以直接使用，而 Pyecharts 需要另行安装。

小　结

本章首先介绍了数据分析的入门知识，包括背景、概念、应用场景、流程，以及选择 Python 做数据分析的原因；接着介绍了搭建数据分析的开发环境，演示如何安装 Anaconda，如何使用 Anaconda 工具管理 Python 包；然后介绍了如何启动 Jupyter Notebook 以及 Jupyter Notebook 的基本使用；最后带领大家认识了一些常见的数据分析库。通过本章的学习，读者能对数据分析有一个初步了解，并为后续章节的学习准备好开发环境。

习　　题

一、填空题

1. 数据分析按照复杂度和深度可以分为________、诊断性分析、预测性分析和规范性分析共四个层次。

2. ________包含了 Conda、Python 在内的超过 180 个科学计算包及其依赖项。

3. Jupyter Notebook 是一个支持________代码、数学方程、可视化和 Markdown 的 Web 应用程序。

4. Jupyter Notebook 支持代码和________这两种类型的单元格。

5. ________是 Python 开源的科学计算库，能够实现高维数组与矩阵运算。

二、判断题

1. 数据分析是一个有目的地收集和整合数据的过程。（　　）

2. Python 能够“黏连”其他语言的组件，便于开发人员操作其他语言编写的库。（　　）

3. 如果要卸载指定环境中的包，则可以直接使用 conda remove 命令移除。（　　）

4. 数据处理在一定程度上保证了分析工作中数据的质量。（　　）

5. Anaconda 工具安装了数据分析用到的全部库，无须另行安装。（　　）

三、选择题

1. 下列选项中，属于数据分析中用于搭接数据仓库和保证数据质量的是（　　）。

A. 数据收集　　B. 数据处理　　C. 数据分析　　D. 数据展现

2. 下列关于 Anaconda 工具的说法中错误的是（　　）。

A. Anaconda 是一个可以对包和环境进行统一管理的工具

B. Anaconda 是完全开源的、付费的

C. Anaconda 支持 Linux、Windows、macOS 操作系统

D. Anaconda 避免了单独安装包时需要配置或兼容等各种问题

3. 下列关于 Jupyter Notebook 的描述中正确的是（　　）。

A. 安装 Anaconda 工具后会自动拥有 Jupyter Notebook

B. Jupyter Notebook 只能通过命令行的方式启动

C. Jupyter Notebook 首页的根目录是不能修改的

D. Jupyter Notebook 不能将脚本文件导出为 HTML 文件

4. 下列选项中，用于实现数据可视化功能的库是（　　）。

A. NumPy　　B. pandas　　C. Matplotlib　　D. NLTK

5. 下列选项中，用于查看当前环境下所有包信息的命令是（　　）。

A. conda --version　　B. conda list

C. conda install jieba　　D. conda update --all

四、简答题

1. 什么是数据分析？

2. 简述数据分析的基本流程。

第2章 科学计算库 NumPy

学习目标

- ◆ 了解 NumPy 数组的相关概念，能够说出什么是 NumPy 数组、维度、轴和秩
- ◆ 熟悉 NumPy 数组的属性，能够归纳 ndim 和 shape 属性的作用
- ◆ 掌握数组的创建方式，能够灵活创建一维数组和二维数组
- ◆ 掌握数组的数据类型，能够查看与转换数组的数据类型
- ◆ 掌握数组的索引和切片操作，能够灵活地通过不同形式的索引获取数组元素
- ◆ 掌握数组的算术运算，能够实现数组与数组或数组与标量的算术运算
- ◆ 掌握数组的通用函数，能够熟练地使用一元通用函数和二元通用函数进行数学运算
- ◆ 掌握数组的重塑操作，能够通过 reshape() 方法实现数组的重塑操作
- ◆ 掌握数组的转置操作，能够通过 T 属性或 transpose() 方法实现数组的转置操作
- ◆ 掌握数组的其他操作，能够实现数组的条件逻辑、统计运算、排序操作
- ◆ 熟悉线性代数模块，能够通过 linalg 模块的功能完成矩阵操作
- ◆ 掌握随机数模块，能够通过 random 模块的功能生成包含随机数的数组

NumPy 作为高性能科学计算和数据分析的基础包，它是本书数据分析相关库的基础，掌握 NumPy 的功能及其用法，将有助于后续其他数据分析相关库的学习。接下来，本章将带领大家学习 NumPy 的基本用法。

2.1 认识 NumPy 数组

2.1.1 NumPy 数组的相关概念

在正式学习 NumPy 数组之前，需要先明确一些与 NumPy 数组相关的概念，让读者对这些抽象的概念有个前置的认识，以便于后续更好地理解 NumPy 数组的相关知识。接下来，将对数组、

维度、轴和秩这几个概念进行简单的介绍。

1. 数组

数组是编程语言中重要且复杂的数据结构，它是由相同类型元素按照一定的顺序排列的集合。与 Python 中的序列类型相比，数组主要有以下几点区别：

- 数组在创建时具有固定的大小，不会动态增长。任何更改数组大小的操作都会产生一个新数组并删除原始数组。
- 数组中的元素可以是任意类型的，但所有元素必须是相同的类型，并且不能出现混合类型。
- 数组适用于对大量数据进行高级数学的一些操作，此类操作的执行效率更高，代码量更少。

2. 维度

维度又称维数，在数学领域中是指描述对象状态所需的独立参数的数目。零维是一个无限小的点，没有长度；一维是一条无限长的直线，只有长度；二维是一个平面，由长度和宽度组成；三维是一个立方体，由长度、宽度和高度组成。

维度为 k 的数组通常被称为 k 维数组。数组按维度可以分为一维数组、二维数组、多维数组，常接触的多维数组是三维数组。下面以一维数组、二维数组和三维数组为例，通过一张示意图来描述这三种数组的结构，如图 2-1 所示。

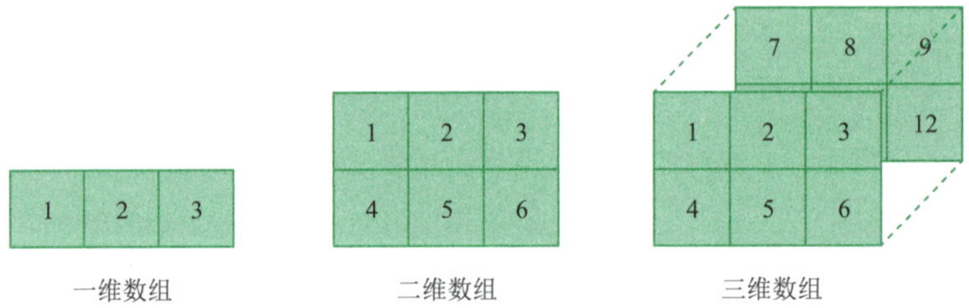

图 2-1　数组的结构

在图 2-1 中，一维数组的结构类似于 Python 中的列表类型，它里面的元素会沿着同一方向排列；二维数组的结构类似于表格，它里面的元素会以行列的形式排列；三维数组的结构比前面两个要复杂一些，它里面的元素会以多个平面的形式按顺序排列。

值得一提的是，三维数组又被认为元素是二维数组的数组，而二维数组也可以认为元素是一维数组的数组。例如，图 2-1 所示的二维数组中，上面一行内容是一个一维数组，它是数组的第一个元素，下面一行内容是一个一维数组，它是数组的第二个元素；图 2-1 所示的三维数组中，位于前面的平面是一个二维数组，它是数组的第一个元素，位于后面的平面是一个二维数组，它是数组的第二个元素。

3. 轴

轴（axis）是 NumPy 数组中十分重要的概念，它其实就代表维度。数组的维度不同，它对应的轴的数量也不同。一维数组只有一个轴，轴的编号为 0；二维数组有行列方向的两个轴，轴编号分别是 0、1；三维数组有沿着行、列方向，以及由行列组成的平面的三个轴，轴的编号分别为 0、1、2。一维数组、二维数组和三维数组的轴如图 2-2 所示。

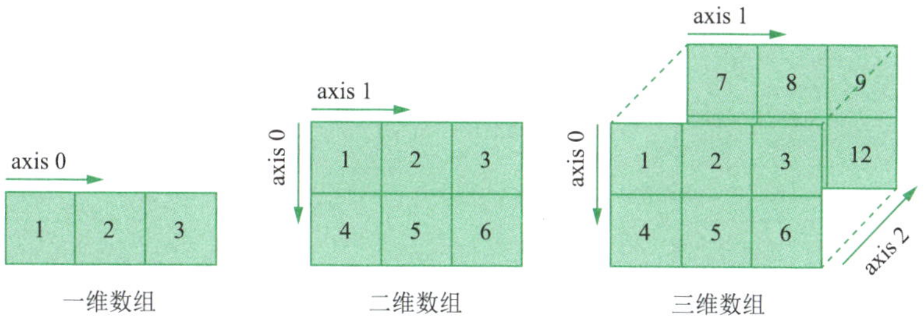

图 2-2　一维数组、二维数组和三维数组的轴

4．秩

秩是轴的个数，例如，一维数组只有一个轴，那么该一维数组的秩就是 1。

2.1.2　NumPy 数组的属性

NumPy 中最重要的一个特点就是其 *n* 维数组对象，即 ndarray（别名 array）对象，该对象具有矢量算术能力和复杂的广播能力，可以执行一些科学计算。不同于 Python 内置的数组类型，ndarray 对象拥有对高维数组的处理能力，这也是数值计算中缺一不可的重要特性。

ndarray 对象中定义了一些重要的属性，具体说明见表 2-1。

表 2-1　ndarray 对象的常用属性及其说明

属　性	说　明
ndarray.ndim	数组轴的个数，比如二维数组有两个轴，它的 ndim 属性的值为 2
ndarray.shape	数组维度的元组，元组中各个元素表示每个维度上数组的大小。例如，一个 *n* 行和 *m* 列的二维数组，它的 shape 属性的值为 (n,m)
ndarray.size	数组元素的总个数，等于 shape 属性中元组元素的乘积
ndarray.dtype	描述数组中元素类型的对象，既可以使用标准的 Python 类型创建或指定，也可以使用 NumPy 特有的数据类型来指定，比如 numpy.int32、numpy.float64 等
ndarray.itemsize	数组中每个元素占用的内存大小，单位为字节。例如，元素类型为 float64 的数组，该数组中各元素占用的内存大小为 8 字节，这相当于 ndarray.dtype.itemsize

需要注意的是，shape 属性的值是一个元组，元组里面有多少个元素取决于数组的维度。如果是一维数组，那么 shape 元组里面只有一个元素；如果是二维数组，那么 shape 元组里面有两个元素，依此类推。

表 2-1 中罗列的属性比较抽象，不容易理解，为了让大家理解 ndarray 对象的属性，下面通过画图的方式分别介绍一维数组、二维数组和三维数组的属性，具体如图 2-3 所示。

属性	值
ndim	1
shape	(3,)
dtype	int32

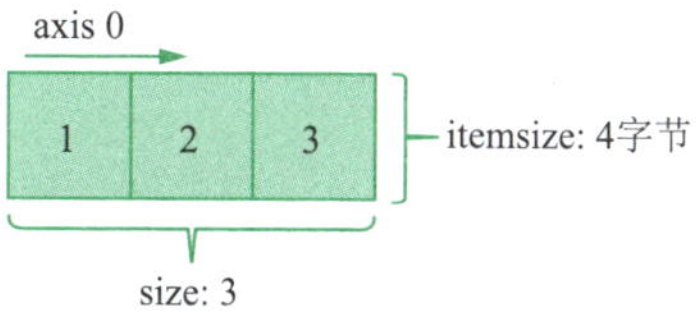

（a）一维数组

图 2-3　ndarray 对象的属性

属性	值
ndim	2
shape	(2,3)
dtype	int32

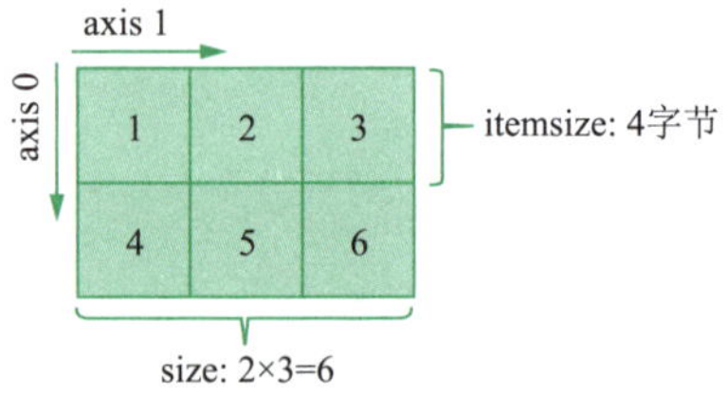

（b）二维数组

属性	值
ndim	3
shape	(2,2,3)
dtype	int32

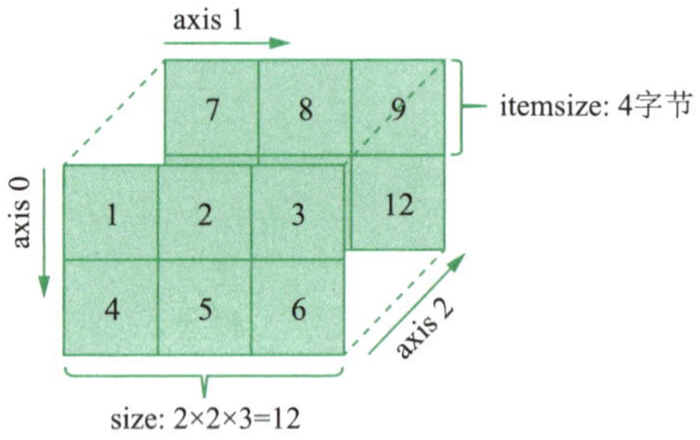

（c）三维数组

图 2-3　ndarray 对象的属性（续）

注意，为了简化 ndarray 对象和数组维度元组（shape 属性）的叫法，本章后面会把 ndarray 对象称为数组，数组维度元组称为形状。

2.2　创 建 数 组

NumPy 中提供了多种创建数组的方式，其中最基本的方式就是通过 array() 函数创建数组，在使用该函数时直接传入列表或元组即可。例如，通过 array() 函数分别创建一维数组、二维数组和三维数组，具体代码如下：

```
In  []: import numpy as np
        arr1d = np.array([1, 2, 3])                          # 创建一维数组
        arr1d
Out[]: array([1, 2, 3])
In  []: arr2d = np.array([[1, 2, 3], [4, 5, 6]])            # 创建二维数组
        arr2d
Out[]: array([[1, 2, 3],
              [4, 5, 6]])
In  []: # 创建三维数组
        arr3d = np.array([[[1, 2, 3], [4, 5, 6]],
                          [[7, 8, 9], [10, 11, 12]]])
        arr3d
Out[]: array([[[ 1,  2,  3],
               [ 4,  5,  6]],

              [[ 7,  8,  9],
               [10, 11, 12]]])
```

值得一提的是，三维数组展示的表现形式会稍微有些不同，具体如下：

- 最里层括号里面的内容按照从左到右的顺序排列。
- 中间层括号里面的内容按照从上到下的顺序排列。
- 最外层括号里面的内容按照从上到下的顺序排列，每个平面按照空行进行分隔。

上述对三维数组的内容布局描述过于抽象，接下来，通过画图的方式来描述三维数组的内容布局方式，具体如图 2-4 所示。

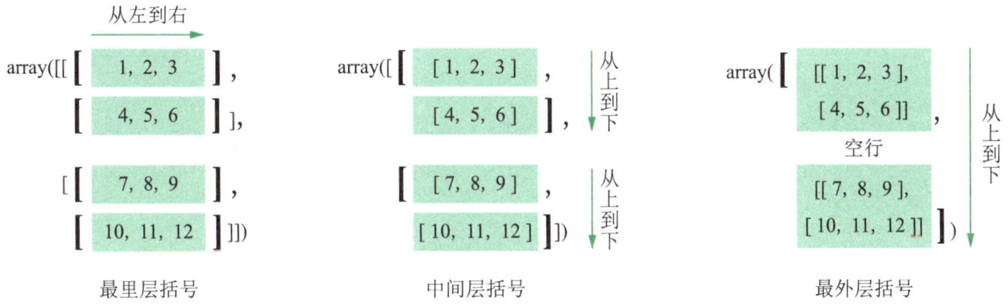

图 2-4　三维数组的内容布局方式

除了使用 array() 函数创建数组外，还可以通过以下一些方式创建数组，具体内容如下。

（1）通过 zeros() 函数可以创建元素值都是 0 的数组，示例代码如下：

```
In []: np.zeros((3, 3))        # 创建数组，并指定数组的维度元组是 (3, 3)
Out[]: array([[0., 0., 0.],
              [0., 0., 0.],
              [0., 0., 0.]])
```

（2）通过 ones() 函数可以创建元素值都为 1 的数组，示例代码如下：

```
In []: np.ones((3, 3))         # 创建数组，并指定数组的维度元组是 (3, 3)
Out[]: array([[1., 1., 1.],
              [1., 1., 1.],
              [1., 1., 1.]])
```

（3）通过 empty() 函数创建一个新的数组，该数组只分配了内存空间，它里面填充的元素都是随机的，示例代码如下：

```
In []: np.empty((3, 3))        # 创建数组，并指定数组的维度元组是 (3, 3)
Out[]: array([[0.00000000e+000, 0.00000000e+000, 0.00000000e+000],
              [0.00000000e+000, 0.00000000e+000, 8.20148972e-321],
              [8.23334367e-312, 8.23334367e-312, 1.54123107e+108]])
```

（4）通过 arange() 函数创建一个等差数组，它的功能类似于 range() 函数，只不过 arange() 函数返回的结果是一维数组，而不是列表，示例代码如下：

```
In []: np.arange(1, 20, 5)   # 创建数组，起始值是 1，终止值是 20，步长为 5
Out[]: array([ 1,  6, 11, 16])
```

从上述结果中可以看出，数组中有 4 个元素，每个相邻元素之间的差值是 5。

（5）通过 linspace() 函数也可以创建一个等差数组，不同于 arange() 函数，linspace() 函数需要指定数组中元素的数量，而不需要指定步长，示例代码如下：

```
In []: np.linspace(1, 20, 5)  # 创建数组，起始值是 1，终止值是 20，数量为 5
Out[]: array([ 1.  ,  5.75, 10.5 , 15.25, 20.  ])
```

从上述结果中可以看出，数组中有 5 个元素，首位元素是 1，末位元素是 20，每个相邻元素之间的差值是 4.75。

值得一提的是，在使用本节介绍的函数创建数组时，可以通过 dtype 参数显式地指明元素的类型，示例代码如下：

```
In []: np.array([1, 2, 3], dtype=np.float32)
Out[]: array([1., 2., 3., 4.], dtype=float32)
In []: np.ones((3, 3), dtype='int32')
Out[]: array([[1, 1, 1],
              [1, 1, 1],
              [1, 1, 1]])
```

大家可能注意到，数组中有些元素的后面有一个小数点，而有些元素后面没有小数点，比如 1 和 1.，之所以出现这种情况是因为元素的数据类型不同所导致的。关于数据类型的更多介绍，将会在 2.3 节中进行讲解。

2.3 数组的数据类型

2.3.1 查看数据类型

通过 2.1.2 的学习，我们知道通过访问数组的 dtype 属性时会创建一个表示数据类型的对象，这个对象其实就是 numpy.dtype 类型的对象。

如果要想获取数组中元素数据类型的名称，则需要先通过数组访问 dtype 属性得到 numpy.dtype 类型的对象，再通过该对象访问 name 属性进行获取，示例代码如下：

```
In []: arr_one = np.array([[1, 2, 3], [4, 5, 6]])
       arr_one.dtype.name
Out[]: 'int32'
```

在上述代码中，首先通过 array() 函数创建了一个数组 arr_one，然后通过 arr_one 访问 dtype 属性获取数据类型对象，通过该对象访问 name 属性获取数据类型的名称。

从上述结果中可以看出，数组中元素的数据类型是 int32。从数据类型的命名方式上可以看出，NumPy 的数据类型是由一个类型名和元素位长的数字组成，例如，int32 的 int 是类型名，32 是元素位长的数字。

如果在创建数组时，没有显式地指明数据的类型，那么解释器会根据列表或元组中元素的类型推导出来。默认情况下，通过 zeros()、ones()、empty() 函数创建的数组中元素的数据类型为 float64。

表 2-2 罗列了 NumPy 数组常用的数据类型。

表 2-2　NumPy 数组常用的数据类型

数据类型	说　明	简　写
bool	布尔类型，值为 True 或 False	b
int8、uint8	有符号和无符号的 8 位整数	i、u
int16、uint16	有符号和无符号的 16 位整数	i2、u2
int32、uint32	有符号和无符号的 32 位整数	i4、u4
int64、uint64	有符号和无符号的 64 位整数	i8、u8
float16	半精度浮点数（16 位，其中正负号 1 位，指数 5 位，精度 10 位）	f2
float32	单精度浮点数（32 位，其中正负号 1 位，指数 8 位，精度 23 位）	f4
float64	双精度浮点数（64 位，其中正负号 1 位，指数 11 位，精度 52 位）	f8
complex64	复数，分别用两个 32 位浮点数表示实部和虚部	c8
complex128	复数，分别用两个 64 位浮点数表示实部和虚部	c16
object_	Python 对象	O
string_	固定长度的字符串类型	S
unicode_	固定长度的 unicode 类型	U

2.3.2　转换数据类型

NumPy 中提供了 astype() 方法可以将数组中元素的数据类型转换为其他数据类型。例如，将数组中元素的数据类型由整数转换为浮点数，示例代码如下：

```
In []: data = np.array([[1, 2, 3], [4, 5, 6]])
       data.dtype.name
Out[]: 'int32'
In []: float_data = data.astype(np.float32) # 将数据类型转换为 float32
       float_data.dtype.name
Out[]: 'float32'
```

上述代码中，数组中元素的数据类型由 int32 转换为 float32。若需要将元素的类型由浮点数类型转换为整数类型，则会将浮点数中小数点后面的部分截掉，具体示例代码如下：

```
In []: float_data = np.array([1.2, 2.9, 3.5])
       float_data
Out[]: array([1.2, 2.9, 3.5])
In []: int_data = float_data.astype(np.int32) # 将数据类型转换为 int32
       int_data
Out[]: array([1, 2, 3], dtype=int32)
```

通过比较上述两个结果可以看出，无论浮点数小数点后面的数字是多少，转换成整数后都会被截掉。

如果数组中的元素是字符串，且字符串中的每个字符都是数字，则也可以使用 astype() 方法将字符串转换为数值类型。例如，将数组中元素的类型由字符串类型转换为整数类型，具体代码如下：

```
In []: str_data = np.array(['1', '2', '3'])
       int_data = str_data.astype(np.int64)
       int_data
Out[]: array([1, 2, 3], dtype=int64)
```

2.4 数组的索引和切片

NumPy 数组支持索引和切片操作，且提供了比 Python 序列更丰富的索引功能，它除了可以使用基本的整数索引之外，还可以使用花式索引和布尔索引访问数组中的元素。接下来，本节将针对 NumPy 数组的索引和切片进行详细讲解。

2.4.1 数组的索引方式

数组是通过索引的方式标记元素的位置，数组的类型不同，索引方式也会有一些区别。下面以一维数组和二维数组为例，介绍这两种类型数组的索引方式。

1. 一维数组的索引方式

一维数组与 Python 中序列类型的结构类似，它们的索引方式是相同的。正向索引从左向右依次递增，即左边数第一个元素的索引是 0，第二个元素的索引是 1，依此类推；反向索引从右向左依次递减，即从右边数第一个元素的索引是 −1，第二个元素的索引是 −2，依此类推。一维数组的索引方式如图 2-5 所示。

从图 2-5 中可以看出，数组中每个元素对应两种索引，分别是正向索引和反向索引。如果想要从数组中获取元素 0，则需要使用正向索引 7 或反向索引 −3 进行获取。

2. 二维数组的索引方式

二维数组比一维数组要复杂一些，它里面的每个元素对应行索引和列索引，其中行索引和列索引可以是正向索引，也可以是反向索引。二维数组的索引方式如图 2-6 所示。

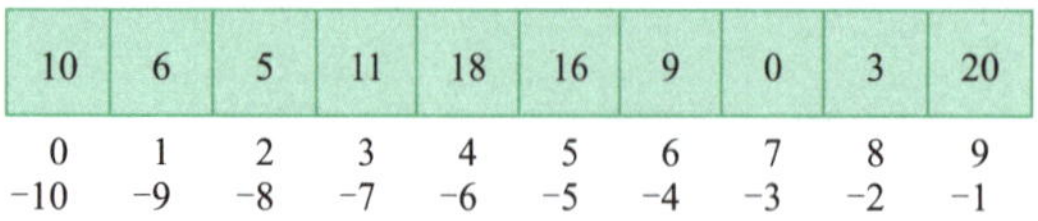

图 2-5　一维数组的索引方式

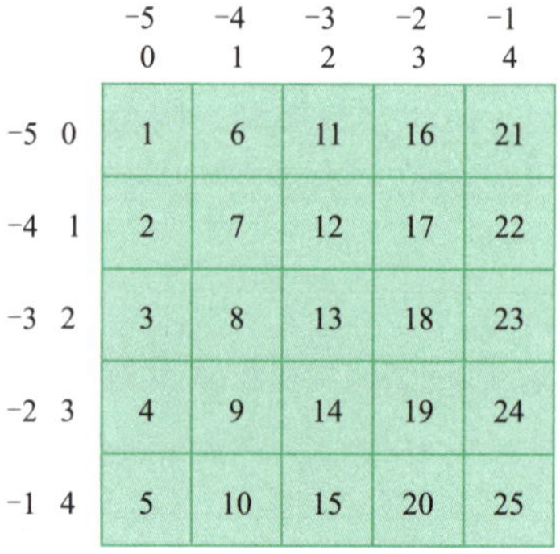

图 2-6　二维数组的索引方式

在图 2-6 中，二维数组是一个 5 行 5 列的数组，每个元素有行索引和列索引，此时通过行索引或列索引获取某行或某列元素。如果想获取二维数组中的单个元素，必须同时指明这个元素对应的行索引和列索引。例如，元素 13 可以使用行索引 −3 或 2 和列索引 −3 或 2 获取。

2.4.2 整数索引和切片

在 2.3.1 中提到的索引、行索引和列索引其实都是整数索引。NumPy 中可以通过整数索引和切片来访问和修改数组中的元素，数组的维度不同，整数索引和切片的用法也会有所不同。对于一维数组来说，整数索引和切片的用法与 Python 列表中索引和切片的用法相同；对于二维数组来说，整数索引和切片的用法要复杂一些。下面以二维数组为例，演示如何使用整数索引和切片访问数组的元素。

如果希望获取二维数组的一行元素，则可以通过“数组 [行索引]”的形式实现，示例代码如下：

```
In []: arr2d = np.array([[1, 6, 11, 16, 21], [2, 7, 12, 17, 22],
                         [3, 8, 13, 18, 23], [4, 9, 14, 19, 24],
                         [5, 10, 15, 20, 25]])
       arr2d
Out[]: array([[ 1,  6, 11, 16, 21],
              [ 2,  7, 12, 17, 22],
              [ 3,  8, 13, 18, 23],
              [ 4,  9, 14, 19, 24],
              [ 5, 10, 15, 20, 25]])
In []: arr2d[2]              # 获取行索引为 2 的整行元素
Out[]: array([ 3,  8, 13, 18, 23])
```

如果希望获取二维数组的单个元素，则需要通过“数组 [行索引 , 列索引]”的形式实现。例如，获取位于第 3 行第 2 列的元素，示例代码如下：

```
In []: arr2d[2, 1]           # 获取行索引为 2、列索引为 1 的元素
Out[]: 8
```

如果希望获取二维数组的多行元素，则可以通过“数组 [行索引的切片]”的形式实现，示例代码如下：

```
In []: arr2d[:2]             # 获取索引为 0、1 的两行元素
Out[]: array([[ 1,  6, 11, 16, 21],
              [ 2,  7, 12, 17, 22]])
```

如果希望获取二维数组的部分元素，则可以通过“数组 [行索引的切片 , 列索引的切片]”的形式实现，示例代码如下：

```
In []: arr2d[:2, :2]         # 获取行索引为 0 ～ 1，列索引为 0 ～ 1 的部分元素
Out[]: array([[1, 6],
              [2, 7]])
```

此外，也可以混合使用切片与整数索引，通过这种方式访问二维数组的部分元素，示例代码如下：

```
In []: arr2d[:, 2]           # 获取列索引为 2 的整列元素
Out[]: array([11, 12, 13, 14, 15])
```

上述二维数组切片操作的示意图如图 2-7 所示。

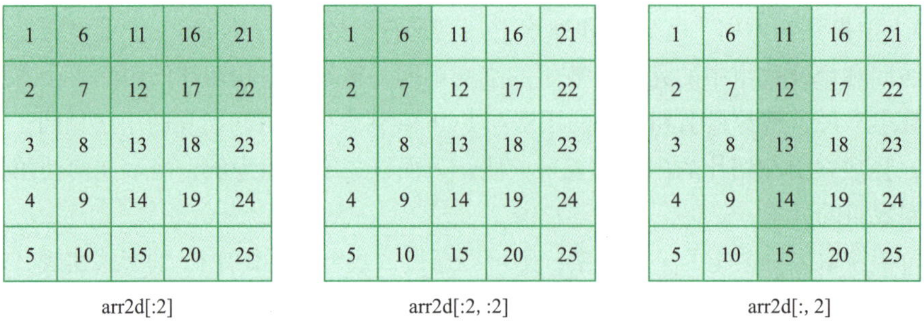

图 2-7　二维数组切片操作的示意图

2.4.3　花式索引

花式索引是 NumPy 的一个术语，是指用整数数组或整数列表作为索引。若花式索引操作的目标对象是一维数组，则会把花式索引的每个整数作为索引，通过索引获取相应位置的元素；若花式索引操作的目标对象是二维数组，则通过花式索引获取的结果是一行或多行元素。

接下来以一维数组为例，演示如何使用花式索引访问一维数组的部分元素，具体代码如下：

```
In []: arr = np.array([10, 6, 5, 11, 18, 16, 9, 0, 3, 20])
       arr[[0, 1, 5]]
Out[]: array([10,  6, 16])
```

上述代码中，通过花式索引 [0, 1, 5] 访问一维数组 arr，分别获取索引 0、1、5 对应的元素。从上述结果中可以看出，程序输出了一个新数组，该数组中的元素是 10、6、16。

下面以 2.4.2 中创建的二维数组 arr2d 为例，演示如何使用花式索引访问二维数组的元素，具体代码如下：

```
In []: arr2d[[1, 4]]
Out[]: array([[ 2,  7, 12, 17, 22],
              [ 5, 10, 15, 20, 25]])
```

上述代码中，通过花式索引 [1, 4] 访问二维数组 arr2d，依次从二维数组 arr2d 中获取行索引 1、4 对应的元素。从上述结果可以看出，程序输出了二维数组中行索引为 1、4 对应的两行元素。

如果想要访问二维数组中的部分元素，而不是整行元素，则需要通过两个花式索引完成，其中第一个花式索引中的整数会被作为行索引，第二个花式索引中的整数会被作为列索引。

当使用两个花式索引操作二维数组时，会按照二维数组的索引方式，依次获取位置相同的行索引和列索引对应的元素，示例代码如下：

```
In []: arr2d[[1, 4], [2, 3]]
Out[]: array([12, 20])
```

上述代码中，通过两个花式索引 [1, 4]、[2, 3] 访问二维数组 arr2d，依次从二维数组 arr2d 中获取行索引 1、列索引 2 对应的元素和行索引 4、列索引 3 对应的元素。从上述结果中可以看出，程序输出了有两个元素的一维数组。

上述二维数组花式索引操作的示意图如图 2-8 所示。

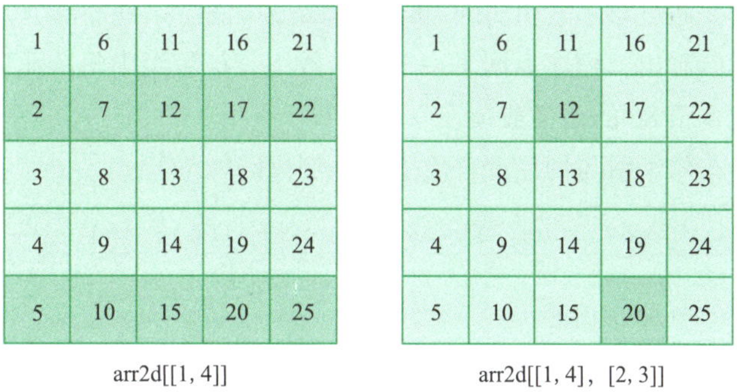

图 2-8　上述二维数组花式索引操作的示意图

需要注意的是，当使用两个花式索引访问二维数组时，两个花式索引对应数组或列表的长度是相等的，并且长度不能超过二维数组中相应轴上的元素数量，否则会出现索引异常。

2.4.4 布尔索引

布尔索引指的是将一个布尔数组或布尔列表作为数组索引。当使用布尔索引访问数组时，会将数组中与布尔数组或布尔列表位置相同的元素进行匹配，并返回与布尔数组或布尔列表中 True 位置对应的元素。注意，布尔数组或布尔列表的长度必须与被索引轴的长度一致。

值得一提的是，布尔数组可以是手动创建的，也可以是数组与某个数通过比较运算符或逻辑运算符进行运算后的结果。

接下来，通过一个案例演示如何使用布尔索引访问数组的元素。假设现在有一个存储了学生语文成绩的数组，若我们需要筛选出分数大于 80 的语文成绩，则可以先通过比较运算符得到数组与 80 进行运算后生成的一个布尔数组，再把布尔数组作为布尔索引，只要布尔值为 True，就获取 True 对应位置的元素，示例代码如下：

```
In []: student_score = np.array([[79, 88, 80], [89, 90, 92],
                                 [83, 78, 85], [78, 76, 80]])
       student_score
Out[]: array([[79, 88, 80],
              [89, 90, 92],
              [83, 78, 85],
              [78, 76, 80]])
In []: student_score > 80
Out[]: array([[False,  True, False],
              [ True,  True,  True],
              [ True, False,  True],
              [False, False, False]])
In []: student_score[student_score > 80]
Out[]: array([88, 89, 90, 92, 83, 85])
```

在上述代码中，首先创建了一个保存学生成绩的数组 student_score，然后通过比较运算符比较 student_score 中各个元素的值是否大于 80，生成一个保存了比较结果的布尔数组，该数组中 False 代表当前位置元素的值不大于 80，True 代表当前位置元素的值大于 80，最后将这个布尔数组作为布尔索引，通过布尔索引访问 student_score 中满足条件的部分元素。

从上述结果中可以看出，程序返回了一个一维数组，该数组中每个元素的值都大于 80，说明成功筛选出了分数大于 80 的语文成绩。

此外，还可以将布尔索引与切片混合使用，示例代码如下：

```
In []: student_score[[True, False, True, False], :2]
Out[]: array([[79, 88],
               [83, 78]])
```

在上述代码中，通过布尔索引 [True, False, True, False] 会获取数组中 True 对应的一行数据，也就是行索引为 0、2 的两行数据，通过切片会获取两行数据中列索引为 0、1 的元素。

布尔索引操作的示意图如图 2-9 所示。

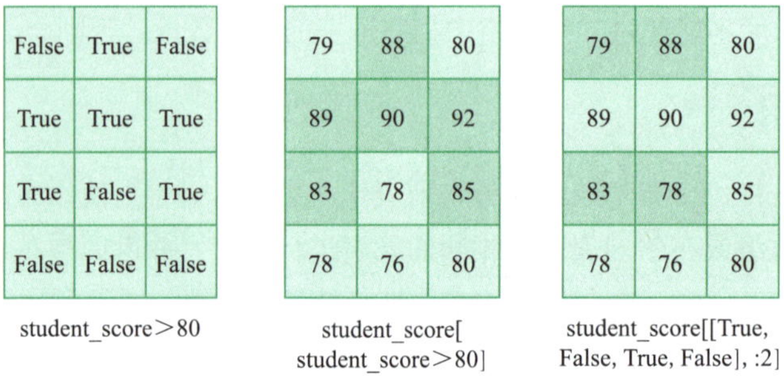

图 2-9　布尔索引操作的示意图

2.5　数组的算术运算

NumPy 数组不需要循环遍历，即可对每个元素执行批量的算术运算。不过，如果两个数组的形状不同，则它们在进行算术运算时可能会出现广播机制。除此之外，数组还支持通过算术运算符与标量进行运算，本节将详细介绍数组算术运算的相关内容。

2.5.1　形状相同的数组间的算术运算

在 NumPy 中，形状相同的数组之间进行任何算术运算时都会应用到元素级，即将位置相同的元素进行算术运算，所得的运算结果组成一个新的数组。接下来，通过一张图来描述形状相同的数组之间的算术运算，具体如图 2-10 所示。

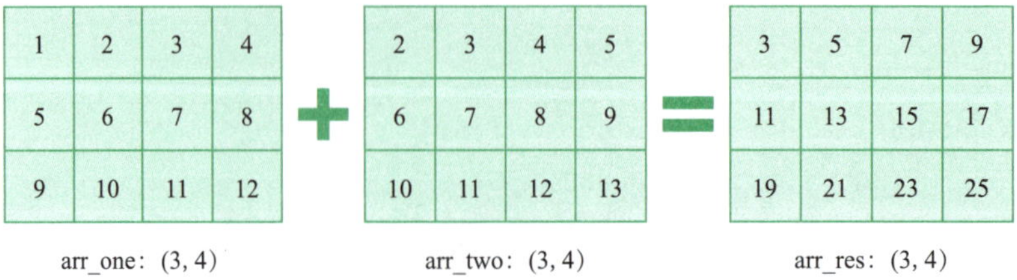

图 2-10　形状相同的数组之间的算术运算

在图 2-10 中，数组 arr_one 和 arr_two 的形状均为 (3,4)，它们执行加法运算后得到一个新的数组 arr_res。从图 2-10 可以看出，数组 arr_res 的形状也是 (3,4)，它里面每个元素的值均是数组 arr_one 和 arr_two 中相同位置上的元素之和。例如，数组 arr_one 中第 1 行第 1 列的元素是 1，arr_two 中第 1 行第 1 列的元素是 2，它们两个相加的结果为 3，也就是数组 arr_res 中第 1 行第 1 列的元素。

下面通过代码演示形状相同数组的加、减、乘和除运算，示例代码如下：

```
In []: import numpy as np
       arr_one = np.array([[1, 2, 3, 4], [5, 6, 7, 8], [9, 10, 11, 12]])
       arr_two = np.array([[2, 3, 4, 5], [6, 7, 8, 9], [10, 11, 12, 13]])
       arr_one + arr_two                    # 两个数组进行加法运算
Out[]: array([[ 3,  5,  7,  9],
              [11, 13, 15, 17],
              [19, 21, 23, 25]])
In []: arr_one - arr_two                    # 两个数组进行减法运算
Out[]: array([[-1, -1, -1, -1],
              [-1, -1, -1, -1],
              [-1, -1, -1, -1]])
In []: arr_one * arr_two                    # 两个数组进行乘法运算
Out[]: array([[  2,   6,  12,  20],
              [ 30,  42,  56,  72],
              [ 90, 110, 132, 156]])
In []: arr_one / arr_two                    # 两个数组进行除法运算
Out[]: array([[0.5       , 0.66666667, 0.75      , 0.8       ],
              [0.83333333, 0.85714286, 0.875     , 0.88888889],
              [0.9       , 0.90909091, 0.91666667, 0.92307692]])
```

2.5.2 形状不同的数组间的算术运算

在 NumPy 中，形状不同的数组在执行算术运算时可能会触发广播机制，该机制会对参与运算的数组进行扩展，使扩展后的数组具有相同的形状，这样就可以对数组进行算术运算了。

不过，并非所有的数组进行算术运算都会触发广播机制，这主要取决于数组的形状是否兼容。什么是形状兼容呢？以两个数组为例，这两个数组的形状右对齐，之后沿着从右向左的顺序逐个比较同一纬度是否满足以下任意一种情况：

（1）维度相等；

（2）有一方维度为 1。

如果数组的形状的每个维度都满足上述任意一种情况，说明两个数组的形状兼容，可以直接进行算术运算。下面为大家介绍一些形状兼容的示例，具体如下。

```
A       (2d array):     5 × 4
B       (1d array):         4
Result  (2d array):     5 × 4
C       (4d array): 8 × 1 × 6 × 1
D       (3d array):     7 × 1 × 5
Result  (4d array): 8 × 7 × 6 × 5
```

在上述示例中，A 是一个 5×4 的二维数组，B 是一个有 4 个元素的一维数组。通过观察它们右对齐后的形状可知，从右边数 A 和 B 的维度都是 4，符合前面介绍的第一种情况，因此 A 和 B 运算后得到的结果是 5×4 的二维数组。

C 是一个 8×1×6×1 的四维数组，D 是一个 7×1×5 的三维数组。通过观察它们右对齐后的形状可知，右边起 C 的第一个维度是 1，D 的第二个维度是 1，C 的第三个维度是 1，符合前面介绍的第二种情况，因此数组 C 和 D 运算后得到的结果是 8×7×6×5 的四维数组。

下面以两个数组为例，通过一张图来描述广播机制扩展数组的过程，具体如图 2-11 所示。

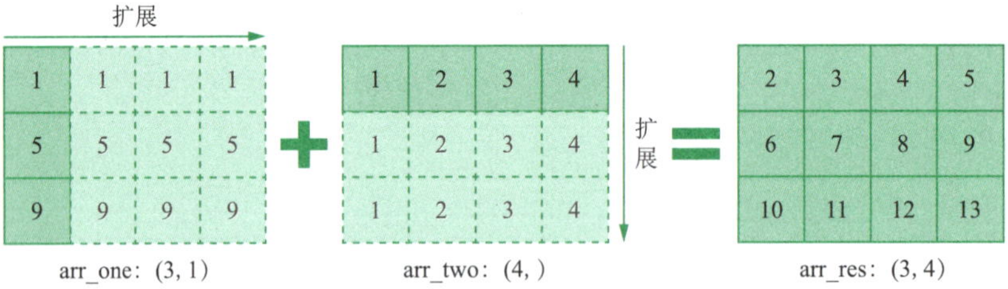

图 2-11　广播机制扩展数组的过程

从图 2-11 中可以看出，数组 arr_one 的形状是 (3, 1)，数组 arr_two 的形状为 (4,)，它们进行加法运算时出现了广播机制，横向复制 arr_one 的元素，纵向复制 arr_two 的元素，使它们扩展后的形状均变成 (3, 4)，之后对相同位置的每个元素进行加法运算，运算的结果是数组 arr_res 中的每个元素。

接下来，通过代码演示图 2-11 所示的广播机制，具体代码如下：

```
In []: import numpy as np
       arr_one = np.array([[1], [5], [9]])
       arr_one.shape
Out[]: (3, 1)
In []: arr_two = np.array([1, 2, 3, 4])
       arr_two.shape
Out[]: (4,)
In []: arr_res = arr_one + arr_two
       arr_res.shape
Out[]: (3, 4)
In []: arr_res
Out[]: array([[ 2,  3,  4,  5],
              [ 6,  7,  8,  9],
              [10, 11, 12, 13]])
```

2.5.3 数组与标量的算术运算

形状相同的数组之间的任何算术运算都会应用到各元素。同样地，数组与标量执行算术运算时也会将标量应用到各元素，以方便各元素与标量直接相加、相减、相乘、相除等操作。数组与标量执行算术运算后，会产生一个与数组形状相同的新数组，新数组中每个元素的值分别是原数组中每个元素与标量算术运算后得到的结果。

接下来，创建一个二维数组，将该数组与标量分别进行相加、相减、相乘、相除操作，具体代码如下：

```
In []: import numpy as np
       arr_2d = np.array([[1, 2, 3], [4, 5, 6]])
       data = 10
       arr_2d + data           # 数组与标量相加
Out[]: array([[11, 12, 13],
              [14, 15, 16]])
In []: arr_2d - data           # 数组与标量相减
Out[]: array([[-9, -8, -7],
              [-6, -5, -4]])
In []: arr_2d * data           # 数组与标量相乘
Out[]: array([[10, 20, 30],
              [40, 50, 60]])
In []: arr_2d / data            # 数组与标量相除
Out[]: array([[ 0.1,  0.2,  0.3],
              [ 0.4,  0.5,  0.6]])
```

2.6 通用函数

除了直接使用运算符对数组进行基本的算术运算以外，还可以使用 NumPy 提供的通用函数（ufunc）对数组进行基本算术运算以及更复杂的数学运算，比如求正弦值、求余弦值等。

通用函数是一种针对 ndarray 对象中的逐个元素进行运算的函数，这些函数都会产生一个新的数组。通常情况下，将接收一个数组参数的函数称为一元通用函数，接收两个数组参数的函数称为二元通用函数。表 2-3 和表 2-4 列举了一些常见的一元通用函数和二元通用函数。

表 2-3　常见的一元通用函数

函　数	说　明
abs (x)	计算数组 x 中各元素的绝对值，元素值可以是整数、浮点数或复数
fabs(x)	计算数组 x 中各元素的绝对值，绝对值都是浮点数
sqrt(x)	计算数组 x 中各元素的算术平方根
square(x)	计算数组 x 中各元素的平方
exp(x)	计算数组 x 中各元素的指数
log(x)	计算数组 x 中各元素以 e 为底数的对数
log10(x)	计算数组 x 中各元素以 10 为底数的对数
log2(x)	计算数组 x 中各元素以 2 为底数的对数
sign(x)	返回数组 x 中各元素的符号值，包括 1、0、-1，其中 1 表示正数，-1 表示负数
ceil(x)	计算数组 x 中各元素的 ceilling 值，即大于或等于该值的最小整数
floor(x)	计算数组 x 中各元素的 floor 值，即小于或等于该值的最大整数
rint(x)	将数组 x 中各元素四舍五入到整数

续表

函　数	说　明
modf(x)	将数组 x 中各元素的小数部分和整数部分以两个独立数组的形式返回
isnan(x)	判断数组 x 中各元素的值是否为 NaN，返回包含判断结果的数组，该数组中的元素的值都是布尔值
isfinite(x)	返回表示数组 x 中各元素是否有限的布尔型数组
isinf(x)	返回表示数组 x 中各元素是否无限的布尔型数组
sin(x)	计算数组 x 中各元素的正弦值
sinh(x)	计算数组 x 中各元素的双曲正弦值
cos(x)	计算数组 x 中各元素的余弦值
cosh(x)	计算数组 x 中各元素的双曲余弦值
tan(x)	计算数组 x 中各元素的正切值
tanh(x)	计算数组 x 中各元素的双曲正切值
arccos(x)	计算数组 x 中各元素的反余弦值
arccosh(x)	计算数组 x 中各元素的反双曲余弦值
arcsin(x)	计算数组 x 中各元素的反正弦值
diff()	计算沿给定轴的 *n* 阶离散差，返回一个由相邻元素的差值构成的数组
std(x)	计算数组 x 中各元素的标准差

表 2-4　常见的二元通用函数

函　数	说　明
add(x1, x2)	将数组 x1 和 x2 中位置对应的元素相加，相当于 x1+ x2
subtract(x1, x2)	将数组 x1 和 x2 中位置对应的元素相减，相当于 x1- x2
multiply(x1, x2)	将数组 x1 和 x2 中位置对应的元素相乘，相当于 x1* x2
divide(x1, x2)	将数组 x1 和 x2 中位置对应的元素相除，相当于 x1/ x2
floor_divide(x1, x2)	将数组 x1 和 x2 中位置对应的元素整除，相当于 x1// x2
maximum(x1, x2)	返回数组 x1 和 x2 中位置对应的元素的最大值
minimum(x1, x2)	返回数组 x1 和 x2 中位置对应的元素的最小值
mod(x1, x2)	返回数组 x1 和 x2 中位置对应的元素求模后的结果，相当于 x1%x2
copysign(x1, x2)	将数组 x2 中的元素的符号赋值给数组 x1 中位置对应的元素
greater(x1, x2)	比较数组 x1 的元素是否大于 x2 的元素，相当于 x1> x2
greater_equal(x1, x2)	比较数组 x1 的元素是否大于或等于 x2 的元素，相当于 x1>= x2
less(x1, x2)	比较数组 x1 的元素是否小于 x2 的元素，相当于 x1< x2
less_equal(x1, x2)	比较数组 x1 的元素是否小于或等于 x2 的元素，相当于 x1<=x2
equal(x1, x2)	比较数组 x1 的元素是否等于 x2 的元素，相当于 x1==x2
not_equal(x1, x2)	比较数组 x1 的元素是否不等于 x2 的元素，相当于 x1!=x2
logical_and(x1, x2)	将数组 x1 和 x2 进行逻辑与运算，相当于 x1&x2
logical_or(x1, x2)	将数组 x1 和 x2 进行逻辑或运算，相当于 x1|x2

为了让读者更好地理解通用函数的用法，接下来，通过代码来演示表 2-3 和表 2-4 中部分

通用函数的用法。有关一元通用函数的示例代码如下：

```
In []: import numpy as np
       arr_int = np.array([1, -5, 8, -10])
       arr_float = np.array([1.3, -5.5, 8.0, -10.7])
       arr_bool = np.array([np.NAN, np.NAN, 8.0, -10.7])
       np.fabs(arr_int)       # 计算数组中各元素的绝对值，每个绝对值都是浮点数
Out[]: array([ 1.,  5.,  8., 10.])
In []: np.square(arr_int)     # 计算数组中各元素的平方
Out[]: array([  1,  25,  64, 100], dtype=int32)
In []: np.ceil(arr_float)     # 计算数组中各元素的 ceilling 值
Out[]: array([  2.,  -5.,   8., -10.])
In []: np.floor(arr_float)    # 计算数组中各元素的 floor 值
Out[]: array([  1.,  -6.,   8., -11.])
In []: np.rint(arr_float)     # 计算数组中各元素四舍五入的值
Out[]: array([  1.,  -6.,   8., -11.])
In []: np.modf(arr_float)     # 返回数组中各元素的小数部分和整数部分
Out[]: (array([ 0.3, -0.5,  0. , -0.7]), array([  1.,  -5.,   8., -10.]))
In []: np.isnan(arr_bool)     # 判断数组中各元素的值是否为 NaN
Out[]: array([ True,  True, False, False])
```

有关二元通用函数的示例代码如下。

```
In []: import numpy as np
       arr_one = np.array([1, 5, 10, 4])
       arr_two = np.array([6, 2, 8, 9])
       # 计算数组 arr_one 和 arr_two 中各元素相加的结果
       np.add(arr_one, arr_two)
Out[]: array([ 7,  7, 18, 13])
In []: # 计算数组 arr_one 和 arr_two 中各元素的最大值
       np.maximum(arr_one, arr_two)
Out[]: array([ 6,  5, 10,  9])
In []: # 计算数组 arr_one 和 arr_two 中各元素求模的结果
       np.mod(arr_one, arr_two)
Out[]: array([1, 1, 2, 4], dtype=int32)
In []: # 比较数组 arr_one 是否小于或等于 arr_two
       np.less_equal(arr_one, arr_two)
Out[]: array([ True, False, False,  True])
```

2.7 数组的重塑与转置

2.7.1 数组的重塑

数组的重塑是指重新将数组的形状变成指定的形状，需要注意的是，重塑前后数组中元素

的总数量是不变的，并且数组新形状应与原始形状兼容，也就是说新形状的行数 × 新形状的列数 = 原始形状的行数 × 原始形状的列数。

NumPy 中提供了重塑数组的 reshape() 方法，该方法既可以改变具有相同维度的数组形状，又可以改变不同维度的数组形状。下面通过代码演示如何使用 reshape() 方法将一维数组重塑为二维数组，具体代码如下：

```
In []: array_1d = np.arange(1, 13)
       print('原数组的形状：' + str(array_1d.shape))
       print(array_1d)
       array_2d = array_1d.reshape((6,2))
       print('新数组的形状：' + str(array_2d.shape))
       print(array_2d)
Out[]: 原数组的形状：(12,)
       [ 1  2  3  4  5  6  7  8  9 10 11 12]
       新数组的形状：(6, 2)
       [[ 1  2]
        [ 3  4]
        [ 5  6]
        [ 7  8]
        [ 9 10]
        [11 12]]
```

上述代码中，首先创建了一个包含 12 个元素的一维数组 array_1d，然后通过 array_1d 调用 reshape() 方法重塑数组，将该数组的形状变为 (6,2)，生成一个新数组 array_2d。

从上述结果可以看出，重塑后的数组是 6 行 2 列的数组，并且元素的值没有发生任何变化。

除此之外，reshape() 方法还可以把二维数组重塑为二维数组。例如，将数组 array_2d 的形状由 (6,2) 重塑为 (3,4)，具体代码如下。

```
In []: new_array_2d = array_2d.reshape((3,4))
       print('新数组的形状：' + str(new_array_2d.shape))
       print(new_array_2d)
Out[]: 新数组的形状：(3, 4)
       [[ 1  2  3  4]
        [ 5  6  7  8]
        [ 9 10 11 12]]
```

从上述结果可以看出，重塑后的数组是 3 行 4 列的数组。

2.7.2 数组的转置

数组的转置指的是将数组中的每个元素按照一定的规则进行位置变换。NumPy 中提供了 transpose() 方法和 T 属性来转置数组。其中 T 属性是最简单的转置方式，它会互换两个轴方向上的元素。例如，现在有个 3 行 4 列的二维数组，那么使用 T 属性对数组转置后，形成的是一个 4 行 3 列的新数组，示例代码如下：

```
In []: arr = np.arange(12).reshape(3, 4)
       arr
```

```
Out[]: array([[ 0,  1,  2,  3],
              [ 4,  5,  6,  7],
              [ 8,  9, 10, 11]])
In []: arr.T         # 使用 T 属性对数组进行转置
Out[]: array([[ 0,  4,  8],
              [ 1,  5,  9],
              [ 2,  6, 10],
              [ 3,  7, 11]])
```

从上述结果中可以看出，使用 T 属性转置后，原来数组的第一列元素变成了第一行元素，第二列元素变成了第二行元素，依此类推。

如果希望对数组中三个轴上的元素进行转置，则可以通过 transpose() 方法实现。transpose() 方法需要接收一个由轴编号构成的元组，返回一个按轴编号互换后的新数组。假设现在有一个三维数组 arr，具体代码如下：

```
In []: arr = np.arange(24).reshape((2, 3, 4))
       arr
Out[]: array([[[ 0,  1,  2,  3],
               [ 4,  5,  6,  7],
               [ 8,  9, 10, 11]],

              [[12, 13, 14, 15],
               [16, 17, 18, 19],
               [20, 21, 22, 23]]])
```

使用 transpose() 方法对数组进行转置，并在该方法中传入轴编号的元组 (0,1,2)，具体代码如下：

```
In []: # 数组转置，轴编号的元组为 (0, 1, 2)
       arr.transpose((0, 1, 2))
Out[]: array([[[ 0,  1,  2,  3],
               [ 4,  5,  6,  7],
               [ 8,  9, 10, 11]],

              [[12, 13, 14, 15],
               [16, 17, 18, 19],
               [20, 21, 22, 23]]])
```

从上述结果中可以看出，数组的形状没有发生任何变化，仍然是 (2, 3, 4)，说明轴编号元组中元素的顺序默认是 0、1、2。

如果希望互换数组 0 轴和 1 轴的元素，则需要将元组 (0, 1, 2) 中 0 和 1 的位置互换，使元组变成 (1, 0, 2)，示例代码如下：

```
In []: # 互换 0 轴和 1 轴的元素，轴编号的元组为 (1, 0, 2)
       new_arr = arr.transpose((1, 0, 2))
       new_arr
Out[]: array([[[ 0,  1,  2,  3],
               [12, 13, 14, 15]],
```

```
              [[ 4,  5,  6,  7],
               [16, 17, 18, 19]],

              [[ 8,  9, 10, 11],
               [20, 21, 22, 23]]])
In [ ]: new_arr.shape
Out[ ]: (3, 2, 4)
```

从上述结果中可以看出，程序返回一个新的数组，该数组的形状为 (3, 2, 4)。通过比较新数组和原来数组的形状可知，前两个值的顺序发生了变化，说明这两个轴的元素进行了互换。

如果希望互换数组 1 轴和 2 轴的元素，则需要将元组 (0, 1, 2) 中 1 和 2 的位置互换，使元组变成 (0, 2, 1)，示例代码如下：

```
In [ ]: # 互换 1 轴和 2 轴的元素，轴编号的元组为 (0, 2, 1)
        new_arr = arr.transpose((0, 2, 1))
        new_arr
Out[ ]: array([[[ 0,  4,  8],
               [ 1,  5,  9],
               [ 2,  6, 10],
               [ 3,  7, 11]],

              [[12, 16, 20],
               [13, 17, 21],
               [14, 18, 22],
               [15, 19, 23]]])
In [ ]: new_arr.shape
Out[ ]: (2, 4, 3)
```

从上述结果中可以看出，程序返回一个新的数组，该数组的形状为 (2, 4, 3)。与原来数组的形状 (2, 3, 4) 比较后可以发现，后两个值的顺序发生了变化，说明这两个轴的元素进行了互换。

如果在调用 transpose() 方法进行转置时不传入任何参数直接调用，则此时转置的效果等价于 transpose(2,1,0) 的效果。接下来，通过一张图比较通过 transpose() 和 transpose(2,1,0) 转置的效果，具体如图 2-12 所示。

```
In [36]: arr.transpose()
Out[36]:
array([[[ 0,  8],
        [ 4, 12]],

       [[ 1,  9],
        [ 5, 13]],

       [[ 2, 10],
        [ 6, 14]],

       [[ 3, 11],
        [ 7, 15]]])
```

```
In [38]: arr.transpose(2,1,0)
Out[38]:
array([[[ 0,  8],
        [ 4, 12]],

       [[ 1,  9],
        [ 5, 13]],

       [[ 2, 10],
        [ 6, 14]],

       [[ 3, 11],
        [ 7, 15]]])
```

图 2-12　transpose() 和 transpose(2,1,0)转置的效果

2.8 数组的其他操作

2.8.1 条件逻辑

在 NumPy 中，where() 函数相当于三元表达式 x if condition else y 的矢量化版本，用于根据条件返回 x 或者 y 中的元素，如果满足条件返回 x 中的元素，不满足条件返回 y 中的元素。

接下来，通过一个示例演示如何通过 where() 函数筛选满足特定条件的数组。假设有两个数值类型的数组和一个布尔类型的数组，具体代码如下：

```
In []: arr_x = np.array([1, 5, 7])
       arr_y = np.array([2, 6, 8])
       arr_con = np.array([True, False, True])
```

现在提出一个需求，即当 arr_con 的元素值为 True 时，从 arr_x 数组中获取一个值，否则从 arr_y 数组中获取一个值。使用 where() 函数实现上述需求，具体代码如下：

```
In []: result = np.where(arr_con, arr_x, arr_y)
       result
Out[]: array([1, 6, 7])
```

上述代码调用 where() 函数时，传入的第 1 个参数 arr_con 表示判断条件，它可以是一个布尔值，也可以是一个布尔数组，这里传入的是一个布尔数组。

当满足条件，即从 arr_con 中取出的元素为 True 时，则会获取 arr_x 数组中对应位置的值。由于 arr_con 中索引为 0、2 的元素为 True，所以取出 arr_con 中相应位置的元素 1、7。

当不满足条件，即从 arr_con 中取出的元素为 False 时，则会获取 arr_y 数组中对应位置的值。由于 arr_con 中索引为 1 的元素为 False，所以取出 arr_con 中相应位置的元素 6。

从上述结果可以看出，使用 where() 函数进行数组运算后，返回了一个新的数组。

2.8.2 统计运算

通过 NumPy 库中的相关方法可以很方便地运用 Python 进行数组的统计汇总，比如计算数组极大值、极小值以及平均值等。表 2-5 列举了 NumPy 数组中与统计运算相关的方法。

表 2-5　NumPy 数组中与统计运算相关的方法

方　法	说　明
sum()	对数组中全部或某个轴向的元素求和
mean()	算术平均值
min()	计算数组中的最小值
max()	计算数组中的最大值
argmin()	表示最小值的索引
argmax()	表示最大值的索引
cumsum()	所有元素的累加和
cumprod()	所有元素的累乘积

需要注意的是，当使用 ndarray 对象调用 cumsum() 和 cumprod() 方法后，产生的结果是一个由中间结果组成的数组。

为了能让读者更好地理解，接下来，通过一些示例来演示上述方法的具体用法，代码如下：

```
In []: arr = np.arange(10)
       arr.sum()        # 求和
Out[]: 45
In []: arr.mean()       # 求平均值
Out[]: 4.5
In []: arr.min()        # 求最小值
Out[]: 0
In []: arr.max()        # 求最大值
Out[]: 9
In []: arr.argmin()     # 求最小值的索引
Out[]: 0
In []: arr.argmax()     # 求最大值的索引
Out[]: 9
In []: arr.cumsum()     # 计算元素的累加和
Out[]: array([ 0,  1,  3,  6, 10, 15, 21, 28, 36, 45], dtype=int32)
In []: arr.cumprod()    # 计算元素的累乘积
Out[]: array([0, 0, 0, 0, 0, 0, 0, 0, 0, 0], dtype=int32)
```

2.8.3 数组元素排序

如果希望对 NumPy 数组中的元素进行排序，可以通过 sort() 方法实现，示例代码如下：

```
In []: arr = np.array([[6, 2, 7], [3, 6, 2], [4, 3, 2]])
       arr
Out[]: array([[6, 2, 7],
              [3, 6, 2],
              [4, 3, 2]])
In []: arr.sort()
       arr
Out[]: array([[2, 6, 7],
              [2, 3, 6],
              [2, 3, 4]])
```

从上述代码可以看出，当调用 sort() 方法后，数组 arr 中每一行元素按照从小到大的顺序进行排序。需要注意的是，sort() 方法会修改数组本身。

如果希望对任何一个轴上的元素进行排序，只需要在使用 sort() 方法排序时传入 axis 参数，该参数表示待排序轴的编号，示例代码如下：

```
In []: arr = np.array([[6, 2, 7], [3, 6, 2], [4, 3, 2]])
       arr
Out[]: array([[6, 2, 7],
              [3, 6, 2],
              [4, 3, 2]])
```

```
In []: arr.sort(0)          # 沿着编号为 0 的轴对元素排序
       arr
Out[]: array([[3, 2, 2],
              [4, 3, 2],
              [6, 6, 7]])
```


2.8.4 检索数组元素是否满足条件

在 NumPy 中，all() 函数用于判断整个数组中的元素的值是否全部满足条件，如果满足条件返回 True，否则返回 False。any() 函数用于判断整个数组中的元素至少有一个满足条件就返回 True，否则就返回 False。

使用 all() 和 any() 函数检索数组元素，示例代码如下：

```
In []: arr = np.array([[1, -2, -7], [-3, 6, 2], [-4, 3, 2]])
       arr
Out[]: array([[ 1, -2, -7],
              [-3,  6,  2],
              [-4,  3,  2]])
In []: np.any(arr > 0)        # arr 的所有元素是否有一个大于 0
Out[]: True
In []: np.all(arr > 0)        # arr 的所有元素是否都大于 0
Out[]: False
```

2.8.5 查找数组的唯一元素

为了便于用户从数组中查找唯一元素，NumPy 针对一维数组提供了 unique() 函数，该函数用于找出数组中的唯一元素，并返回一个升序排列的数组，示例代码如下：

```
In []: arr = np.array([12, 11, 34, 23, 12, 8, 11])
       np.unique(arr)
Out[]: array([ 8, 11, 12, 23, 34])
```

2.8.6 判断元素是否在其他数组中

in1d() 函数用于判断一维数组中的元素是否在另一个数组中，该函数返回的是一个布尔数组，布尔数组与一维数组的长度相等。in1d() 函数的语法格式如下：

```
in1d(ar1, ar2, assume_unique=False, invert=False)
```

in1d() 函数中各参数的含义介绍如下：

（1）ar1：待判断的数组。

（2）ar2：判断 ar1 的每个元素所依据的值。

（3）assume_unique：是否假设数组 ar1 的唯一性，默认值是 False。

（4）invert：是否倒转数组的元素，默认值为 False。

例如，创建两个数组，通过 in1d() 函数判断数组里面的元素是否在另一个数组中，示例代码如下：

```
In []: arr = np.array([12, 11, 34, 23, 12, 8, 11])
       arr2 = np.array([11, 12])
       np.in1d(arr, arr2)
Out[]: array([ True,  True, False, False,  True, False,  True])
```

从上述结果中可以看出，程序返回了一个一维数组，该数组里面的元素都是布尔值，其中第 1、2、5、7 个元素的值都是 True，说明 arr 数组中对应位置的元素存在于 arr2 数组中，其他元素的值都是 False，说明 arr 数组中对应位置的元素不在 arr2 数组中。

2.9 线性代数模块

线性代数是数学运算中的一个重要工具，它在图形信号处理、音频信号处理中有非常重要的作用。numpy.linalg 模块中有一组标准的矩阵分解运算以及诸如逆和行列式之类的方法。例如，矩阵相乘，如果通过“*”对两个数组相乘，得到的是一个元素级的积，而不是一个矩阵点积。NumPy 中提供了一个用于矩阵乘法的 dot() 方法，该方法的用法示例如下：

```
In []: arr_x = np.array([[1, 2, 3], [4, 5, 6]])
       arr_y = np.array([[1, 2], [3, 4], [5, 6]])
       arr_x.dot(arr_y)    # 等价于 np.dot(arr_x, arr_y)
Out[]: array([[22, 28],
              [49, 64]])
```

矩阵点积的条件是矩阵 $\boldsymbol{A}$ 的列数等于矩阵 $\boldsymbol{B}$ 的行数，假设 $\boldsymbol{A}$ 为 $m\times p$ 的矩阵，$\boldsymbol{B}$ 为 $p\times n$ 的矩阵，那么矩阵 $\boldsymbol{A}$ 与 $\boldsymbol{B}$ 的乘积就是一个 $m\times n$ 的矩阵 $\boldsymbol{C}$，其中矩阵 $\boldsymbol{C}$ 的第 i 行第 j 列的元素 c_{ij} 可以表示为：

$$c_{ij}=\sum_{k=1}^{p}a_{ik}b_{kj}=a_{i1}b_{1j}+a_{i2}b_{2j}+\cdots+a_{ip}b_{pj}$$

上述矩阵 arr_x 与 arr_y 的乘积如图 2-13 所示。

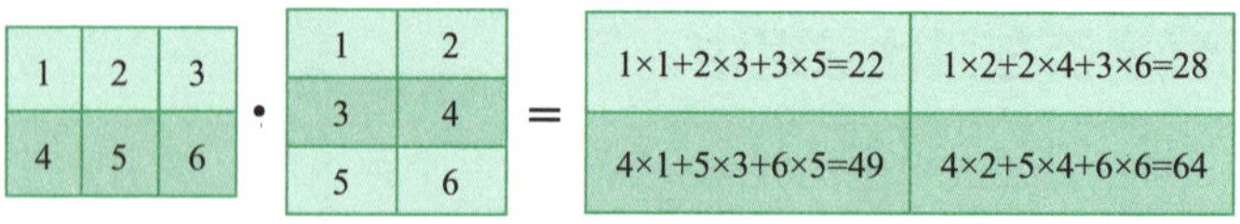

图 2-13 矩阵 arr_x 与 arr_y 的乘积

除此之外，linalg 模块中还提供了很多常见函数，具体见表 2-6。

表 2-6 linalg 模块的常见函数

函数	说明
diag()	从一个数组中提取对角线元素或构造一个对角矩阵
trace()	计算对角线元素和
det()	计算矩阵的行列式
eig()	计算矩阵的特征值和特征向量

续表

函　　数	说　　明
inv()	计算矩阵的逆
qr()	计算矩阵的 QR 分解。QR 分解将矩阵分解为一个正交矩阵 ***Q*** 和一个上三角矩阵 ***R***
svd()	对矩阵进行奇异值（SVD）分解
solve()	解线性方程组 ***Ax=b***，其中 ***A*** 是一个矩阵，***b*** 是一个向量
lstsq()	计算 ***Ax=b*** 的最小二乘解

2.10　随机数模块

与 Python 的 random 模块相比，NumPy 的 random 模块功能更多，它增加了一些可以高效生成多种概率分布样本值的函数。例如，通过 NumPy 的 random 模块随机生成一个 3 行 3 列的数组，示例代码如下：

```
In []: import numpy as np
       np.random.rand(3, 3)        # 随机生成一个二维数组
Out[]: array([[0.84507246, 0.69417139, 0.8596695 ],
              [0.65997549, 0.47116919, 0.82989148],
              [0.74321602, 0.06350157, 0.20833566]])
In []: np.random.rand(2, 3, 3)   # 随机生成一个三维数组
Out[]: array([[[0.22736271, 0.57997499, 0.86616374],
               [0.19391042, 0.28925198, 0.66538324],
               [0.06265588, 0.27002459, 0.71791743]],

              [[0.67455806, 0.28524676, 0.26747945],
               [0.56214369, 0.32784243, 0.29093133],
               [0.56041467, 0.74910071, 0.99467489]]])
```

上述代码中，rand() 函数属于 numpy.random 模块，它的作用是随机生成 *N* 维浮点数组。需要注意的是，每次运行代码后生成的随机数组都不一样。

除此之外，random 模块中还包括了可以生成服从多种概率分布随机数的其他函数。表 2-7 列举了 numpy.random 模块中用于生成大量样本值的函数。

表 2-7　random 模块中用于生成大量样本值的函数

函　　数	说　　明
seed()	生成随机数的种子
rand()	产生均匀分布的样本值
randint()	从给定的上下限范围内随机选取整数
normal()	产生正态分布的样本值
beta()	产生 Beta 分布的样本值
uniform()	产生在 [0,1] 中均匀分布的样本值

在表 2-7 中，seed() 函数能够保证生成的随机数具有可预测性，也就是说产生的随机数相同，

该函数的语法格式如下：

```
seed(seed=None)
```

上述函数中，seed 参数用于指定随机数生成时所用算法开始的整数值。当调用 seed() 函数时，如果传递给 seed 参数的值相同，则每次生成的随机数都是一样的。

接下来编写代码，使用 seed() 函数生成一组随机数，示例代码如下：

```
In []: import numpy as np
       np.random.seed(0)    # 生成随机数的种子
       np.random.rand(5)    # 随机生成包含 5 个元素的数组
Out[]: array([ 0.5488135 ,  0.71518937,  0.60276338,  0.54488318,  0.4236548 ])
In []: np.random.seed(0)
       np.random.rand(5)
Out[]: array([ 0.5488135 ,  0.71518937,  0.60276338,  0.54488318,  0.4236548 ])
In []: np.random.seed()
       np.random.rand(5)
Out[]: array([0.9641088 , 0.75298789, 0.34224099, 0.43557176, 0.16201295])
```

观察上述结果可知，两次调用 seed(0) 后得到的两组随机数是完成相同的；再次调用 seed() 后生成的一组随机数与刚刚生成的随机数完全不同。

由此可见，seed() 函数使随机数具有预见性，它传递的参数值不同或者不传递参数时，则每次生成的随机数都是不同的，作用和 rand() 函数相同。

NumPy 作为数据分析领域不可或缺的一部分，扮演着重要的角色，同时也是其他数据分析库的基础。在学习过程中，我们应该积极培养自己的计算思维能力，同时打牢基础知识，只有这样才能在实际应用中游刃有余，有效地解决问题。

2.11 案例：计算股票收益率和波动率

在分析股票数据时，需要从这些数据中得到一些关键指标进行评估，比如收益率、波动率。接下来，本节将运用前面所学的知识，带领大家完成计算股票收益率和波动率的案例。

2.11.1 案例需求

股票的收益率又可以细分为简单收益率和对数收益率，而波动率可以细分为年波动率和月波动率，关于它们的介绍如下：

（1）简单收益率：相邻两个价格之间的变化率。例如，收盘价为 20、30、50，它们的变化率为 (30−20)/20、(50−30)/30。

（2）对数收益率：所有价格取对数后两两之间的差值。

（3）年波动率：衡量股票在一年内回报波动水平的指标，计算公式为

$$\text{年波动率}=\frac{\text{对数波动率的标准差 / 对数波动率的均值}}{\sqrt{\frac{1}{\text{交易日天数}}}}$$（其中交易日通常为 252 天）

（4）月波动率：衡量股票在一个月内回报波动水平的指标，计算公式为：

$$月波动率 = \sqrt{\frac{1}{12}} \times 年波动率$$

下面根据一组股票数据，编写代码，计算这组数据的简单收益率、对数收益率、年波动率和月波动率。

2.11.2　数据准备

通过网络采集近一个月某公司股票收盘价的数据，具体如下所示：

```
336.1, 339.32, 345.03, 344.32, 343.44, 346.5, 351.88, 355.2, 358.16,
354.54, 356.85, 359.18, 359.9, 363.13, 358.3, 350.56, 338.61, 342.62,
342.88, 348.16, 353.21, 349.31, 352.12, 359.56, 360.00, 355.36, 355.76,
352.47, 346.67, 351.99
```

2.11.3　案例实现

准备好股票数据之后，接下来按照前面介绍的公式对这组数据进行操作，分别计算简单收益率、对数收益率、年波动率和月波动率这几个指标，具体步骤如下：

（1）创建一个 NumPy 数组，用于保存一组股票数据，具体代码如下。

```
In []: from numpy import *
       # 准备股票数据
       closing_price = [336.1, 339.32, 345.03, 344.32, 343.44, 346.5,
                        351.88, 355.2, 358.16, 354.54, 356.85, 359.18,
                        359.9, 363.13, 358.3, 350.56, 338.61, 342.62,
                        342.88, 348.16, 353.21, 349.31, 352.12, 359.56,
                        360.00, 355.36, 355.76, 352.47, 346.67, 351.99]
       closing_price_arr = array(closing_price)
       closing_price_arr
Out[]: array([336.1 , 339.32, 345.03, 344.32, 343.44, 346.5 , 351.88,
              355.2 , 358.16, 354.54, 356.85, 359.18, 359.9 , 363.13,
              358.3 , 350.56, 338.61, 342.62, 342.88, 348.16, 353.21,
              349.31, 352.12, 359.56, 360.00 , 355.36, 355.76, 352.47,
              346.67, 351.99])
```

（2）获取了股票数据之后，先根据简单收益率的公式计算简单收益率，具体思路为：首先通过 diff() 函数计算离散差，得到一个包含相邻元素差值的数组，然后通过切片获取 closing_price_arr 数组中除末尾元素的其他元素，得到一个不包含最后一个价格的数组，最后这两个数组相除后得到的结果便是简单收益率，具体代码如下：

```
In []: # 计算简单收益率
       returns = diff(closing_price_arr) / closing_price_arr[:-1]
       # 查看正的简单收益率
       returns[where(returns > 0)]
Out[]: array([0.00958048, 0.01682777, 0.00890985, 0.0155267 , 0.00943503,
              0.00833333, 0.00651548, 0.00652935, 0.00200457, 0.00897472,
              0.01184253, 0.00075886, 0.01539897, 0.01450483, 0.00804443,
              0.02112916, 0.00122372, 0.00112562, 0.01534601])
```

（3）计算对数收益率。要想计算对数收益率，可以先通过 log() 函数计算所有价格的对数，再通过 diff() 函数得到一个包含价格对数差值的数组，具体代码如下：

```
In []: # 计算对数收益率
       log_returns = diff(log(closing_price_arr))
       # 查看正的对数收益率
       log_returns[where(log_returns > 0)]
Out[]: array([0.00953488, 0.01668775, 0.00887039, 0.01540739, 0.0093908 ,
              0.0082988 , 0.00649435, 0.00650813, 0.00200256, 0.00893468,
              0.01177296, 0.00075857, 0.01528161, 0.01440064, 0.00801225,
              0.02090904, 0.00122297, 0.00112499, 0.01522945])
```

（4）计算年波动率。要想计算年波动率，可以先通过 std() 函数得到对数波动率的标准差，再通过 mean() 函数得到对数波动率的平均值，此时它们相除后得到的结果便是年波动率，具体代码如下：

```
In []: # 计算年波动率
       annual_volatility = std(log_returns) / mean(log_returns) / sqrt(1/252)
       print("年波动率：", annual_volatility)
Out[]: 年波动率： 129.27478991115132
```

（5）计算月波动率。要想计算月波动率，可以先通过 sqrt() 函数得到$\sqrt{\frac{1}{12}}$的值，再将年波动率与$\sqrt{\frac{1}{12}}$相乘，此时得到的结果就是月波动率，具体代码如下：

```
In []: # 计算月波动率
       monthly_volatility = annual_volatility * sqrt(1/12)
       print("月波动率：", monthly_volatility)
Out[]: 月波动率： 37.318417377317765
```

小　　结

本章主要介绍了科学计算库 NumPy，包括 NumPy 数组、创建数组、数组的数据类型、数组的索引和切片、算术运算操作、通用函数、数组的重塑与转置、数组的其他操作，以及 NumPy 提供的线性代数模块和随机数模块。通过本章的学习，大家能熟练使用 NumPy 库，为后面章节的学习奠定扎实的基础。

习　　题

一、填空题

1. 在 NumPy 中，可以使用数组对象________执行一些科学计算。
2. 如果 ndarray.ndim 执行的结果为 2，则表示创建的是________维数组。
3. NumPy 中________是由一个类型名和元素位长的数字组成。
4. 如果两个数组的形状不同，则它们进行算术运算时可能会触发________机制。
5. NumPy 中________是指用整数数组或整数列表作为数组的索引。

二、判断题

1. 通过 empty() 函数创建的数组，该数组中没有任何元素。（　　）

2. 若使用 ones() 函数创建数组时没有明确地指明元素的数据类型，则默认数据类型为 float64。（　　）

3. 数组之间的任何算术运算都会将运算应用到数组的每个元素上。（　　）

4. NumPy 中，可以混合使用切片与整数索引来获取二维数组的元素。（　　）

5. 当通过布尔索引操作数组时，返回的数据是布尔数组中 False 对应位置的值。（　　）

三、选择题

1. 下列选项中，用来表示数组维度元组的属性是（　　）。

A. ndim　　B. shape　　C. size　　D. dtype

2. 下面选项中，创建的是 3 行 3 列数组的是（　　）。

A. arr = np.array([1, 2, 3])　　B. arr = np.array([[1, 2, 3], [4, 5, 6]])

C. arr = np.array([[1, 2], [3, 4]])　　D. np.ones((3, 3))

3. 请阅读下面一段程序：

```
arr_2d = np.array([[11, 20, 13],[14, 25, 16],[27, 18, 9]])
print(arr_2d[1, :1])
```

执行上述程序后，最终输出的结果为（　　）。

A. [14]　　B. [25]　　C. [14, 25]　　D. [20, 25]

4. 请阅读下面一段程序：

```
arr = np.arange(6).reshape(1, 2, 3)
print(arr.transpose(2, 0, 1))
```

执行上述程序后，最终输出的结果为（　　）。

A. [[[2 5]] [[0 3]] [[1 4]]]	B. [[[1 4]] [[0 3]] [[2 5]]]	C. [[[0 3]] [[1 4]] [[2 5]]]	D. [[[0] [3]] [[1] [4]] [[2] [5]]]

5. 下列选项中，用于表示矢量化三元表达式的是（　　）。

A. where()　　B. cumsum()　　C. sort()　　D. unique()

四、简答题

1. 简述 NumPy 数组的轴。

2. 简述广播机制需要满足哪些条件。

五、编程题

1. 创建一个数组，数组的 shape 属性值为 (5,)，元素都是 0。

2. 创建一个表示国际象棋棋盘的 8 行 8 列的数组，其中，棋盘白格用 0 填充，棋盘黑格用 1 填充。

第3章 数据分析库 pandas 基础

学习目标

◆ 掌握 Series 的结构和创建方式，能够通过 Series 类的构造方法创建 Series 类的对象

◆ 掌握 DataFrame 的结构和创建方式，能够通过 DataFrame 类的构造方法创建 DataFrame 类的对象

◆ 熟悉索引对象的类型和特点，能够归纳索引对象的类型和特点

◆ 掌握重置索引的方式，能够通过 reindex() 方法重置 Series 或 DataFrame 的索引

◆ 掌握索引与切片的基本用法，能够通过索引或切片获取 Series 或 DataFrame 的数据

◆ 掌握 loc 和 iloc 属性的基本用法，能够使用 loc 和 iloc 属性获取 Series 或 DataFrame 的数据

◆ 掌握读写数据的方式，能够熟练地读取网页表格的数据，以及读写 CSV 文件、TXT 文件、Excel 文件、数据库

◆ 掌握数据的排序方式，能够根据索引或值对 Series 或 DataFrame 进行排序

◆ 掌握 pandas 的算术运算，能够通过算术运算符或算术方法对 DataFrame 中的数据进行算术运算

◆ 掌握 pandas 的统计计算，能够通过统计方法对 DataFrame 中的数据进行统计计算

◆ 掌握 pandas 的统计描述，能够通过 describe() 方法描述 DataFrame 类的对象的统计指标

◆ 掌握分层索引的相关操作，能够熟练地创建有分层索引的 DataFrame，并使用分层索引获取数据

pandas 是一个以 NumPy 为基础，专门为解决数据分析任务而创建的库，该库中不仅提供了一些标准的数据模型，而且提供了高效操作大量数据的数据结构，被广泛地应用到诸如金融、统计等一些领域中。pandas 库是本书的重点内容，本章只介绍一些 pandas 的基础知识，更多知识会在后面的章节进行介绍。

3.1 数据结构

pandas 中提供了两种比较重要的数据结构，分别是 Series 和 DataFrame，其中 Series 是一维的数据结构，DataFrame 是二维的数据结构。接下来，本节将针对 pandas 中的数据结构进行详细介绍。

3.1.1 Series

Series 是类似于一维数组的数据结构，主要由一组数据和与之相关的索引两部分组成，其中数据可以是任意类型的，比如整数、字符串、浮点数、Python 对象等。Series 的结构示例如图 3-1 所示。

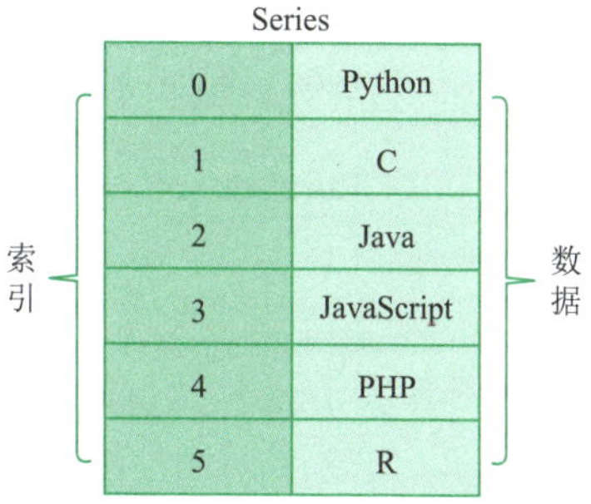

图 3-1　Series 的结构示例

由图 3-1 可知，Series 的索引位于左边，且是从 0 开始依次递增的，数据位于右边。值得一提的是，Series 的索引样式十分丰富，既可以是系统自动生成的位置索引（如图 3-1 中标注的索引），也可以是用户自定义的标签索引，比如浮点数、时间戳等，关于这些索引类型会在 3.2.1 进行详细介绍。

了解了 Series 的结构之后，若希望在程序中使用这种数据结构，就需要先通过构造方法创建一个 Series 类的对象。Series 类构造方法的语法格式如下：

```
Series(data=None, index=None, dtype=None, name=None, copy=False,
       fastpath=False)
```

Series 类构造方法中常用参数的含义如下：

（1）data：表示数据，它的值可以是 ndarray 对象、列表、字典、标量等。

（2）index：表示索引，它的值必须是可散列的，且与数据的长度相同。如果没有给 index 参数传值，则默认会使用 RangeIndex 类的对象（前面提到的位置索引，索引的值是 0 ～ N 的整数）；如果 data 参数的值是字典且 index 参数的值为 None，则字典的键会用作索引。

（3）dtype：表示数据的类型，它的值可以是 numpy.dtype。如果没有给 dtype 参数传值，则会从数据中推断出具体的类型。

接下来，通过向 Series 类的构造方法中传入一个列表创建一个 Series 类的对象，示例代码如下：

```
In [ ]: # 导入 pandas 库
        import pandas as pd
        # 创建 Series 类的对象
        ser_obj = pd.Series(data=['Python', 'C', 'Java',
                                  'JavaScript', 'PHP', 'R'])
        ser_obj
Out[ ]: 0          Python
        1               C
        2            Java
        3      JavaScript
```

```
              4          PHP
              5            R
              dtype: object
```

从上述结果中可以看出，左边显示的一列数字是自动生成的位置索引，索引从 0 开始递增；右边显示一列单词是数据；底部显示的一行内容是数据类型 object，该类型是根据列表中的元素推断出来的。

当创建 Series 类的对象时，也可以显式地给数据指定标签索引，示例代码如下：

```
In  []: # 创建Series 类的对象，并指定索引
        ser_obj = pd.Series(data=['Python', 'C', 'Java', 'JavaScript','PHP',
                                  'R'], index=['a', 'b', 'c', 'd', 'e', 'f'])
        ser_obj
Out[]: a       Python
       b            C
       c         Java
       d   JavaScript
       e          PHP
       f            R
       dtype: object
```

从上述结果中可以看出，Series 类的对象的索引不再是默认的数字，而是变成了自定义的标签索引。注意，虽然现在只能看到用户指定的标签索引，但是系统仍然会生成一组位置索引，只是位置索引是隐藏的。

除了通过列表创建 Series 类的对象外，还可以通过字典进行创建，示例代码如下：

```
In  []: year_dict = {'a':2022, 'b':2023, 'c':2024, 'd':2025, 'e':2026,
                     'f':2027}
        ser_obj = pd.Series(data=year_dict)
        ser_obj
Out[]: a    2022
       b    2023
       c    2024
       d    2025
       e    2026
       f    2027
       dtype: int64
```

为了方便用户分别操作 Series 类对象中的索引和数据，该对象提供了两个属性 index 和 values 分别进行获取。例如，分别从刚刚创建的 ser_obj 对象中获取索引和数据，具体代码如下：

```
In  []: ser_obj.index            # 获取ser_obj 的索引
Out[]: Index(['a', 'b', 'c', 'd', 'e', 'f'], dtype='object')
In  []: ser_obj.values           # 获取ser_obj 的数据
Out[]: array([2022, 2023, 2024, 2025, 2026, 2027], dtype=int64)
```

从上述结果中可以看出，访问 index 属性后获得的结果是一个 Index 类的对象，该对象是

索引对象，它里面的第一个参数表示索引的值，第二个参数 dtype 表示值的类型，此处的类型为 object；访问 values 属性后获得的结果是一个一维数组，该数组中元素的类型是 int64。

3.1.2　DataFrame

DataFrame 是一个类似于二维数组或表格的数据结构，它通过行列的形式组织数据，每列数据可以是不同的数据类型。与 Series 相比，DataFrame 也是由索引和数据两部分组成，不同的是，DataFrame 既有行索引又有列索引。DataFrame 的结构示例如图 3-2 所示。

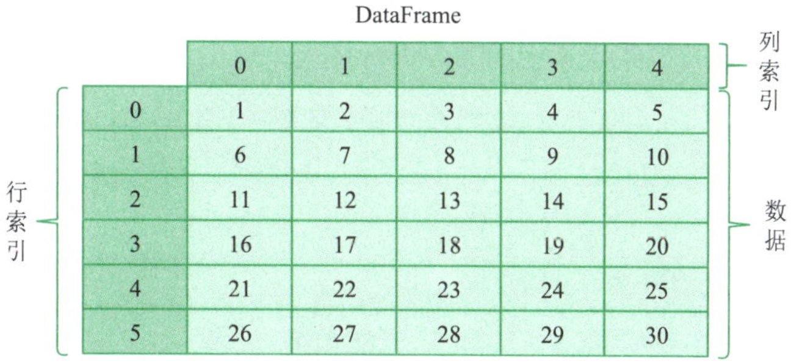

图 3-2　DataFrame 的结构示例

由图 3-2 可知，DataFrame 的行索引位于最左边一列，列索引位于最上面一行，每个列索引对应一列数据。DataFrame 的行索引或列索引与 Series 索引的样式相同，既可以是自动生成的位置索引（如图 3-2 中标注的索引），也可以是用户自定义的标签索引。

值得一提的是，DataFrame 其实可以看作多个 Series 类对象的组合，它里面每一列数据是一个 Series 类的对象，这些对象之间共用同一个行索引。

了解了 DataFrame 的结构之后，若希望在程序中使用这种数据结构，就需要先通过构造方法创建一个 DataFrame 类的对象。DataFrame 类的构造方法的语法格式如下：

```
DataFrame(data=None, index=None, columns=None, dtype=None, copy=None)
```

DataFrame 类的构造方法中常用参数的含义如下：

（1）data：表示数据，该参数可以接收 ndarray 对象、列表、字典或其他 DataFrame 类的对象。

（2）index：表示行索引。如果没有传入该参数，则默认会自动生成 0 ～ N 的整数。

（3）columns：表示列索引。如果没有传入该参数，则默认会自动生成 0 ～ N 的整数。

接下来，通过代码演示如何通过 DataFrame 类的构造方法创建 DataFrame 类的对象，示例代码如下：

```
In []: import numpy as np
       import pandas as pd
       arr_2d = np.arange(1, 31).reshape((6, 5))  # 创建二维数组
       df_obj = pd.DataFrame(data=arr_2d) # 根据二维数组创建 DataFrame 类的对象
       df_obj
Out[]:     0   1   2   3   4
       0   1   2   3   4   5
       1   6   7   8   9  10
       2  11  12  13  14  15
```

```
   3  16  17  18  19  20
   4  21  22  23  24  25
   5  26  27  28  29  30
```

上述代码中，首先创建了一个 6 行 5 列的二维数组 arr_2d，然后根据 arr_2d 创建了一个 DataFrame 类的对象 df_obj。从上述结果中可以看出，df_obj 对象的行索引和列索引都是从 0 开始依次递增的。

不过，系统自动生成的索引无法很好地显示每列数据代表的含义，使数据的可读性比较差，因此可以给数据指定行索引或列索引，提升数据的显示效果。如果在创建 DataFrame 类的对象时指定了列索引，则列会按照指定索引的顺序进行排列，示例代码如下：

```
In []: # 创建 DataFrame 类的对象，并给该对象指定列索引
       df_obj = pd.DataFrame(data=arr_2d, columns=['No1', 'No2','No3',
                                                   'No4', 'No5'])
       df_obj
Out[]:    No1  No2  No3  No4  No5
       0    1    2    3    4    5
       1    6    7    8    9   10
       2   11   12   13   14   15
       3   16   17   18   19   20
       4   21   22   23   24   25
       5   26   27   28   29   30
```

从上述结果中可以看出，df_obj 对象的列索引不再是原来的一组数字，而是变成了指定的一组内容。

此时，如果想要从 DataFrame 类的对象中获取一列数据，则可以通过访问属性的方式获取，返回的结果是一个 Series 类的对象。例如，获取列索引为 No2 的一列数据，具体代码如下。

```
In []: result = df_obj.No2      # 获取 No2 列的数据
       result
Out[]: 0     2
       1     7
       2    12
       3    17
       4    22
       5    27
       Name: No2, dtype: int32
In []: type(result)             # 查看返回结果的类型
Out[]: pandas.core.series.Series
```

需要注意的是，如果索引的标签名称中有一些特殊的字符，比如空格、下画线等，那么通过访问属性的方式获取数据显得不太合适，这时可以使用索引获取数据，关于索引的用法会在 3.2 节进行介绍。

为了便于用户从整体了解数据的摘要信息，比如每一列总共有多少个数据，每一列数据是什么类型的，哪一列缺数据等，可以使用 info() 方法查看。例如，查看 df_obj 对象的摘要信息，具体代码如下：

```
In []: df_obj.info()      # 查看 df_obj 对象的摘要信息
Out[]: <class 'pandas.core.frame.DataFrame'>
       RangeIndex: 6 entries, 0 to 5
       Data columns (total 5 columns):
       #   Column  Non-Null Count    Dtype
       ---  ------  --------------    -----
       0   No1     6         non-null  int32
       1   No2     6         non-null  int32
       2   No3     6         non-null  int32
       3   No4     6         non-null  int32
       4   No5     6         non-null  int32
       dtypes: int32(5)
       memory usage: 248.0 bytes
```

从上述结果中可以看出，第 1 行显示了对象的类型，此处对象的类型是 DataFrame；第 2 行显示了行索引的相关信息，包括类型、总行数、行索引，此处索引的类型是 RangeIndex，总行数是 6，行索引是 0 ～ 5；第 3 行显示了数据的总列数，此处总列数是 5；第 4 ～ 10 行显示了一个 5 行 4 列的表格，用于描述对象每一列数据的具体信息，包括列索引或名称、非空值（NaN）的数量和数据类型，比如 No1 列总共有 6 个非空值，数据类型是 int32；第 11 行显示了数据类型的统计信息，此处是 5 个 int32 类型的数据；第 12 行显示了内存使用情况，此处占用 248 字节的内存空间。

3.2　索引和切片操作

3.2.1　索引对象

在 pandas 中，无论是位置索引还是标签索引，它们都属于 Index 类的对象，也就是索引对象。Index 类是一个基类，它派生了很多子类，每个子类代表不同形式的索引。常见的 Index 子类见表 3-1。

表 3-1　常见的 Index 子类

类	说　明	示　例
RangeIndex	位置索引（默认）	0，1，2，3…N
Int64Index	整数索引	1、-5、8、10、-9
Float64Index	浮点数索引	-1.0、-5.5、10.2、9.8、6.3
DatetimeIndex	时间戳索引	2022-11-22 17:00:00、2022-11-28 17:00:00、2022-12-25 17:00:00
PeriodIndex	时间间隔索引	2022-11-25 00:00:00、2022-11-25 01:00:00、2022-11-25 02:00:00……
MultiIndex	分层索引	a a、a b、a c、b d、b e

在表 3-1 中，RangeIndex 是位置索引，也就是默认使用的索引类型；MultiIndex 是分层索引，它可以构建具有两层或两层以上结构的索引，有关分层索引的相关内容将在 3.7 节详细介绍。

索引对象主要有两个特性，分别是不可变性和可重复性，具体介绍如下。

1．不可变性

索引对象一旦创建是不可以被修改的，也就是说，索引的值是固定不变的，这样做能够维护从索引到数据的唯一映射关系，并保证 Series 或 DataFrame 中数据的安全。例如，创建一个 Series 类的对象，并为该对象指定索引，之后给某个索引重新赋值后会引发程序出现异常，示例代码如下：

```
In []: import pandas as pd
       ser_obj = pd.Series(range(5), index=['a', 'b', 'c', 'd', 'e'])
       ser_index = ser_obj.index
       ser_index
Out[]: Index(['a', 'b', 'c', 'd', 'e'], dtype='object')
In []: ser_index[2]              # 获取索引对象中第 3 个索引的值
Out[]: 'c'
In []: ser_index['2'] = 'cc'
Out[]: ---------------------------------------------------------------------
       TypeError       Traceback (most recent call last)
       ...
       3912     def__getitem__(self, key):
       TypeError: Index does not support mutable operations
```

从上述结果中可以看出，程序输出了异常信息“TypeError: Index does not support mutable operations”，说明索引对象不支持可变的操作。

2．可重复性

索引对象的值是可以重复的。例如，创建一个 Series 类的对象，并为该对象指定位置索引，示例代码如下：

```
In []: import pandas as pd
       ser_obj = pd.Series(range(5), index=['a', 'a', 'c', 'd', 'e'])
       ser_index = ser_obj.index
       ser_index
Out[]: Index(['a', 'a', 'c', 'd', 'e'], dtype='object')
```

从上述结果中可以看出，索引对象包含了两个“a”。

通常情况下，索引的值被要求是唯一的，不过并非强制的。可以使用索引对象的 is_unique 属性判断索引的值是否唯一，示例代码如下：

```
In []: ser_index.is_unique      # 判断索引的值是否是唯一的、不重复的
Out[]: False
```

3.2.2 重置索引

重置索引是指重新为对象设定索引，以构建一个符合新索引的对象。pandas 中通过 reindex() 方法实现重置索引的功能，reindex() 方法会对 Series 类或 DataFrame 类对象的原索引和新索引进行匹配，如果新索引与原索引的值相同，则新索引对应的数据会被设置为原数据；如果新索引与原索引的值不同，则新索引对应的空缺位置会被填充为 NaN 或指定的其他值。

下面以 DataFrame 类的 reindex() 方法为例，介绍 reindex() 方法的基本用法。reindex() 方法的语法格式如下：

```
reindex(labels=None, index=None, columns=None, axis=None, method=None,
          copy=True, level=None, fill_value=nan, limit=None, tolerance=None)
```

reindex() 方法中常用参数的含义如下：

（1）index：表示新的行索引。

（2）columns：表示新的列索引。

（3）method：表示空缺位置的填充方式，包括 None（默认值）、ffill 或 pad、bfill 或 backfill、nearest 等值，其中 None 代表不填充空缺位置；ffill 或 pad 代表前向填充空缺位置；bfill 或 backfill 代表后向填充空缺位置；nearest 代表根据最近的值填充空缺位置。

（4）copy：是否返回新的对象，默认值为 True。

（5）fill_value：表示空缺位置被填充的值，默认值为 NaN。

（6）limit：表示前向或者后向填充时的最大填充量。

为了让大家更好地理解 reindex() 方法的基本用法，接下来，通过代码演示如何使用 reindex() 方法重置 DataFrame 对象的索引，具体代码如下：

```
In []: import pandas as pd
       df_obj = pd.DataFrame({'no1': [1.0, 2.0, 3.0], 'no2': [4.0, 5.0,
                            6.0]},index=['a', 'b', 'c'])
       df_obj
Out[]:     no1  no2
       a   1.0  4.0
       b   2.0  5.0
       c   3.0  6.0
In []: # 重置索引
       new_df = df_obj.reindex(index=['a', 'c', 'e'])
       new_df
Out[]:     no1  no2
       a   1.0  4.0
       c   3.0  6.0
       e   NaN  NaN
```

上述代码中，首先创建了一个 DataFrame 类的对象 df_obj，该对象的行索引依次为 a、b、c；然后通过 df_obj 对象调用 reindex() 方法进行重置索引，并生成一个新 DataFrame 类的对象 new_df，该对象的行索引依次为 a、c、e。

观察重置后的结果可知，a、c 两行的数据没有发生任何变化；e 行的数据全部是 NaN，这是因为 df_obj 对象中没有行索引 e，当对 df_obj 对象重置索引时，该索引对应的数据被填充为 NaN。

如果不想填充为 NaN，则可以在调用 reindex() 方法重置索引时通过 fill_value 参数来指定值。例如，将 new_df 对象的空缺位置填充为 9，具体代码如下：

```
In []: # 重置索引并指定填充的值
       new_df = df_obj.reindex(index=['a', 'c', 'e'], fill_value = 9)
       new_df
```

```
Out[]:    no1  no2
       a  1.0  4.0
       c  3.0  6.0
       e  9.0  9.0
```

从上述结果中可以看出，new_df 对象中 e 行的数据由 NaN 变成了 9.0。

如果希望使用不同值填充空缺位置，则可以在调用 reindex() 方法重置索引时通过 method 参数指定填充方式。例如，通过前向填充的方式填充 new_df 对象的空缺位置，具体代码如下：

```
In []: # 重置索引，指定填充方式为前向填充
       new_df = df_obj.reindex(index=['a', 'c', 'e'], method = 'ffill')
       new_df
Out[]:    no1  no2
       a  1.0  4.0
       c  3.0  6.0
       e  3.0  6.0
```

从上述结果中可以看出，new_df 对象中 e 行的数据与 c 行的数据相同，说明 e 行 no1 列的数据被填充为 c 行 no1 列的数据 3.0，e 行 no2 列的数据被填充为 c 行 no2 列的数据 6.0。

3.2.3 通过索引和切片获取数据

pandas 中通过索引或切片可以获取 Series 类和 DataFrame 类对象的数据，由于 Series 类和 DataFrame 类对象的结构不同，所以它们的索引和切片操作会有一些区别。接下来，分别为大家介绍 Series、DataFrame 的索引和切片操作。

1. Series 的索引和切片操作

Series 类对象与 NumPy 一维数组的索引用法相似，不同的是，Series 类对象的索引既可以是位置索引，也可以是标签索引。如果需要获取 Series 类对象的单个数据，则可以通过位置索引和标签索引进行获取，示例代码如下：

```
In []: import pandas as pd
       ser_obj = pd.Series([10, 20, 30, 40, 50],
                           index=['one', 'two', 'three', 'four', 'five'])
       ser_obj[2]                          # 通过位置索引获取单个数据
Out[]: 30
In []: ser_obj['three']                    # 通过标签索引获取单个数据
Out[]: 30
```

如果想要获取 Series 类对象的多个数据，则可以通过包含多个位置索引或标签索引的列表进行获取，此过程相当于利用花式索引获取一维数组元素的操作，示例代码如下：

```
In []: ser_obj[[0, 2, 3]]                  # 通过位置索引获取多个数据
Out[]: one      10
       three    30
       four     40
       dtype: int64
In []: ser_obj[['one', 'three', 'four']]   # 通过标签索引获取多个数据
```

```
Out[]: one      10
       three    30
       four     40
       dtype: int64
```

布尔索引同样适用于 pandas，具体用法与一维数组的布尔索引用法相同，即将 Series 类的对象中每个数据进行逻辑运算，只要运算结果为 True，就返回 Series 类对象中位置为 True 对应的数据，示例代码如下：

```
In []: ser_obj > 20              # 生成 Series 类的对象，该对象中的元素都是布尔值
Out[]: one      False
       two      False
       three     True
       four      True
       five      True
       dtype: bool
In []: ser_obj[ser_obj > 20]     # 获取与 True 位置对应的数据
Out[]: three    30
       four     40
       five     50
       dtype: int64
```

通过切片也可以获取 Series 类对象中的部分数据。不过，如果切片使用的索引是位置索引，则切片结果包含起始位置但不包含结束位置对应的数据；如果切片使用的索引是标签索引，则切片结果既包含起始位置又包含结束位置对应的数据，示例代码如下：

```
In []: ser_obj[1:3]              # 通过位置索引进行切片操作
Out[]: two      20
       three    30
       dtype: int64
In []: ser_obj['two':'four']     # 通过标签索引进行切片操作
Out[]: two      20
       three    30
       four     40
       dtype: int64
```

2. DataFrame 的索引和切片操作

DataFrame 类对象与 NumPy 二维数组的索引用法相似，它里面每一列数据都是一个 Series 类的对象，可以通过列索引进行获取。例如，创建一个 DataFrame 类的对象，通过列索引获取该对象中的一列数据，具体代码如下：

```
In []: import numpy as np
       import pandas as pd
       arr = np.arange(12).reshape(3, 4)
       df_obj = pd.DataFrame(arr, index=['row_1', 'row_2', 'row_3'],
                             columns=['col_1', 'col_2', 'col_3', 'col_4'])
       df_obj
```

```
Out[]:         col_1  col_2  col_3  col_4
        row_1      0      1      2      3
        row_2      4      5      6      7
        row_3      8      9     10     11
In  []: df_obj['col_2']                     # 获取 col_2 列的数据
Out[]: row_1    1
       row_2    5
       row_3    9
       Name: col_2, dtype: int32
```

如果想要从 DataFrame 类对象中获取多列数据，那么可以将多个索引存放到列表中，再分别根据列表里面的每个索引进行获取，此过程相当于利用花式索引获取二维数组元素的操作。例如，分别从 df_obj 对象中获取 col_1 和 col_3 列的数据，具体代码如下：

```
In  []: df_obj[['col_1', 'col_3']]         # 获取 col_1 列和 col_3 列的数据
Out[]:         col_1  col_3
        row_1      0      2
        row_2      4      6
        row_3      8     10
```

如果想要从 DataFrame 类对象中获取多行数据，那么可以通过切片完成。例如，从 df_obj 对象中获取 row_2 行和 row_3 行的数据，具体代码如下：

```
In  []: df_obj[1:3]                        # 通过切片获取 row_2 行和 row_3 行的数据
Out[]:        col_1  col_2  col_3  col_4
        row_2     4      5      6      7
        row_3     8      9     10     11
```

还可以通过切片获取部分行部分列的数据，例如，从 df_obj 对象中获取 row_2 行、row_3 行、col_1 列、col_3 列的数据，具体代码如下：

```
In  []: df_obj[1:3][['col_1', 'col_3']]
Out[]:        col_1  col_3
        row_2     4      6
        row_3     8     10
```

3.2.4 通过 loc 和 iloc 属性获取数据

前面介绍索引和切片的相关操作时，既可以单独使用位置索引或标签索引来获取数据，也可以混合使用位置索引、标签索引进行获取，这对刚接触 pandas 的开发人员来说是十分混乱的。为了从严格意义上区分位置索引和标签索引的相关操作，pandas 中提供了两个非常重要的属性，分别是 loc 和 iloc，其中 loc 是基于标签索引的索引器，iloc 是基于位置索引的索引器。接下来，分别介绍 loc 和 iloc 属性的基本用法。

1. 通过 loc 属性获取数据

loc 属性用于根据标签索引获取数据，它的使用格式如下所示：

```
Series.loc[参数]
```

```
DataFrame.loc[参数1, 参数2]
```

上述格式中，参数可以接收多种形式的对象，常见的情况主要有以下几种：

（1）单个标签索引，比如 a、No1、row_1、col_1 等。

（2）标签索引构成的列表或数组，比如 ['a', 'b', 'c']、['col_1', 'col_3'] 等。

（3）基于标签索引的切片，比如 'a':'c'、'two':'four'。

（4）布尔类型的列表、数组或 Series，比如 [True, False, True]，它的长度必须与被索引对象中一行或一列数据的个数相同。

值得一提的是，参数 1 和参数 2 中涉及的索引分别是行索引和列索引，如果省略参数 2，则此时获取的结果是 DataFrame 类的对象的一行或多行数据。

下面以 Series 类的对象为例，演示如何通过 loc 属性获取数据，示例代码如下：

```
In []: import pandas as pd
       ser_obj = pd.Series([10, 20, 30, 40, 50],
                           index=['row1', 'row2', 'row3', 'row4', 'row5'])
       ser_obj.loc['row2']                # 根据单个标签索引获取单个数据
Out[]: 20
In []: ser_obj.loc[['row2', 'row5']]      # 根据标签索引构成的列表获取多个数据
Out[]: row2    20
       row5    50
       dtype: int64
In []: ser_obj.loc['row3': 'row5']        # 根据基于标签索引的切片获取多个连续数据
Out[]: row3    30
       row4    40
       row5    50
       dtype: int64
In []: # 根据布尔类型的 Series 类对象获取符合条件的数据
       ser_bool = ser_obj < 30
       ser_obj.loc[ser_bool]
Out[]: row1    10
       row2    20
       dtype: int64
```

下面以 DataFrame 类的对象为例，演示如何通过 loc 属性获取数据，示例代码如下：

```
In []: import numpy as np
       import pandas as pd
       arr = np.arange(12).reshape(3, 4)
       df_obj = pd.DataFrame(arr, index=['row_1', 'row_2', 'row_3'],
                             columns=['col_1', 'col_2', 'col_3', 'col_4'])
       df_obj
Out[]:        col_1  col_2  col_3  col_4
       row_1      0      1      2      3
       row_2      4      5      6      7
       row_3      8      9     10     11
In []: df_obj.loc['row_1']                 # 根据单个标签索引获取一行数据
```

```
Out[]: col_1     0
       col_2     1
       col_3     2
       col_4     3
       Name: row_1, dtype: int32
In []: df_obj.loc[['row_1', 'row_3']]     # 根据标签索引构成的列表获取多行数据
Out[]:        col_1  col_2  col_3  col_4
       row_1      0      1      2      3
       row_3      8      9     10     11
In []: df_obj.loc['row_1':'row_2']        # 根据基于标签索引的切片获取连续多行数据
Out[]:        col_1  col_2  col_3  col_4
       row_1      0      1      2      3
       row_2      4      5      6      7
In []: df_obj.loc[[True, False, True]]    # 根据布尔类型的列表获取符合条件的多行数据
Out[]:        col_1  col_2  col_3  col_4
       row_1      0      1      2      3
       row_3      8      9     10     11
In []: df_obj.loc['row_3', 'col_3']       # 根据两个标签索引获取单个数据
Out[]: 10
In []: # 根据切片和列表获取多列数据
       df_obj.loc['row_1':'row_3', ['col_1', 'col_3']]
Out[]:        col_1  col_3
       row_1      0      2
       row_2      4      6
       row_3      8     10
```

2. 通过 iloc 属性获取数据

iloc 属性用于根据位置索引来获取数据，它与 loc 属性的基本用法相同，但它用到的索引都是位置索引。iloc 属性使用格式如下所示：

```
Series.iloc[参数]
DataFrame.iloc[参数1, 参数2]
```

上述格式中，参数可以接收多种形式的对象，常见的情况主要有以下几种：

（1）单个位置索引，如 0、1、2、3 等。

（2）位置索引构成的列表或数组，如 [0,2,3] 等。

（3）基于位置索引的切片，如 0:2、2:5 等。

（4）布尔类型的列表、数组或 Series，如 [True, False, True] 等，长度必须与被索引对象中一行或一列数据的个数相同。

下面以 DataFrame 类的对象为例，演示如何通过 iloc 属性获取数据，示例代码如下：

```
In []: df_obj.iloc[0]                     # 根据单个位置索引获取一行数据
Out[]: col_1     0
       col_2     1
       col_3     2
       col_4     3
       Name: row_1, dtype: int32
```

```
In []: df_obj.iloc[[0, 2]]            # 根据位置索引构成的列表获取多行数据
Out[]:        col_1  col_2  col_3  col_4
       row_1      0      1      2      3
       row_3      8      9     10     11
In []: df_obj.iloc[0:2]               # 根据基于位置索引的切片获取连续多行数据
Out[]:        col_1  col_2  col_3  col_4
       row_1      0      1      2      3
       row_2      4      5      6      7
In []: # 根据布尔类型的列表获取符合条件的多行数据
       df_obj.iloc[[True, False, True]]
Out[]:        col_1  col_2  col_3  col_4
       row_1      0      1      2      3
       row_3      8      9     10     11
In []: df_obj.iloc[2, 2]              # 根据两个位置索引获取单个数据
Out[]: 10
In []: df_obj.iloc[0:3, [0, 2]]       # 根据切片和列表获取多列数据
Out[]:        col_1  col_3
       row_1      0      2
       row_2      4      6
       row_3      8     10
```

3.3 读写数据

在数据分析工作中，数据通常会被保存在文件或数据库中，为了方便用户操作数据，pandas 提供了一系列读取数据或写入数据的方法。下面，详细介绍读取数据的相关内容。

3.3.1 读写 CSV 和 TXT 文件的数据

CSV 和 TXT 文件是日常生活中常用的纯文本文件，它们只能保存文本的内容，不能保存文本的样式，其中 CSV 文件通常以逗号或制表符为分隔符，可以通过 Excel、记事本等文本编辑器进行查看。

pandas 中提供了 read_csv() 函数用于从 CSV 或 TXT 文件中读取数据，pandas 的 Series 和 DataFrame 类中还提供了 to_csv() 方法用于向 CSV 或 TXT 文件中写入数据，关于它们的介绍如下。

1．通过 to_csv() 方法向文本文件写入数据

to_csv() 方法会向指定路径下的 CSV 或 TXT 文件中写入部分或全部数据，如果指定路径下文件不存在，则会新建一个文件；如果指定路径下文件已经存在，则会覆盖文件中的内容。以 DataFrame 类的方法为例，to_csv() 方法的语法格式如下：

```
to_csv(path_or_buf=None, sep=',', na_rep='', float_format=None,
       columns=None, header=True, index=True, index_label=None,
       mode='w', encoding=None, compression='infer', quoting=None,
       quotechar='"', line_terminator=None, chunksize=None,
```

```
        date_format=None, doublequote=True, escapechar=None,
        decimal='.', errors='strict', storage_options=None)
```

to_csv() 方法中常用参数的含义如下：

（1）path_or_buf：表示文件路径，文件路径可以是绝对路径和相对路径。如果该参数的值是一个文件的名称，则该文件会被保存到当前路径。

（2）sep：表示文件使用的字段分隔符，默认值是','。分隔符的长度必须为 1。

（3）na_rep：表示缺失数据的表示方式，默认值是空字符串。

（4）columns：表示向文件中写入哪几列数据。

（5）header：表示文件显示的列标题。

（6）index：表示是否向文件中写入行索引，默认值为 True。

接下来，通过一段示例代码演示如何通过 to_csv() 方法向当前工作路径下的 employee_info.csv 文件中写入 DataFrame 类的对象，示例代码如下：

```
In []: import pandas as pd
       df_obj = pd.DataFrame({'编号':['CNN001', 'CNN002', 'CNN003', 'CNN004',
           'CNN005', 'CNN006', 'CNN007', 'CNN008', 'CNN009', 'CNN010'],
           '姓名':['小明', '小红', '小蓝', '小黑', '小白', '小方',
                  '小梅', '小刚', '小丽', '小花'],
           '性别':['男','女','女','男','男','女','女','男','女','女'],
           '部门':['行政', '人力资源', '销售', '研发', '财务', '技术', '',
                  '市场', '研发', '技术'],
           '职务':['员工', '主管', '员工', '主管', '员工', '员工',
                  '员工', '员工', '主管', '员工']})
       df_obj
Out[]:       编号   姓名  性别      部门  职务
       0  CNN001  小明   男      行政  员工
       1  CNN002  小红   女  人力资源  主管
       2  CNN003  小蓝   女      销售  员工
       3  CNN004  小黑   男      研发  主管
       4  CNN005  小白   男      财务  员工
       5  CNN006  小方   女      技术  员工
       6  CNN007  小梅   女            员工
       7  CNN008  小刚   男      市场  员工
       8  CNN009  小丽   女      研发  主管
       9  CNN010  小花   女      技术  员工
In []: # 向当前工作路径下的指定文件写入数据，不显示行索引
       df_obj.to_csv(r'employee_info.csv', index=False, encoding='gbk')
       print('写入完毕')
Out[]: 写入完毕
```

上述代码中，首先创建了一个 DataFrame 类的对象 df_obj，该对象有 10 行 5 列数据，然后通过 df_obj 对象调用 to_csv() 方法向 employee_info.csv 文件中写入数据，并指定文件不显示行索引，之后输出“写入完毕”的提示语句。

从上述结果中可以看出，文件写入完毕，此时会在当前路径下新建一个 employee_info.csv 文件。使用记事本工具打开 employee_info.csv 文件，如图 3-3 所示。

图 3-3　使用记事本工具打开 employee_info.csv 文件

在图 3-3 中，第 1 行内容是 df_obj 对象的列索引，其余行内容是 df_obj 对象的数据，每行内容一共有 5 个字段，每个字段之间使用逗号进行分隔。

2．通过 read_csv() 函数从文本文件中读取数据

read_csv() 函数会从指定路径下的 CSV 或 TXT 文件中读取数据，读取成功后会根据数据形式转换成一个 Series 或 DataFrame 类的对象。read_csv() 函数的语法格式如下：

```
read_csv(filepath_or_buffer, sep=NoDefault.no_default, delimiter=None,
header='infer', names=NoDefault.no_default, index_col=None, encoding=None,...,
storage_options=None)
```

read_csv() 函数中常用参数的含义如下：

（1）filepath_or_buffer：表示文件的路径。

（2）sep：表示文件使用的分隔符。如果没有指定分隔符，则会尝试使用逗号进行分隔。

（3）header：指定文件中哪一行作为列索引以及数据的开头，默认会根据 names 参数推断列索引，如果没有给 names 参数传值，则 header 的值为 0，说明列索引是根据文件的第一行内容推断出来的。

（4）names：表示要使用的列名称的列表。如果文件包含标题行，则应该显式传递 header=0 以覆盖列名称。

（5）encoding：表示读取文件时使用的编码格式。

接下来，通过一段示例代码演示如何通过 read_csv() 函数从 employee_info.csv 文件中读取数据，示例代码如下：

```
In []: import pandas as pd
       # 从当前工作路径下的指定文件中读取数据，使用逗号作为分隔符
       df_obj = pd.read_csv(r'employee_info.csv', encoding='gbk')
       df_obj
Out[]:        编号   姓名  性别      部门   职务
       0  CNN001   小明   男       行政   员工
       1  CNN002   小红   女   人力资源   主管
```

```
2  CNN003  小蓝  女      销售  员工
3  CNN004  小黑  男      研发  主管
4  CNN005  小白  男      财务  员工
5  CNN006  小方  女      技术  员工
6  CNN007  小梅  女       NaN  员工
7  CNN008  小刚  男      市场  员工
8  CNN009  小丽  女      研发  主管
9  CNN010  小花  女      技术  员工
```

从上述结果中可以看出，程序返回了一个 DataFrame 类的对象，该对象的列索引对应文件中的第一行内容，每一行数据对应文件中的其他行内容。

值得一提的是，除了使用 read_csv() 函数读取 TXT 文件外，还可以使用 read_table() 函数读取 TXT 文件，两者的区别在于默认使用的分隔符不同，前者使用的分隔符是逗号，后面使用的分隔符是制表符（\t）。

假设 E 盘的根路径下有一个 employee_info.txt 文件，该文件中的内容如图 3-4 所示。

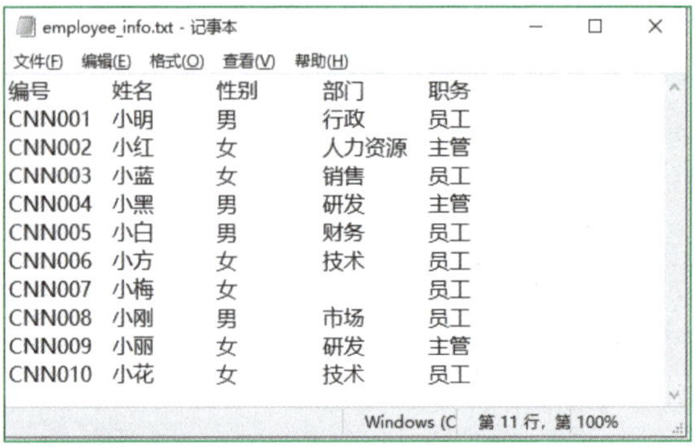

图 3-4　employee_info.txt 文件的内容

在图 3-4 中，文件中显示了 11 行内容，每行内容有 5 个字段，每个字段之间使用制表符进行分隔。

接下来，通过一段示例代码演示使用 read_table() 函数读取 employee_info.txt 文件中的数据，具体代码如下：

```
In []: # 从 E 盘根路径下的指定文件中读取数据，使用制表符作为分隔符，并指定编码格式为 gbk
       df_obj = pd.read_table(r'E:\employee_info.txt', encoding='gbk')
       df_obj
Out[]:     编号  姓名  性别    部门  职务
       0  CNN001  小明  男      行政  员工
       1  CNN002  小红  女  人力资源  主管
       2  CNN003  小蓝  女      销售  员工
       3  CNN004  小黑  男      研发  主管
       4  CNN005  小白  男      财务  员工
       5  CNN006  小方  女      技术  员工
       6  CNN007  小梅  女       NaN  员工
       7  CNN008  小刚  男      市场  员工
       8  CNN009  小丽  女      研发  主管
       9  CNN010  小花  女      技术  员工
```

上述代码中，调用 read_table() 函数从 employee_info.txt 文件中读取数据，读取时以“\t”为分隔符，编码格式为 gbk，并将读取后的结果赋值给变量 df_obj。从上述结果中可以看出，df_obj 是一个 DataFrame 类的对象，该对象中的列索引对应文件中的第一行内容，每一行数据对应文件中的其他行内容。

多学一招：预览部分数据

当从文件中读取完数据后，如果想知道数据是否真正地读取成功，可以挑选出几行数据进行快速预览。pandas 中提供了两个常用的方法 head() 和 tail()，其中 head() 方法用于预览前 *N* 行数据，默认是前 5 行数据；tail() 方法用于预览后 *N* 行数据，默认是后 5 行数据。

接下来，通过代码演示使用 head() 和 tail() 方法预览 df_obj 对象的数据，具体代码如下：

```
In []: df_obj.head()          # 预览前 5 行数据
Out[]:
        编号     姓名   性别      部门     职务
   0   CNN001   小明    男        行政     员工
   1   CNN002   小红    女      人力资源   主管
   2   CNN003   小蓝    女        销售     员工
   3   CNN004   小黑    男        研发     主管
   4   CNN005   小白    男        财务     员工
In []: df_obj.head(3)         # 预览前 3 行数据
Out[]:
        编号     姓名   性别      部门     职务
   0   CNN001   小明    男        行政     员工
   1   CNN002   小红    女      人力资源   主管
   2   CNN003   小蓝    女        销售     员工
In []: df_obj.tail()          # 预览后 5 行数据
Out[]:
        编号     姓名   性别      部门     职务
   5   CNN006   小方    女        技术     员工
   6   CNN007   小梅    女        NaN      员工
   7   CNN008   小刚    男        市场     员工
   8   CNN009   小丽    女        研发     主管
   9   CNN010   小花    女        技术     员工
In []: df_obj.tail(3)         # 预览后 3 行数据
Out[]:
        编号     姓名   性别      部门     职务
   7   CNN008   小刚    男        市场     员工
   8   CNN009   小丽    女        研发     主管
   9   CNN010   小花    女        技术     员工
```

3.3.2 读写 Excel 文件的数据

Excel 文件是数据分析工作中比较常用的存储数据的文件，它里面可以添加若干个工作表（Sheet），每个工作表都是以表格的形式显示数据，并支持对数据进行统计、分析等操作。

pandas 中提供了读写 Excel 文件数据的功能，分别是 to_excel() 方法和 read_excel() 函数，其中 to_excel() 方法用于向 Excel 文件中写入数据，read_excel() 函数用于从 Excel 文件中读取数据，关于它们的介绍如下。

1．通过 to_excel() 方法向 Excel 文件写入数据

to_excel() 方法会将 Series 或 DataFrame 类的对象写入 Excel 文件中，如果文件不存在，则会新建一个文件，反之则会将原文件中的内容进行覆盖。以 DataFrame 类的方法为例，to_excel() 方法的语法格式如下：

```
to_excel(excel_writer, sheet_name='Sheet1', na_rep='', float_format=None,
columns=None, header=True, index=True, index_label=None, startrow=0, startcol=0,
engine=None, merge_cells=True, encoding=None, inf_rep='inf', verbose=True,
freeze_panes=None, storage_options=None)
```

to_excel() 方法中常用参数表示的含义如下：

（1）excel_writer：表示写入文件的路径。

（2）sheet_name：表示工作表的名称，可以接收字符串，默认值为 Sheet1。

（3）na_rep：表示缺失数据的表现形式。

（4）index：表示是否向文件中写入行索引，默认值为 True。

为了帮助大家更好地理解 to_excel() 方法的用法，接下来，通过一段示例代码来演示如何使用 to_excel() 方法向 phones.xlsx 文件中写入数据，具体代码如下：

```
In []: import pandas as pd
       df_obj = pd.DataFrame({
       '手机名称':['华为mate50 Pro', '华为畅享 50 Pro', '华为 P50',
                   '华为智选 优畅享50', '华为P50 Pocket'],
       '机身内存':['256GB', '256GB', '128GB', '128GB', '256GB'],
       '运行内存':['8GB', '8GB', '8GB', '8GB', '8GB'],
       '颜色':['曜金黑', '幻夜黑', '可可茶金', '月光银', '云锦白'],
       '价格':[6799, 1799, 3758, 999, 8188]})
       df_obj
Out[]:          手机名称     机身内存   运行内存    颜色    价格
       0     华为mate50 Pro   256GB       8GB    曜金黑   6799
       1     华为畅享 50 Pro  256GB       8GB    幻夜黑   1799
       2           华为 P50   128GB       8GB  可可茶金   3758
       3   华为智选 优畅享50  128GB       8GB    月光银    999
       4     华为P50 Pocket   256GB       8GB    云锦白   8188
In []: # 向当前工作路径下的phones.xlsx文件中写入数据
       df_obj.to_excel(r'phones.xlsx')
       print('写入完毕')
Out[]: 写入完毕
```

上述代码中，首先创建了一个 DataFrame 类的对象 df_obj，该对象有 5 行 5 列数据，然后通过 df_obj 对象调用 to_excel() 方法向当前工作路径下的 phones.xlsx 文件中写入数据，之后输出“写入完毕”的提示信息。

从上述结果中可以看出，文件写入完毕，此时会在当前工作路径下新建一个 phones.xlsx 文件。phones.xlsx 文件的内容如图 3-5 所示。

从图 3-5 中可以看出，第一行内容对应 df_obj 对象的列索引，其他几行内容对应 df_obj 对象的数据，第 1 列内容对应 df_obj 对象的行索引。

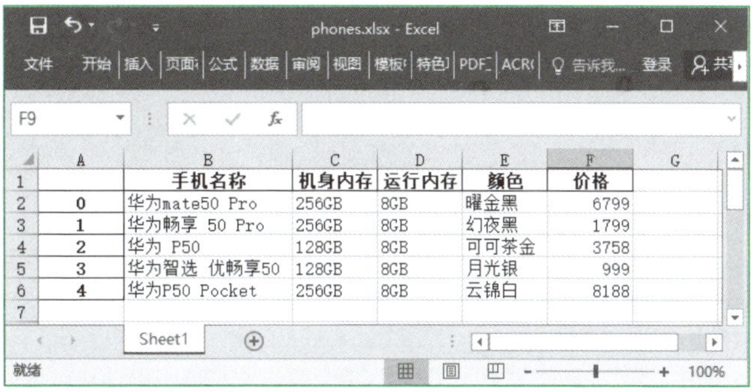

	A	B	C	D	E	F	G
1		手机名称	机身内存	运行内存	颜色	价格	
2	0	华为mate50 Pro	256GB	8GB	曜金黑	6799	
3	1	华为畅享 50 Pro	256GB	8GB	幻夜黑	1799	
4	2	华为 P50	128GB	8GB	可可茶金	3758	
5	3	华为智选 优畅享50	128GB	8GB	月光银	999	
6	4	华为P50 Pocket	256GB	8GB	云锦白	8188	
7							

图 3-5　phones.xlsx 文件的内容

2. 通过 read_excel() 函数从 Excel 文件读取数据

read_excel() 函数用于读取 Excel 文件中的数据，并根据数据的形式转换成 Series 或 DataFrame 类的对象，该函数的语法格式如下：

```
    read_excel(io, sheet_name=0, header=0, names=None, index_col=None,
usecols=None, squeeze=None, dtype=None, engine=None, converters=None,
true_values=None, false_values=None, ..., storage_options=None)
```

read_excel() 函数中常用参数表示的含义如下：

（1）io：表示文件的路径。

（2）sheet_name：指定要读取工作表的名称，默认值为 0，说明读取第一个工作表。

（3）header：指定文件中的哪一行数据作为 DataFrame 类对象的列索引。

（4）names：表示要使用的列名称。

（5）index_col：指定文件中的哪一列数据作为 DataFrame 的行索引，该参数支持整数、整数列表和 None（默认值）三种类型的取值。若值是一个整数，表示列索引，则会将该索引对应的一列数据作为行索引；若值是一个整数列表，则会将这些整数作为索引获取多列数据，并将这些数据组合成 MultiIndex 类对象后作为行索引；若值是 None，则会自动生成一组位置索引。

（6）usecols：指定读取哪几列数据，默认值为 None，说明会读取所有列的数据。该参数可以接收一个列表，列表中的元素分别对应列的编号，编号从 0 开始。

接下来，通过 read_excel() 函数将 phones.xlsx 文件中的数据全部读取出来，示例代码如下：

```
In []: # 从文件中读取全部数据
       df_obj = pd.read_excel(r'phones.xlsx')
       df_obj
Out[]:    Unnamed: 0            手机名称    机身内存  运行内存     颜色   价格
       0           0     华为mate50 Pro    256GB     8GB   曜金黑   6799
       1           1     华为畅享 50 Pro    256GB     8GB   幻夜黑   1799
       2           2            华为 P50    128GB     8GB  可可茶金   3758
       3           3   华为智选 优畅享 50    128GB     8GB   月光银    999
       4           4     华为 P50 Pocket    256GB     8GB   云锦白   8188
```

从上述结果中可以看出，df_obj 对象的数据总共有 5 行 6 列，其中第 1 列的索引是 “Unnamed: 0”。

如果不想要第一列数据，则可以在调用 read_excel() 函数读取文件时使用 usecols 参数指定读取哪几列数据，示例代码如下：

```
In []: # 从文件中读取部分列的数据
       df_obj = pd.read_excel(r'phones.xlsx', usecols=[1,2,3,4,5])
       df_obj
Out[]:           手机名称   机身内存  运行内存    颜色    价格
       0    华为mate50 Pro    256GB     8GB    曜金黑   6799
       1    华为畅享 50 Pro   256GB     8GB    幻夜黑   1799
       2           华为 P50   128GB     8GB  可可茶金   3758
       3  华为智选 优畅享50   128GB     8GB    月光银    999
       4    华为 P50 Pocket   256GB     8GB    云锦白   8188
```

从上述结果中可以看出，df_obj 对象中已经没有了原先第 1 列里面的数据。

3.3.3 读取网页表格的数据

在浏览网页时，有些数据会在 HTML 网页中以表格的形式进行展示，对于这部分数据，可以使用 pandas 中的 read_html() 函数读取，读取成功后会返回一个列表，该列表中包含对应网页表格的 DataFrame 类的对象。read_html() 函数的语法格式如下。

```
    read_html(io, match='.+', flavor=None, header=None, index_col=None,
skiprows=None, attrs=None, parse_dates=False, thousands=',', encoding=None,
decimal='.', converters=None, na_values=None, keep_default_na=True,
displayed_only=True)
```

上述函数中常用参数表示的含义如下：

（1）io：表示 HTML 网页的字符串、路径对象或类似文件的对象。若参数 io 的值是字符串，则字符串的内容可以是 URL，也可以是 HTML 代码。

（2）match：表示返回包含与正则表达式或字符串匹配的文本的一组表格，默认值为 '.+'，说明匹配任何非空字符串。

（3）header：用于指定列标题所在的行。

（4）index_col：用于指定行标题所在的列。

为了帮助大家更好地理解 read_html() 函数的用法，接下来，通过一个示例来演示如何使用 read_html() 函数读取网页表格中的数据。TIOBE 排行榜是根据互联网上有经验的程序员、课程和第三方厂商的数量，并使用搜索引擎统计出排名数据，用于反映编程语言的热门程度。2023 年发布的历年最佳编程语言排行榜（部分）如图 3-6 所示。

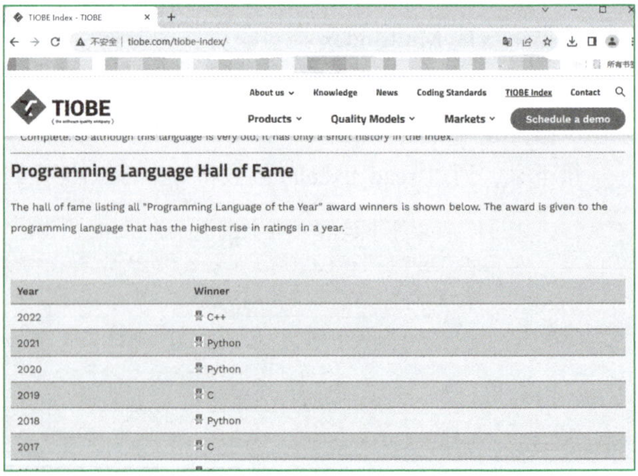

图 3-6　2023 年发布的历年最佳编程语言排行榜（部分）

下面使用 read_html() 函数获取图 3-6 中 HTML 网页表格中的数据，具体代码如下：

```
In []: import pandas as pd
       # 根据 URL 读取网页上表格的数据
       tables = pd.read_html(io='https://www.tiobe.com/tiobe-index/')
       # 获取索引 3 对应的 DataFrame 类的对象
       tables[3]
Out[]:    Year         Winner
       0  2022            C++
       1  2021         Python
       2  2020         Python
       3  2019              C
       4  2018         Python
       5  2017              C
       6  2016             Go
       7  2015           Java
       8  2014     JavaScript
       9  2013   Transact-SQL
       10 2012    Objective-C
       11 2011    Objective-C
       12 2010         Python
       13 2009             Go
       14 2008              C
       15 2007         Python
       16 2006           Ruby
       17 2005           Java
       18 2004            PHP
       19 2003            C++
```

上述代码中，首先调用 read_html() 函数从网页上读取表格的数据，并将读取后的结果赋值给变量 tables，该变量的值为一个列表，列表中保存了多个 DataFrame 类的对象，每个对象依次对应网页上由上至下显示的表格。由于历年最佳编程语言排行榜是第 4 个表格，所以这里需要使用 tables[3] 进行获取。

从上述结果中可以看出，程序输出了一个 DataFrame 类的对象，该对象的列索引与表格的标题是对应的，每一列数据与表格的每列内容是对应的，说明成功从网页上读取了表格的数据。

3.3.4　读写数据库

大多数情况下，海量的数据是使用数据库进行存储的，这主要是依赖于数据库的数据共享性、独立性等一些特点。因此，在实际生产环境中，绝大多数数据是存储在数据库中的。pandas 支持 MySQL、Oracle、SQLite 等主流数据库的读写操作，本书使用的是 MySQL 数据库。

pandas 中提供了一些用于读写 MySQL 数据库的函数或方法，常用的读写数据库的函数或方法见表 3-2。

表 3-2　常用的读写数据库的函数或方法

函数 / 方法	说　明
read_sql_table()	根据数据表名称读取数据库的数据，并将读取的结果转换成一个 DataFrame 类的对象后返回
read_sql_query()	根据 SQL 语句读取数据库的数据，并将读取的结果转换成一个 DataFrame 类的对象后返回

续表

函数 / 方法	说　明
read_sql()	上述两个函数的结合，可以根据数据表名称或 SQL 语句读取数据库的数据
to_sql()	将 Series 类或 DataFrame 类的对象写入到数据库中

在表 3-2 中，read_sql_table() 和 read_sql_query() 函数都可以将读取的数据转换为 DataFrame 类的对象，前者表示将整张表的数据转换成 DataFrame 类的对象，后者则表示将执行 SQL 语句的结果转换为 DataFrame 类的对象。

注意，在连接 MySQL 数据库时需要用到 SQLAlchemy、PyMySQL 模块，其中 SQLAlchemy 模块提供了与不同数据库连接的功能，而 PyMySQL 模块提供了 Python 操作 MySQL 数据库的功能。如果当前的 Python 环境中没有这两个模块，则需要分别使用“pip install sqlalchemy==1.4.39”“pip install pymysql==1.0.2”命令安装这两个模块。

下面以 read_sql() 函数和 to_sql() 方法为例，分别介绍如何读写数据库的数据，具体内容如下：

1．通过 to_sql() 方法向数据库写入数据

to_sql() 方法的功能是将 Series 类或 DataFrame 类的对象以数据表的形式写入到数据库中，其语法格式如下：

```
to_sql(name,con,schema = None,if_exists ='fail',index = True,
       index_label = None,chunksize = None,dtype = None )
```

to_sql() 方法中部分参数所表示的含义如下：

（1）name：表示数据表的名称。

（2）con：表示数据库的连接信息。该参数的值可以是 Engine 类或 Connection 类的对象。若希望创建一个 Engine 类的对象，则需要通过 create_engine() 函数实现，该函数需要接收一个符合格式要求的字符串，具体格式为“数据库类型 + 数据库驱动名称 :// 用户名 : 密码 @ 机器地址 : 端口号 / 数据库名”。

（3）if_exists：表示当数据表存在时如何操作数据表，该参数可以取值为 fail、replace 或 append，默认值为 fail。其中 fail 表示不执行写入操作；replace 表示将原数据表删除后再重新创建；append 表示在原数据表的基础上追加数据。

（4）index：表示是否将 DataFrame 的行索引作为数据写入数据库，默认值为 True。

（5）index_label：表示是否引用索引名称。如果 index 设为 True，此参数为 None，表示使用默认名称；如果 index 为分层索引，则它的值必须是序列类型的。

需要注意的是，使用 to_sql() 方法向数据库写入数据时，如果要写入的数据表名与数据库中其他数据表名相同，则会导致程序出现异常，并反馈该数据表已存在的异常信息。

接下来，通过一个示例演示如何使用 to_sql() 方法向 MySQL 数据库中写入数据，具体步骤如下：

（1）打开 MySQL 命令行工具，输入 SQL 语句创建一个名称为 students_info 的数据库，具体如下：

```
mysql> create database students_info charset=utf8;
Query OK, 1 row affected, 1 warning (0.01 sec)
```

（2）在 Jupyter 的脚本文件中创建一个 DataFrame 类的对象，用于描述各年级男生和女生的人数，具体代码如下：

```
In []: from pandas import DataFrame, Series
       from sqlalchemy import create_engine
       from sqlalchemy.types import *
       df = DataFrame({"班级":["一年级", "二年级", "三年级", "四年级"],
                      "男生人数":[25, 23, 27, 30],
                      "女生人数":[19, 17, 20, 20]})
```

（3）通过 to_sql() 方法将刚刚创建的 DataFrame 类的对象写入数据表中，具体代码如下：

```
In []: # 创建数据库引擎
       # mysql+pymysql 表示使用 MySQL 数据库的 mysqlconnector 驱动
       # root:123456 表示 MySQL 的用户名是 root，密码是 123456
       # studnets_info 表示数据库的名称
       engine = create_engine('mysql+pymysql://root:123456'
                              '@127.0.0.1/students_info')
       df.to_sql('students', engine)
Out[]: 4
```

（4）以上代码执行后，可以在数据库 students_info 中查看是否成功创建了数据表 students，以及数据是否保存成功，这里使用命令行的方式进行验证。打开命令提示符窗口，在光标位置输入“mysql –u 数据库账号 –p 密码”登录 MySQL。登录成功后，使用 use 命令选择 students_info 数据库，然后使用如下命令语句查询 students 表中的全部数据，具体命令如下：

```
mysql> select * from students;
```

查询结果如图 3-7 所示。

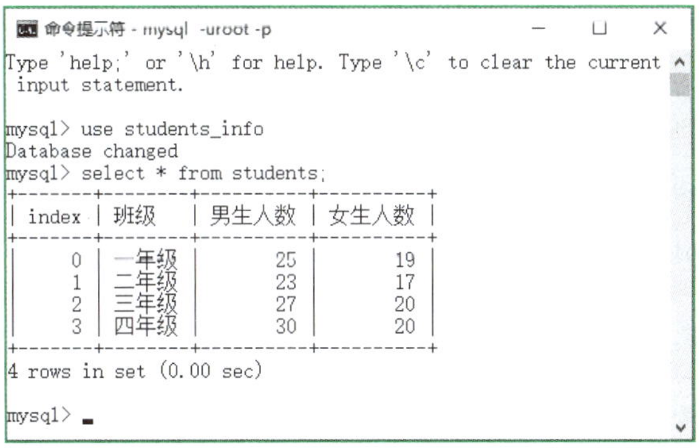

图 3-7　students 表的数据

2．通过 read_sql() 函数从数据库读取数据

read_sql() 函数既可以读取整张数据表，又可以执行 SQL 语句，其语法格式如下：

```
read_sql(sql, con, index_col=None, coerce_float=True, params=None,
         parse_dates=None, columns=None, chunksize=None)
```

read_sql() 函数中常用参数表示的含义如下：

（1）sql：表示被执行的 SQL 语句。

（2）con：接收数据库连接，表示数据库的连接信息。

（3）index_col：表示将数据表中的列标题作为 DataFrame 类对象的行索引。

（4）coerce_float：将非字符串、非数字对象的值强制转换为浮点型数据。

（5）params：传递给执行方法的参数列表，如 params = {'name':'value'}。

需要注意的是，如果数据中存在空值，则会使用 NaN 进行补全。

假设 info 数据库中有一张数据表 person_info，该表记录了小组人员的基本信息，具体如图 3-8 所示。

id	name	age	height	gender
1	小铭	18	180	女
2	小月月	18	180	女
3	彭明	29	185	男
4	刘华	59	175	男
5	王贤	18	172	女
6	周平	36	NULL	男
7	程坤	27	181	男
8	李平	38	160	女

图 3-8　person_info 数据表

使用 read_sql() 函数读取 person_info 数据表的数据，示例代码如下：

```
In []: import pandas as pd
       from sqlalchemy import create_engine
       engine = create_engine('mysql+pymysql://root:123456'
                              '@127.0.0.1:3306/info')
       pd.read_sql('person_info', engine)
Out[]:    id  name  age  height  gender
       0   1   小铭   18   180.0      女
       1   2  小月月   18   180.0      女
       2   3   彭明   29   185.0      男
       3   4   刘华   59   175.0      男
       4   5   王贤   18   172.0      女
       5   6   周平   36     NaN      男
       6   7   程坤   27   181.0      男
       7   8   李平   38   160.0      女
```

从上述结果中可以看出，程序成功读取了数据表中的数据，且空缺的位置填充了 NaN。

read_sql() 函数除了直接传入数据表之外，还可以传入一个 SQL 语句，根据该语句执行相应的操作。例如，从 person_info 数据表中筛选出 id 值大于 3 的全部数据，具体的 SQL 语句如下：

```
select * from person_info where id >3;
```

根据上述 SQL 语句读取数据库里面的数据，并将读取到的结果转换成 DataFrame 类的对象，示例代码如下：

```
In []: import pandas as pd
       from sqlalchemy import create_engine
       engine = create_engine('mysql+pymysql://root:123456'
                              '@127.0.0.1:3306/info')
       sql = 'select * from person_info where id >3;'
       pd.read_sql(sql, engine)
Out[]:    id  name  age  height  gender
       0   4   刘华   59   175.0      男
       1   5   王贤   18   172.0      女
       2   6   周平   36     NaN      男
       3   7   程坤   27   181.0      男
       4   8   李平   38   160.0      女
```

值得一提的是，上述示例中的 SQL 语句不仅可以是执行查询操作的 SQL 语句，还可以是用于执行增删改查操作的 SQL 语句。

3.4 数据排序

在数据分析中，数据排序是一种比较常见的操作。由于 Series 和 DataFrame 都是由索引和数据组成的，所以既可以按照索引进行排序，也可以按照值进行排序。接下来，本节将针对数据排序的相关内容进行介绍。

3.4.1 按索引排序

pandas 中可以通过 sort_index() 方法实现按索引排序的功能，sort_index() 方法可以根据行索引或列索引的大小对 Series 类和 DataFrame 类的对象进行排序。以 DataFrame 类的方法为例，sort_index() 方法的语法格式如下：

```
sort_index(axis=0, level=None, ascending=True, inplace=False,
           kind='quicksort', na_position='last', sort_remaining=True,
           ignore_index=False, key=None)
```

sort_index() 方法中常用参数的含义如下：

（1）axis：表示沿着哪个方向的轴排序，该参数的取值可以是 0 或 index、1 或 columns，其中 0 或 index 表示按行方向排序，1 或 columns 表示按列方向排序。

（2）ascending：表示是否升序排列，默认值为 True。

（3）kind：表示排序算法，可以取值为 quicksort、mergesort、heapsort、stable，其中 quicksort 表示快速排序算法，mergesort 表示归并排序算法，heapsort 表示堆排序算法，stable 表示稳定排序算法。

默认情况下，Series 类和 DataFrame 类的对象会按照升序的方式排列，当然也可以通过设置参数 ascending=False 修改为降序排列。

接下来，通过一个示例来演示如何按索引对 DataFrame 类的对象进行排序，具代码如下：

```
In []: import pandas as pd
       import numpy as np
       df_obj = pd.DataFrame(np.arange(9).reshape(3, 3), index=[4, 3, 5])
       df_obj
Out[]:    0  1  2
       4  0  1  2
       3  3  4  5
       5  6  7  8
In []: df_obj.sort_index()                         # 按行索引升序排列
Out[]:    0  1  2
       3  3  4  5
       4  0  1  2
       5  6  7  8
In []: df_obj.sort_index(ascending=False)          # 按行索引降序排列
```

```
Out[]:    0  1  2
       5  6  7  8
       4  0  1  2
       3  3  4  5
```

3.4.2 按值排序

pandas 中为 Series 类和 DataFrame 类的对象提供了按值排序的方法 sort_values()。以 DataFrame 类的方法为例，sort_values() 方法的语法格式如下：

```
sort_values(by, axis=0, ascending=True, inplace=False, kind='quicksort',
            na_position='last', ignore_index=False, key=None)
```

sort_values() 方法中，by 参数表示排序的列，na_position 参数表示 NaN 值的位置，它只有 first 和 last 两种取值，默认值为 last。若设为 first，则会将 NaN 值放在开头；若设为 last，则会将 NaN 值放在最后。

下面以 Series 为例，演示如何使用 sort_values() 方法对 Series 类的对象进行排序，示例代码如下：

```
In []: ser_obj = pd.Series([4, np.nan, 6, np.nan, -3, 2])
       ser_obj
Out[]: 0     4.0
       1     NaN
       2     6.0
       3     NaN
       4    -3.0
       5     2.0
       dtype: float64
In []: ser_obj.sort_values()      # 按值升序排列
Out[]: 4    -3.0
       5     2.0
       0     4.0
       2     6.0
       1     NaN
       3     NaN
       dtype: float64
```

从上述结果中可以看出，NaN 值排在末尾，其余数值按照从小到大的顺序进行排列。

若 sort_values() 方法操作的对象是一个 DataFrame 类的对象，则可以根据该对象中一列或多列的值进行排序，不过需要将一个或多个列的索引传递给 by 参数才行，示例代码如下：

```
In []: df_obj = pd.DataFrame([[0.4, -0.1, -0.3, 0.0],
                              [0.2, 0.6, -0.1, -0.7],
                              [0.8, 0.6, -0.5, 0.1]])
       df_obj
Out[]:      0     1     2    3
       0  0.4  -0.1  -0.3  0.0
       1  0.2   0.6  -0.1 -0.7
       2  0.8   0.6  -0.5  0.1
```

```
In []: df_obj.sort_values(by=2)   # 对列索引值为 2 的数据进行排序
Out[]:      0     1     2    3
       2  0.8   0.6  -0.5  0.1
       0  0.4  -0.1  -0.3  0.0
       1  0.2   0.6  -0.1 -0.7
```

比较排序前后的结果可以看出，列索引是 2 的一列数值按照从小到大的顺序排列，其他列数值跟随该列数值的位置进行变化。

数据排序是数据分析工作中比较重要的一种操作，它能够帮助用户迅速整理和排序复杂数据，以找到所需信息。在实际编程中，我们应该学会根据需求选择简便和灵活的方式进行数据排序，不断追求卓越，提高工作效率和解决问题的能力。

3.5　算术运算与数据对齐

在 pandas 中，Series 类或 DataFrame 类的对象进行算术运算时，会先将对象中索引相同的数据按位置对齐，对齐以后再进行相应的运算，没有对齐的位置会用 NaN 进行补齐。其中，Series 是按行索引对齐的，DataFrame 是按行索引、列索引对齐的。

假设现在有两个 Series 类的对象，具体代码如下：

```
In []: obj_one = pd.Series(range(10, 13), index=range(3))
       obj_one
Out[]: 0     10
       1     11
       2     12
       dtype: int64
In []: obj_two = pd.Series(range(20, 25), index=range(5))
       obj_two
Out[]: 0     20
       1     21
       2     22
       3     23
       4     24
       dtype: int32
```

上述代码分别创建了两个 Series 类的对象 obj_one 和 obj_two，从上述结果可以看出，obj_one 比 obj_two 少两行数据。

如果要对 obj_one 与 obj_two 进行加法运算，则会将它们按照索引先进行对齐，对齐的位置进行加法运算，没有对齐的位置使用 NaN 值进行填充，具体代码如下：

```
In []: obj_one + obj_two      # 执行加法运算
Out[]: 0     30.0
       1     32.0
       2     34.0
       3      NaN
       4      NaN
       dtype: float64
```

从上述结果中可以看出，前三行数据是 obj_one 和 obj_two 对齐位置后元素相加的和，后两行数据因为没有对齐，都是 NaN 值。

如果不使用 NaN 值补齐，则可以在调用 add() 方法时给 fill_value 参数传值，fill_value 将会使用对象中存在的数据进行补充，具体示例代码如下：

```
In []: obj_one.add(obj_two, fill_value = 0)      # 执行加法运算，补充缺失值
Out[]: 0    30.0
       1    32.0
       2    34.0
       3    23.0
       4    24.0
       dtype: float64
```

当然其他的算术运算也是类似的，这里不再赘述。

3.6 统计计算与描述

pandas 中提供了一些常用的数学和统计的函数或方法，使用这些方法可以轻松地对一行、一列或全部数据进行统计计算，此外也可以一次性地描述一组数据的所有统计指标。接下来，本节针对统计计算与统计描述函数进行介绍。

3.6.1 统计计算

常见的统计计算包括计算和、平均值、最大值、最小值、方差等。pandas 中为 Series 类和 DataFrame 类的对象提供了一些统计运算的方法，常见的统计计算方法见表 3-3。

表 3-3 常见的统计计算方法

方　法	说　明
sum()	计算和
mean()	计算平均值
median()	计算中位数
max()	计算最大值
min()	计算最小值
idxmax()	计算最大索引值
idxmin()	计算最小索引值
count()	计算非 NaN 值的个数
var()	计算样本值的方差
std()	计算样本值的标准差
skew()	计算样本值的偏度（三阶矩）
kurt()	计算样本值的峰度（四阶矩）
cumsum()	计算样本值的累加和
cummin()、cummax()	计算样本值的累积最小值和累积最大值
cumprod()	计算样本值的累乘积

下面通过一些示例演示上述部分方法的基本使用，具体步骤如下：

首先，创建一个 3 行 4 列的 DataFrame 类的对象，并指定列索引分别是 a、b、c、d，具体代码如下：

```
In []: df_obj = pd.DataFrame(np.arange(12).reshape(3, 4),
                             columns=['a', 'b', 'c', 'd'])
       df_obj
Out[]:    a  b   c   d
       0  0  1   2   3
       1  4  5   6   7
       2  8  9  10  11
```

然后，让 DataFrame 类的对象依次调用 sum()、max() 和 min() 方法，分别计算每列数据的和、最大值及每行数据的最小值，具体代码如下：

```
In []: df_obj.sum()          # 计算每列数据的和
Out[]: a    12
       b    15
       c    18
       d    21
       dtype: int64
In []: df_obj.max()          # 获取每列数据的最大值
Out[]: a     8
       b     9
       c    10
       d    11
       dtype: int32
In []: df_obj.min(axis=1)    # 计算每行数据的最小值
Out[]: 0     0
       1     4
       2     8
       dtype: int32
```

从上述结果中可以看出，当使用统计计算方法对 DataFrame 类的对象进行相应操作时，优先会沿着列方向操作，除非在使用这些统计计算方法时，显式地指明轴的方向，即 axis=1，这样才会对每行数据进行计算。

3.6.2　统计描述

如果希望一次性描述 Series 类或 DataFrame 类对象的多个统计指标，比如平均值、最大值、最小值、求和等，则可以调用 describe() 方法实现，而不用逐个调用各个统计计算方法计算。describe() 方法的语法格式如下：

```
describe(percentiles=None, include=None, exclude=None)
```

describe() 方法中常用参数的含义如下：

（1）percentiles：表示结果包含的百分数，位于 [0,1] 之间。若不设置该参数，则默认为 [0.25,0.5,0.75]，即展示四分之一分位数、二分之一分位数、四分之三分位数。

（2）include：表示结果中包含数据类型的白名单，默认值为 None。

（3）exclude：表示结果中忽略数据类型的黑名单，默认值为 None。

接下来，创建一个 DataFrame 类的对象，使用 describe() 方法描述该对象的统计指标，示例代码如下：

```
In []: df_obj = pd.DataFrame([[12, 6, -11, 19],
                              [-1, 7, 50, 36],
                              [5, 9, 23, 28]])
       df_obj
Out[]:     0  1    2   3
       0  12  6  -11  19
       1  -1  7   50  36
       2   5  9   23  28
In []: df_obj.describe()      # 输出多个统计指标
Out[]:                0          1           2          3
       count   3.000000   3.000000    3.000000   3.000000
       mean    5.333333   7.333333   20.666667  27.666667
       std     6.506407   1.527525   30.566867   8.504901
       min    -1.000000   6.000000  -11.000000  19.000000
       25%     2.000000   6.500000    6.000000  23.500000
       50%     5.000000   7.000000   23.000000  28.000000
       75%     8.500000   8.000000   36.500000  32.000000
       max    12.000000   9.000000   50.000000  36.000000
```

从上述结果中可以看出，程序返回了一个 8 行 4 列的 DataFrame 类的对象，每行对应一个统计指标，从上到下分别是有效值的数量（count）、平均值（mean）、标准差（std）、最小值（min）、四分之一分位数（25%）、二分之一分位数（50%）、四分之三分位数（75%）、最大值（max）。

3.7 分层索引操作

3.7.1 创建分层索引

前面所涉及的 Series 或 DataFrame 类的对象只有一层索引，除此之外，Series 或 DataFrame 类的对象还可以拥有更多层次的索引，也就是分层索引。分层索引可以理解为单层索引的延伸，即在一个轴方向上具有两层或两层以上的索引。

下面以部分城市的占地面积（单位：km^2，数据来源为中华人民共和国民政部官网）为例，带领大家认识一下什么是分层索引，具体如图 3-9 所示。

河北省	石家庄市	14530
	唐山市	13829
	邯郸市	12047
	秦皇岛市	7813
河南省	郑州市	7568
	开封市	6239
	洛阳市	15236
	新乡市	8291

图 3-9 分层索引

在图 3-9 中，灰色部分是分层索引，它有内外两层索引，其中最左边一列是外层索引，它对应着省的名称，分别是河北省和河南省；位于中间的一列是内层索引，它对应的是城市的名称，其中前 4 个城市属于河北省，后 4 个城市属于河南省。

在 pandas 中，分层索引其实就是一个 MultiIndex 类的对象。MultiIndex 类中提供了一些创建分层索引的方法，具体如下：

（1）from_tuples()：根据元组列表创建 MultiIndex 类的对象。

（2）from_arrays()：根据嵌套列表创建 MultiIndex 类的对象。

（3）from_product()：从多个集合的笛卡儿乘积中创建 MultiIndex 类的对象。

为了让读者更好地理解，接下来，分别使用上面介绍的三种方法来创建 MultiIndex 类的对象，具体内容如下。

1. 通过 from_tuples() 方法创建 MultiIndex 类的对象

from_tuples() 方法可以根据包含若干个元组的列表创建 MultiIndex 类的对象，其中元组的第一个元素作为外层索引，元组的第二个元素作为内层索引，示例代码如下：

```
In []: from pandas import MultiIndex
       # 创建一个包含多个元组的列表
       list_tuples = [('A','A1'), ('A','A2'), ('B','B1'),
                      ('B','B2'), ('B','B3')]
       # 根据元组列表创建一个 MultiIndex 类的对象
       multi_index = MultiIndex.from_tuples(tuples=list_tuples,
                     names=['外层索引', '内层索引'])
       multi_index
Out[]: MultiIndex([('A', 'A1'),
                   ('A', 'A2'),
                   ('B', 'B1'),
                   ('B', 'B2'),
                   ('B', 'B3')],
                   names=['外层索引', '内层索引'])
```

上述代码中，通过 from_tuples() 方法创建一个 MultiIndex 类的对象，在该方法中，传入 tuples 参数的值是一个包含多个元组的列表，这表示元组的第一个元素会是外层索引，第二个元素会是内层索引；传入 names 参数的值是一个包含两个字符串的列表，分别表示外层索引和内层索引的名称。

从上述结果中可以看出，MultiIndex 类对象中包含了一个 name 属性，该属性用于设置索引名称。

2. 通过 from_arrays() 方法创建 MultiIndex 类的对象

from_arrays() 方法用于根据一个嵌套列表创建 MultiIndex 类的对象，其中嵌套的第一个列表将作为外层索引，嵌套的第二个列表将作为内层索引，示例代码如下：

```
In []: from pandas import MultiIndex
       # 根据嵌套列表创建一个 MultiIndex 类的对象
       multi_array = MultiIndex.from_arrays(arrays =
                     [['A', 'B', 'A', 'B', 'B'],
                     ['A1', 'A2', 'B1', 'B2', 'B3']],
                     names=['外层索引','内层索引'])
       multi_array
Out[]: MultiIndex([('A', 'A1'),
                   ('B', 'A2'),
                   ('A', 'B1'),
```

```
                        ('B', 'B2'),
                        ('B', 'B3')],
                       names=['外层索引', '内层索引'])
```

3．通过 from_product() 方法创建 MultiIndex 类的对象

from_product() 方法用于从多个集合的笛卡尔乘积创建一个 MultiIndex 类的对象，示例代码如下：

```
In []: from pandas import MultiIndex
       import pandas as pd
       numbers = [0, 1, 2]
       colors = ['green', 'purple']
       multi_product = pd.MultiIndex.from_product(
                                   iterables=[numbers, colors],
                                   names=['number', 'color'])
       multi_product
Out[]: MultiIndex([(0,  'green'),
                   (0, 'purple'),
                   (1,  'green'),
                   (1, 'purple'),
                   (2,  'green'),
                   (2, 'purple')],
                  names=['number', 'color'])
```

多学一招：笛卡儿乘积

在数学中，两个集合 X 和 Y 的笛卡儿积，又称直积，表示为 $X \times Y$，第一个对象是 X 的成员，而第二个对象是 Y 的所有可能有序对的其中一个成员 。

假设集合 $A=\{a, b\}$，集合 $B=\{0, 1, 2\}$，则两个集合的笛卡儿积为 $\{(a, 0), (a, 1), (a, 2), (b, 0), (b, 1), (b, 2)\}$。

3.7.2 创建有分层索引的对象

如果希望 Series 类和 DataFrame 类的对象拥有分层索引，最常见的方式是在 Series 类和 DataFrame 类的构造方法的 index 参数中传入一个嵌套列表。下面以图 3-9 为例，创建具有两层索引的 Series 类的对象，具体代码如下：

```
In []: import numpy as np
       import pandas as pd
       mulitindex_series = pd.Series([14530, 13829, 12047,
                                     7813, 7568, 6239, 15236, 8291],
                  index=[['河北省','河北省','河北省','河北省',
                         '河南省','河南省','河南省','河南省'],
                        ['石家庄市','唐山市','邯郸市','秦皇岛市',
                         '郑州市','开封市','洛阳市','新乡市']])
       mulitindex_series
Out[]:          河北省   石家庄市     14530
                         唐山市       13829
                         邯郸市       12047
```

```
               秦皇岛市      7813
        河南省   郑州市      7568
               开封市      6239
               洛阳市      15236
               新乡市      8291
        dtype: int64
```

上述代码中，在使用 Series 类的构造方法创建 Series 类的对象时，给 index 传入了一个嵌套列表，其中嵌套的第一个列表会作为外层索引，嵌套的第二个列表会作为内层索引。

接下来，创建具有两层索引的 DataFrame 类的对象，具体代码如下：

```
In []: import pandas as pd
       from pandas import DataFrame, Series
       # 占地面积为增加的列索引
       mulitindex_df = DataFrame({'占地面积':[14530, 13829, 12047,
                          7813, 7568, 6239, 15236, 8291]},
                          index=[['河北省','河北省','河北省','河北省',
                                 '河南省','河南省','河南省','河南省'],
                                ['石家庄市','唐山市','邯郸市','秦皇岛市',
                                 '郑州市','开封市','洛阳市','新乡市']])
       mulitindex_df
Out[]:
                    占地面积
       河北省  石家庄市  14530
              唐山市   13829
              邯郸市   12047
             秦皇岛市    7813
       河南省   郑州市    7568
              开封市    6239
              洛阳市   15236
              新乡市    8291
```

需要注意的是，在 index 参数接收的嵌套列表中，两个列表的长度必须是相同的，否则程序运行会出现错误。

除此之外，还可以将一个 MultiIndex 类的对象传递给 index 参数，这样也可以创建一个具有分层索引的对象。例如，创建一个 DataFrame 类的对象，并指定索引为 3.7.1 创建的 multi_product 对象，具体代码如下：

```
In []: values = np.array([[7, 5], [6, 6], [3, 1], [5, 5], [4, 5], [5, 3]])
       df_product = pd.DataFrame(data=values, index=multi_product)
       df_product
Out[]:
                          0  1
       number     color
           0      green   7  5
                  purple  6  6
           1      green   3  1
                  purple  5  5
           2      green   4  5
                  purple  5  3
```

3.7.3 使用分层索引获取数据

分层索引有两层或两层以上的索引，它的用法比普通索引要复杂一些。以两层结构的分层索引为例，若希望获取数据，既可以使用外层的索引访问其嵌套的索引以及数据，使用格式为“对象 [外层索引]”，也可以同时使用外层和内层的索引直接访问数据，使用格式为“对象 [外层索引 , 内层索引]”。

接下来，通过一个书籍销售信息表的示例演示分层索引的基本使用。假设某书店统计了书籍 3 月份的销售情况，并将统计情况记录在表格中，具体如图 3-10 所示。

单位：本

小说	《平凡的世界》	50
	《骆驼祥子》	60
	《狂人日记》	40
散文随笔	《皮囊》	94
	《浮生六记》	63
	《自在独行》	101
传记	《曾国藩》	200
	《老舍自传》	56
	《知行合一王阳明》	45

图 3-10 某书店 3 月份图书的销售情况

在图 3-10 的表格中，左边第 1 列数据表示书籍的类别，第 2 列数据表示书籍的名称，第 3 列数据表示书籍的销售数量。其中，第 1 列内容作为外层索引使用，第 2 列内容作为内层索引使用。

如果书店管理员需要统计小说销售的情况，则可以从表中筛选出外层索引标签为小说的数据。下面编写代码实现这个需求，具体代码如下：

```
In []: from pandas import Series
       ser_obj = Series([50, 60, 40, 94, 63, 101, 200, 56, 45],
                 index=[['小说', '小说', '小说',
                        '散文随笔', '散文随笔', '散文随笔',
                        '传记', '传记', '传记'],
                       ['平凡的世界', '骆驼祥子', '狂人日记',
                        '皮囊', '浮生六记', '自在独行',
                        '曾国藩', '老舍自传', '知行合一王阳明']])
       ser_obj
Out[]: 小说          平凡的世界       50
                     骆驼祥子        60
                     狂人日记        40
       散文随笔          皮囊        94
                     浮生六记        63
                     自在独行       101
       传记            曾国藩       200
                     老舍自传        56
                 知行合一王阳明        45
       dtype: int64
In []: ser_obj['小说']      # 获取所有外层索引为“小说”的数据
Out[]: 平凡的世界     50
       骆驼祥子      60
       狂人日记      40
       dtype: int64
```

在上述代码中，首先创建了一个具有分层索引的 Series 类的对象 ser_obj，然后通过外层索引的名称获取该索引对应的数据。

如果希望知道小说分类下书籍“平凡的世界”的销量，则可以同时使用外层的索引和内层的索引实现，具体代码如下：

```
In []: ser_obj['小说', '平凡的世界']          # 使用外层索引和内层索引获取数据
Out[]: 50
```

如果只知道书籍的名称为“自在独行”，但是书籍所属的类别并不清楚，此时要想知道这本书的类别与销售数量，则需要通过操作内层索引的方式进行获取，示例代码如下：

```
In []: ser_obj[:, '自在独行']                # 获取内层索引对应的数据
Out[]: 散文随笔    101
```


3.7.4　交换索引层级的顺序

交换索引层级的顺序是指交换外层索引和内层索引的位置。例如，把图 3-10 表格中图书的类别和图书的名称互换位置，交换前后的结果如图 3-11 所示。

单位：本

小说	《平凡的世界》	50
	《骆驼祥子》	60
	《狂人日记》	40
散文随笔	《皮囊》	94
	《浮生六记》	63
	《自在独行》	101
传记	《曾国藩》	200
	《老舍自传》	56
	《知行合一王阳明》	45

交换索引前

单位：本

《平凡的世界》	小说	50
《骆驼祥子》	小说	60
《狂人日记》	小说	40
《皮囊》	散文随笔	94
《浮生六记》	散文随笔	63
《自在独行》	散文随笔	101
《曾国藩》	传记	200
《老舍自传》	传记	56
《知行合一王阳明》	传记	45

交换索引后

图 3-11　交换前后的结果

在 pandas 中，交换分层顺序的操作可以使用 swaplevel() 方法来完成。接下来编写代码，通过 swaplevel() 方法实现图 3-11 中交换索引后的效果，具体代码如下：

```
In []: ser_obj.swaplevel()                  # 交换外层索引与内层索引的位置
Out[]: 平凡的世界           小说       50
         骆驼祥子           小说       60
         狂人日记           小说       40
             皮囊       散文随笔       94
         浮生六记       散文随笔       63
         自在独行       散文随笔      101
           曾国藩           传记      200
         老舍自传           传记       56
       知行合一王阳明       传记       45
       dtype: int64
```

从上述结果中可以看出，外层索引和内层索引交换了位置，并且交换前与交换后数据没有发生任何变化。

3.7.5　分层索引排序

如果希望对具有分层索引的对象进行排序，则可以通过 sort_index() 方法实现。使用 sort_index() 方法进行排序时，会优先按外层索引排序，然后再按照内层索引排序。假设有一个两层索引的 DataFrame 类对象，它按照索引排序前与排序后的效果如图 3-12 所示。

		word	num
A	1	a	1
	3	b	2
	2	d	4
C	3	e	5
	1	f	3
	2	k	2
B	4	d	6
	5	s	2
	8	l	3

排序前

		word	num
A	1	a	1
	2	d	4
	3	b	2
B	4	d	6
	5	s	2
	8	l	3
C	1	f	3
	2	k	2
	3	e	5

排序后

图 3-12　按外层索引排序

接下来，通过一段示例程序来演示如何对具有分层索引的 DataFrame 类的对象进行排序，具体步骤如下：

首先，创建一个与图 3-12 排序前结构相同的 DataFrame 类的对象，具体代码如下：

```
In []: from pandas import DataFrame
       df_obj = DataFrame({'word':['a','b','d','e','f','k','d','s','l'],
                           'num':[1, 2, 4, 5, 3, 2, 6, 2, 3]},
                          index=[['A', 'A', 'A', 'C', 'C',
                                  'C', 'B', 'B', 'B'],
                                 [1, 3, 2, 3, 1, 2, 4, 5, 8]])
       df_obj
Out[]:        word  num
       A  1     a    1
          3     b    2
          2     d    4
       C  3     e    5
          1     f    3
          2     k    2
       B  4     d    6
          5     s    2
          8     l    3
```

然后，通过 sort_index() 方法根据索引对 df_obj 对象进行排序，具体代码如下：

```
In []: df_obj.sort_index()              # 按索引排序
Out[]:        word  num
       A  1     a    1
          2     d    4
          3     b    2
       B  4     d    6
          5     s    2
          8     l    3
       C  1     f    3
          2     k    2
          3     e    5
```

通过比较排序前和排序后的结果可以看出，外层索引按字母表顺序进行排列，内层索引按照从小到大的顺序进行升序排列，且每行对应的数据均随着索引的位置而发生移动。

3.8　案例：陕西高考分数线统计分析

为了帮助广大考生和家长了解历年高考的录取情况，有些网站上汇总了各省市的录取控制分数线。因受到多种因素的影响，每年的分数线或多或少会有一些变动。接下来，本节将运用前面所学的知识，带领大家完成陕西高考分数线统计分析的案例。

3.8.1　案例需求

本案例要求对 2008 ～ 2022 年的高考数据进行一些简单统计操作，具体分为以下三个目标：

（1）一本文理科与二本文理科最高分数线、最低的分数线是多少分，相差多少分。

（2）相比 2021 年，2022 年一本文理科与二本文理科变化了多少分。

（3）2008 ～ 2022 年这十五年各科分数线的平均值。

3.8.2　数据准备

明确了数据分析的目标之后，首要的任务是要准备好数据，这里采集了陕西省 2008 ～ 2022 年高考录取分数线的数据，并将这些数据整理到 scores.xlsx 文件中，scores.xlsx 文件打开后的内容如图 3-13 所示。

	A	B	C	D	E	F	G
1		一本分数线		二本分数线			
2		文科	理科	文科	理科		
3	2021	499	443	406	341		
4	2019	518	468	400	363		
5	2008	557	527	520	490		
6	2010	559	556	500	500		
7	2018	518	474	467	425		
8	2017	509	449	457	397		
9	2015	510	480	467	440		
10	2014	548	503	492	452		
11	2016	511	470	460	423		
12	2022	484	449	400	344		
13	2013	540	485	486	435		
14	2012	556	517	497	461		
15	2020	512	451	405	350		
16	2011	543	540	495	488		
17	2009	540	537	495	495		

图 3-13　scores.xlsx 文件打开后的内容

从图 3-13 可以看出，表格有两层标题，第一层标题为一本分数线和二本分数线，同时，一本分数线和二本分数线又包括“文科”和“理科”两个标题。另外，表格中的数据并没有按照年份进行排列。

3.8.3　案例实现

有了数据之后，可以先从 scores.xlsx 文件中读取数据，再依次完成案例设定的 3 个目标，具体步骤如下。

（1）通过 read_excel() 函数从 scores.xlsx 文件中读取数据，并将数据转换成 DataFrame 类的对象，具体代码如下：

```
In [ ]: import pandas as pd
        # 指定列标签的索引列表
        df_obj = pd.read_excel('C:/Users/admin/Desktop/scores.xlsx',
                               header=[0, 1], index_col=0)
        df_obj
Out[ ]:        一本分数线     二本分数线
               文科  理科     文科  理科
        2021   499   443      406   341
        2019   518   468      400   363
        2008   557   527      520   490
        2010   559   556      500   500
        2018   518   474      467   425
        2017   509   449      457   397
        2015   510   480      467   440
        2014   548   503      492   452
        2016   511   470      460   423
        2022   484   449      400   344
        2013   540   485      486   435
        2012   556   517      497   461
        2020   512   451      405   350
        2011   543   540      495   488
        2009   540   537      495   495
```

在上述代码中，通过 read_excel() 函数读取了表格的数据，由于表格有多个标题，所以需要在该函数中通过 header 参数指定标题行对应的索引，即 [0, 1]，表明会将表格的前两行内容都作为列索引。从上述结果可以看出，行索引对应表格左侧的一列数据，列索引是一个分层索引，它对应表格上面的两行数据。

（2）观察 df_obj 对象可知，行索引是没有任何顺序的，此时可以通过 sort_index() 方法，按照从大到小的顺序对 df_obj 对象进行排序，具体代码如下：

```
In [ ]: sorted_obj = df_obj.sort_index(ascending=False)
        sorted_obj
Out[ ]:        一本分数线     二本分数线
               文科  理科     文科  理科
        2022   484   449      400   344
        2021   499   443      406   341
        2020   512   451      405   350
        2019   518   468      400   363
        2018   518   474      467   425
        2017   509   449      457   397
        2016   511   470      460   423
        2015   510   480      467   440
        2014   548   503      492   452
        2013   540   485      486   435
        2012   556   517      497   461
        2011   543   540      495   488
        2010   559   556      500   500
        2009   540   537      495   495
        2008   557   527      520   490
```

（3）这里先完成第一个分析目标。要想知道一本和二本文理科最高分数线与最低分数线以及它们相差的分数，可以使用 max() 与 min() 函数计算每列数据的最大值和最小值，再获取一本和二本理科和文科的最大值与最小值，让最大值减去最小值得到极差，具体代码如下：

```
In []: sorted_obj.max()
Out[]: 一本分数线   文科     559
                  理科     556
       二本分数线   文科     520
                  理科     500
       dtype: int64
In []: sorted_obj.min()
Out[]: 一本分数线   文科     484
                  理科     443
       二本分数线   文科     400
                  理科     341
       dtype: int64
In []: result1 = sorted_obj["一本分数线", "文科"].max() - \
                 sorted_obj["一本分数线", "文科"].min()
       result1
Out[]: 75
In []: result2 = sorted_obj["一本分数线", "理科"].max() - \
                 sorted_obj["一本分数线", "理科"].min()
       result2
Out[]: 113
In []: result3 = sorted_obj["二本分数线", "文科"].max() - \
                 sorted_obj["二本分数线", "文科"].min()
       result3
Out[]: 120
In []: result4 = sorted_obj["二本分数线", "理科"].max() - \
                 sorted_obj["二本分数线", "理科"].min()
       result4
Out[]: 159
```

从上述结果中可以看出，一本文科分数线最高为 559 分，最低为 484 分，相差了 75 分，一本理科分数线最高为 556 分，最低为 443 分，相差了 113 分；二本文科分数线最高为 520 分，最低为 400 分，相差了 120 分，二本理科分数线最高为 500 分，最低为 341 分，相差了 159 分。

（4）接着完成第二个分析目标。要想比较 2022 年与 2021 年的录取分数线，则需要通过分层索引的方式分别获取每列的分数信息，之后再分别对行索引为“2022”和“2021”的数据相减，比较两者相差多少，具体代码如下：

```
In []: ser_obj1 = sorted_obj['一本分数线','文科']
       ser_obj1[2022] - ser_obj1[2021]
Out[]: -15
In []: ser_obj2 = sorted_obj['一本分数线','理科']
       ser_obj2[2022] - ser_obj2[2021]
Out[]: 6
```

```
In []: ser_obj3 = sorted_obj['二本分数线','文科']
       ser_obj3[2022] - ser_obj3[2021]
Out[]: -6
In []: ser_obj4 = sorted_obj['二本分数线','理科']
       ser_obj4[2022] - ser_obj4[2021]
Out[]: 3
```

从上述结果中可以看出，2022 年一本文科的录取分数线比 2021 年少 15 分，一本理科的录取分数线比 2021 年多 6 分，2022 年二本文科的录取分数线比 2021 年少 6 分，二本理科的录取分数线比 2021 年多 3 分。

（5）接着完成第三个分析目标。要想知道 2008 ～ 2022 年这十五年的平均录取分数，可以使用 describe() 函数查看每列的平均数，具体代码如下。

```
In []: sorted_obj.describe()
Out[]:        一本分数线                二本分数线
              文科         理科         文科         理科
       count   15.000000   15.000000   15.000000   15.000000
       mean   526.933333  489.933333  463.133333  426.933333
       std     23.435220   37.501365   41.248146   56.623401
       min    484.000000  443.000000  400.000000  341.000000
       25%    510.500000  459.500000  431.500000  380.000000
       50%    518.000000  480.000000  467.000000  435.000000
       75%    545.500000  522.000000  495.000000  474.500000
       max    559.000000  556.000000  520.000000  500.000000
```

从上述结果中可以看出，2008 ～ 2022 年一本文科的平均录取分数约为 527 分，理科的平均录取分数约为 490 分，二本文科的平均录取分数约为 463 分，理科的平均录取分数约为 427 分。

小　结

本章主要介绍了数据分析库 pandas 的基础知识，包括数据结构、索引和切片操作、读写数据、数据排序、算术运算与数据对齐、统计计算与描述、分层索引操作等，通过本章的学习，大家可以掌握 pandas 的基础知识。

习　题

一、填空题

1. pandas 中主要有 Series 和________两种数据结构。
2. Series 结构由________和________组成。
3. ________采用行列的形式组织数据。
4. ________函数用于从 CSV 或 TXT 文件中读取数据。
5. ________是在一个轴方向上具有两层或两层以上的索引。

二、判断题

1. DataFrame 的每列数据都可以看作一个 Series 类的对象。 （　　）
2. 使用 describe() 方法会输出多个统计指标。 （　　）
3. from_arrays() 方法是将元组列表转换为 MultiIndex 类的对象。 （　　）
4. read_csv() 和 read_table() 函数没有任何区别，可以随意替换使用。 （　　）
5. Series 类的对象不能有分层索引。 （　　）

三、选择题

1. 下列关于 Series 和 DataFrame 的描述中错误的是（　　）。

   A. Series 是一维的数据结构　　B. DataFrame 是二维的数据结构

   C. Series 既有行索引又有列索引　　D. Series 和 DataFrame 都可以重置索引

2. 下列关于索引对象的描述中错误的是（　　）。

   A. 位置索引或标签索引都属于 Index 类的对象

   B. 索引对象一旦创建是不可以被修改的

   C. 索引对象的值是可以重复的

   D. Series 和 DataFrame 默认的索引是标签索引

3. 下列方法中，用于根据元组创建 MultiIndex 类对象的是（　　）。

   A. from_tuples()　　B. from_arrays()　　C. from_product()　　D. from_list()

4. 下列选项中，可以一次性输出 DataFrame 类对象的多个统计指标的方法是（　　）。

   A. describe()　　B. mean()　　C. median()　　D. sum()

5. 请阅读下面一段程序：

```
import pandas as pd
ser_obj = pd.Series(range(1, 6), index=[5, 3, 0, 4, 2])
ser_obj.sort_index()
```

执行上述程序后，最终输出的结果为（　　）。

A.		B.		C.		D.	
5	1	0	3	5	1	2	5
3	2	2	5	4	4	4	4
0	3	3	2	3	2	0	3
4	4	4	4	2	5	3	2
2	5	5	1	0	3	5	1

四、简答题

1. 简述 Series 和 DataFrame 的特点。
2. 简述分层索引。

五、编程题

现有如图 3-14 所示的数据，请根据数据完成以下操作：

1. 根据图 3-14 数据的结构创建一个 DataFrame 类的对象。
2. 以 B 列为准，降序排列 DataFrame 类对象的数据。
3. 将排序后的数据写入到 write_data.csv 文件。

	A	B	C	D
0	1	5	8	8
1	2	2	4	9
2	7	4	2	3
3	3	0	5	2

图 3-14　数据示例

第4章 数据预处理

学习目标

- ◆ 掌握缺失值的检测方式，能够通过 isnull() 和 notnull() 函数检测数据中是否存在缺失值
- ◆ 掌握缺失值的处理方式，能够通过 dropna() 或 fillna() 方法删除缺失值或填充缺失值
- ◆ 掌握重复值的检测方式，能够通过 duplicated() 方法检测数据中是否存在重复值
- ◆ 掌握重复值的处理方式，能够通过 drop_duplicates() 方法删除重复值
- ◆ 熟悉异常值的检测方式，能够通过 3σ 原则和箱形图检测数据中是否存在异常值
- ◆ 掌握异常值的处理方式，能够通过 replace() 方法替换数据中的异常值
- ◆ 熟悉数据类型的转换方式，能够通过 astype() 方法或 to_numberic() 函数转换数据类型
- ◆ 掌握数据合并的相关操作，能够根据需求选择适合的方案实现数据合并操作
- ◆ 掌握数据重塑的相关操作，能够根据需求选择适合的方案实现数据重塑操作
- ◆ 掌握数据转换的相关操作，能够根据需求选择适合的方案实现数据转换操作

在数据分析工作前期收集的数据或多或少会存在着一些瑕疵或不足，比如数据缺失、重复、格式不统一等，因此在分析数据之前需要先对数据进行预处理，包括数据清洗、数据合并、数据重塑和数据转换。为了处理这些数据，pandas 提供了很多用于数据预处理的函数与方法。接下来，本章将针对 pandas 中数据预处理的内容进行详细地讲解。

4.1 数据清洗

数据清洗是一项复杂且繁琐的工作，同时也是数据分析过程中最为重要的环节，它主要通过一些处理方法将脏数据清洗“干净”，使数据具有完整性、唯一性、权威性、合法性、一致性等特点，提高数据的质量。脏数据在这里指的是对实际业务没有实际意义、格式非法、不在指定范围内的数据，包括缺失值、重复值、异常值等，本节将针对缺失值、重复值、异常值的检测与处理，以及数据类型的转换等内容进行详细地介绍。

4.1.1　缺失值的检测

缺失值是指数据集中某个或某些属性的值是不完整的，产生的原因主要有收集数据的机器故障、人为失误或者有意隐瞒等，例如，用户参与问卷调查时因为顾虑个人信息安全没有填写手机号、年龄等信息。在 pandas 中，缺失值一般使用 None 或 np.nan 表示，统一标记为 NaN。

为了帮助用户检测数据中是否包含缺失值，pandas 中提供了两个函数，分别是 isnull() 和 notnull()，它们会接收一个 Series 类或 DataFrame 类的对象，返回一个跟原对象形状相同的新对象，新对象中的数据都是表示检测结果的布尔值，其中 isnull() 函数会在检测到缺失值的位置标记 True，其他位置标记为 False；notnull() 函数会在检测到缺失值的位置标记 False，其他位置标记为 True。

接下来，通过一段示例代码来演示如何通过 isnull() 函数检测数据中是否包含缺失值，具体代码如下：

```
In []: import pandas as pd
       import numpy as np
       df_na = pd.DataFrame({'Num1':[1, 2, None, 4],
                             'Num2':[5, 6, 7, 8],
                             'Num3':[9, 10, 11, 12],
                             'Num4':[13, 14, np.NaN, np.NaN]})
       df_na
Out[]:    Num1  Num2  Num3  Num4
       0   1.0     5     9  13.0
       1   2.0     6    10  14.0
       2   NaN     7    11   NaN
       3   4.0     8    12   NaN
In []: pd.isnull(df_na)          # 检测数据中是否包含缺失值
Out[]:     Num1   Num2   Num3   Num4
       0  False  False  False  False
       1  False  False  False  False
       2   True  False  False   True
       3  False  False  False   True
```

上述代码中，首先创建了一个 DataFrame 类的对象 df_na，该对象中 Num1 列有一个值为 NaN，Num4 列有两个值为 NaN，然后调用 isnull() 函数检测 df_na 中是否包含缺失值。

观察上述第一个结果可知，df_na 对象中 Num1 列有一个 NaN 值，Num4 列有两个 NaN 值；观察第二个结果可知，程序返回了一个跟 df_na 对象形状相同的新对象，新对象中 True 对应 NaN 所在的位置，说明原对象中该位置的值是缺失值；False 对应其他数据所在的位置，说明原对象中该位置的值不是缺失值。

接下来，通过 notnull() 函数检测 df_na 对象的数据是否为非缺失值，具体代码如下：

```
In []: pd.notnull(df_na)         # 检测数据中是否为非缺失值
Out[]:    Num1  Num2  Num3   Num4
       0  True  True  True   True
       1  True  True  True   True
       2 False  True  True  False
       3  True  True  True  False
```

从上述结果中可以看出，程序返回了一个跟 df_na 对象形状相同的新对象，新对象中 False 对应 NaN 所在的位置，说明原对象中该位置的值是缺失值；True 对应其他数据所在的位置，说明原对象中该位置的值不是缺失值。

如果想了解 DataFrame 类的对象中缺失值的数量和占比情况，那么可以自定义一个函数。例如，定义一个 missing_values_table() 函数，之后通过该函数统计 df_na 对象中每列包含多少个缺失值，每列缺失值的占比情况，具体代码如下：

```
In []: def missing_values_table(df):
           # 计算每列包含缺失值的数量
           mis_val = df.isnull().sum()
           # 计算所有列缺失值比例
           mis_val_percent = df.isnull().sum() / len(df) * 100
           # 将数量和比例组合成 DataFrame 类的对象
           mis_val_table = pd.DataFrame({'数量':mis_val,
                                         '占比(%)':mis_val_percent})
           # 按照缺失值的数量降序排列
           mis_val_table_sorted = mis_val_table.sort_values('数量',
                                      ascending=False)
           return mis_val_table_sorted
       missing_values_table(df_na)    # 统计缺失值的数量和占比情况
Out[]:       数量   占比(%)
       Num4  2     50.0
       Num1  1     25.0
       Num2  0     0.0
       Num3  0     0.0
```

从上述结果中可以看出，Num4 列总共有两个缺失值，占比是 50.0%；Num1 列有一个缺失值，占比是 25.0%；Num2 和 Num3 列没有缺失值。

4.1.2 缺失值的处理

缺失值会影响数据的完整性和准确性，使得分析结果产生偏差或无法得出可靠的结论。因此，在进行数据分析之前，通常需要对缺失值进行处理，常见的处理方式包括删除缺失值和填充缺失值，关于它们的介绍如下。

1. 删除缺失值

pandas 中提供了删除缺失值的方法 dropna()，该方法会删除包含缺失值的一行或一列数据，并返回一个删除缺失值后的对象。以 DataFrame 类的方法为例，dropna() 方法的语法格式如下：

```
dropna(axis=0, how='any', thresh=None, subset=None, inplace=False)
```

dropna() 方法中部分参数表示的含义如下：

（1）axis：用于确定删除行或列，取值可以为 0 或 index、1 或 columns，其中 0 或 index 表示删除包含缺失值的行，1 或 'columns' 表示删除包含缺失值的列，默认值为 0。

（2）how：表示删除缺失值的方式，该参数支持 any 和 how 两种取值，其中 any 为默认值，表示有 NaN 时便删除整行或整列；all 表示只有所有值为 NaN 值时才删除整行或整列。

（3）thresh：表示保留至少有 N 个非 NaN 值的行或列。如果 N 的值是 2，当删除缺失值时只要一行或一列数据中有两个或两个以上非 NaN 值，就会保留该行或该列。

为了帮助大家更好地理解 dropna() 方法的基本用法，接下来，通过几个示例来演示如何从 DataFrame 类的对象中删除缺失值。假设删除 4.1.1 小节 df_na 对象中包含缺失值的多行数据，删除前后的效果如图 4-1 所示。

df_na

	Num1	Num2	Num3	Num4
0	1.0	5	9	13.0
1	2.0	6	10	14.0
2	NaN	7	11	NaN
3	4.0	8	12	NaN

删除缺失值 →

result

	Num1	Num2	Num3	Num4
0	1.0	5	9	13.0
1	2.0	6	10	14.0

图 4-1　删除缺失值前后的效果

由图 4-1 可知，df_na 对象经过删除操作后生成了一个新的对象 result，该对象中只保留了没有缺失值的两行数据。下面通过代码来实现图 4-1 的效果，具体代码如下：

```
In []: df_na.dropna()                    # 删除包含缺失值的行
Out[]:    Num1  Num2  Num3  Num4
       0   1.0     5     9  13.0
       1   2.0     6    10  14.0
```

如果想要保留只有 1 个缺失值的一行数据，那么可以在调用 dropna() 方法删除缺失值时传入 thresh 参数，通过该参数指定非缺失值的数量最少是 3 个，示例代码如下：

```
In []: df_na.dropna(thresh=3)            # 删除包含缺失值的行，并指定非缺失值的数量
Out[]:    Num1  Num2  Num3  Num4
       0   1.0     5     9  13.0
       1   2.0     6    10  14.0
       3   4.0     8    12   NaN
```

对比上次的结果可知，程序返回的对象中多了一行数据，这一行数据里面有 3 个非缺失值。

2. 填充缺失值

pandas 中提供了填充缺失值的方法 fillna()，fillna() 方法既可以使用指定的值填充，也可以使用缺失值前面或后面的有效值填充。以 DataFrame 类的方法为例，fillna() 方法的语法格式如下：

```
fillna(value=None, method=None, axis=None, inplace=False, limit=None,
       downcast=None)
```

fillna() 方法中部分参数表示的含义如下：

（1）value：用于填充的值，可以是标量、字典、Series 类或 DataFrame 类的对象。

（2）method：表示填充方式，默认值为 None，该参数还支持 pad、ffill、backfill 和 bfill 这几种取值，其中 pad 或 ffill 表示前向填充，也就是说用缺失值前面的有效值填充；backfill 或 bfill 表示后向填充，也就是用缺失值后面的有效值填充。注意，method 参数不能与 value 参数同时使用。

（3）limit：可以连续填充的最大数量。

为了帮助大家更好地理解 fillna() 方法的用法，接下来，通过几个示例演示如何通过

fillna() 方法填充缺失值。假设现在使用常量 66.0 填充 4.1.1 小节 df_na 对象中的缺失值，填充前后的效果如图 4-2 所示。

df_na

	Num1	Num2	Num3	Num4
0	1.0	5	9	13.0
1	2.0	6	10	14.0
2	NaN	7	11	NaN
3	4.0	8	12	NaN

填充缺失值 →

result

	Num1	Num2	Num3	Num4
0	1.0	5	9	13.0
1	2.0	6	10	14.0
2	66.0	7	11	66.0
3	4.0	8	12	66.0

图 4-2 填充常量的效果

由图 4-2 可知，df_na 对象经过填充后生成了一个新的对象 result，该对象中原先 NaN 值所在的位置全部变成了 66.0。下面通过代码来实现图 4-2 的效果，具体代码如下：

```
In []: import pandas as pd
       import numpy as np
       df_na = pd.DataFrame({'Num1':[1, 2, None, 4],
                             'Num2':[5, 6, 7, 8],
                             'Num3':[9, 10, 11, 12],
                             'Num4':[13, 14, np.NaN, np.NaN]})
       df_na
Out[]:     Num1  Num2  Num3  Num4
       0    1.0     5     9  13.0
       1    2.0     6    10  14.0
       2    NaN     7    11   NaN
       3    4.0     8    12   NaN
In []: df_na.fillna(value=66.0)    # 使用常量 66.0 填充缺失值
Out[]:     Num1  Num2  Num3  Num4
       0    1.0     5     9  13.0
       1    2.0     6    10  14.0
       2   66.0     7    11  66.0
       3    4.0     8    12  66.0
```

通过比较两个结果可以看出，所有的 NaN 值都变成了 66.0。

如果希望给每列的缺失值填充不同的值，例如，使用 Num1 列的平均数 2.3 填充该列的缺失值，使用 Num4 列的平均数 13.5 填充该列的缺失值，填充前后的效果如图 4-3 所示。

df_na

	Num1	Num2	Num3	Num4
0	1.0	5	9	13.0
1	2.0	6	10	14.0
2	NaN	7	11	NaN
3	4.0	8	12	NaN

填充缺失值 →

result

	Num1	Num2	Num3	Num4
0	1.0	5	9	13.0
1	2.0	6	10	14.0
2	2.3	7	11	13.5
3	4.0	8	12	13.5

图 4-3 填充指定列的效果

此时需要在调用 fillna() 方法填充缺失值时传入一个字典给 value 参数，其中字典的键为列索引，字典的值为待替换的值，实现填充指定列的缺失值的效果，示例代码如下：

```
In [ ]: # 计算Num1列的平均数，并保留一位小数
        mean_num1 = round(df_na['Num1'].mean(), 1)
        mean_num1
Out[ ]: 2.3
In [ ]: # 计算Num4列的平均数，并保留一位小数
        mean_num4 = round(df_na['Num4'].mean(), 1)
        mean_num4
Out[ ]: 13.5
In [ ]: # 给指定的列填充平均数
        df_na.fillna(value={'Num1':mean_num1, 'Num4':mean_num4})
Out[ ]:    Num1  Num2  Num3  Num4
        0   1.0     5     9  13.0
        1   2.0     6    10  14.0
        2   2.3     7    11  13.5
        3   4.0     8    12  13.5
```

如果希望使用缺失值相邻的值填充缺失值，例如，使用 Num1 列中缺失值前面的值 2.0 填充该列的缺失值，使用 Num4 列中缺失值前面的值 14.0 填充该列的缺失值，填充前后的效果如图 4-4 所示。

df_na

	Num1	Num2	Num3	Num4
0	1.0	5	9	13.0
1	2.0	6	10	14.0
2	NaN	7	11	NaN
3	4.0	8	12	NaN

填充缺失值 →

result

	Num1	Num2	Num3	Num4
0	1.0	5	9	13.0
1	2.0	6	10	14.0
2	2.0	7	11	14.0
3	4.0	8	12	14.0

图 4-4　前向填充的效果

此时需要在调用 fillna() 方法时给 method 参数传入值 ffill，指定填充方式为前向填充，实现前向填充缺失值的效果，示例代码如下：

```
In [ ]: df_na.fillna(method='ffill')          # 采用前向填充的方式填充缺失值
Out[ ]:    Num1  Num2  Num3  Num4
        0   1.0     5     9  13.0
        1   2.0     6    10  14.0
        2   2.0     7    11  14.0
        3   4.0     8    12  14.0
```

需要注意的是，当采用前向填充或后向填充的方式给 DataFrame 类的对象填充缺失值时，如果缺失值的前面或后面没有任何有效值，则它们不会被填充。例如，采用后向填充的方式给 df_na 对象填充缺失值，具体代码如下：

```
In [ ]: df_na.fillna(method='bfill')        # 采用后向填充的方式填充缺失值
Out[ ]:    Num1  Num2  Num3  Num4
        0   1.0     5     9  13.0
        1   2.0     6    10  14.0
        2   4.0     7    11   NaN
        3   4.0     8    12   NaN
```

从上述结果中可以看出，由于 Num4 列中缺失值的后面没有其他的有效值，所以该列的缺失值没有被填充，仍然是 NaN。

4.1.3 重复值的检测

重复值是指数据集中某个或某些记录是完全相同的，产生的原因主要有机械故障或人工重复录入。pandas 中提供了一个检测重复值的方法 duplicated()，该方法默认情况下会对所有数据进行检测，检测的标准为：只要一行数据与其他行数据的所有值是完全相同的，就会将其他行数据判定为重复值，并标记为 True，非重复值标记为 False。以 DataFrame 类的方法为例，duplicated() 方法的语法格式如下：

```
duplicated(subset=None, keep='first')
```

duplicated() 方法中参数表示的含义如下：

（1）subset：用于指定检测重复值的列索引或列索引序列，默认检测所有列。

（2）keep：用于确定标记哪一行是重复值，该参数的取值可以为 first（默认值）、last 或 False，其中 first 表示保留第一次出现重复值的行，其余出现重复值的行会被标记；last 表示保留最后一次出现重复值的行，其余出现重复值的行会被标记；False 表示标记所有出现重复值的行。

duplicated() 方法检测完成后，会返回一个 Series 类的对象，该对象中的索引对应被检测对象的行索引，数据是表示检测结果的布尔值，其中 True 代表重复值，False 代表非重复值。

接下来，通过代码演示如何使用 duplicated() 方法检测重复值，具体如下：

```
In []: import pandas as pd
       person_info = pd.DataFrame({'name':['张三', '李四', '王五',
                                    '赵六', '赵六', '孙七'],
                  'age': [24, 23, 29, 22, 22, 27],
                  'height': [162, 165, 175, 175, 175, 180],
                  'gender': ['女', '女', '男', '男', '男', '男']})
       person_info
Out[]:      name  age  height  gender
       0    张三   24   162      女
       1    李四   23   165      女
       2    王五   29   175      男
       3    赵六   22   175      男
       4    赵六   22   175      男
       5    孙七   27   180      男
In []: # 检测重复值，保留第一次出现的行，标记再次出现的其他行为重复值
       person_info.duplicated()
Out[]: 0     False
       1     False
       2     False
       3     False
       4      True
       5     False
       dtype: bool
```

从上述第一个结果可以看出，程序输出了一个 6 行 4 列的 DataFrame 类的对象，该对象中

行索引为 3 和 4 的两行数据是完全相同的。从第二个结果可以看出，程序返回了一个 Series 类的对象，该对象中索引为 4 的数据是 True，说明 person_info 对象中行索引 4 对应的一行数据是重复值。

4.1.4　重复值的处理

在数据分析中，重复值会影响分析结果的准确性，一般情况下需要进行删除，这样可以保证数据中保留唯一的数据记录。pandas 中提供了删除重复值的方法 drop_duplicates()，该方法的语法格式如下：

```
drop_duplicates(subset=None, keep='first', inplace=False,ignore_index=False)
```

drop_duplicates() 方法中，inplace 参数接收一个布尔类型的值，表示是否替换原来的数据，默认值为 False；ignore_index 参数表示是否重新分配索引，默认值为 False。其他参数与 duplicated() 方法中的参数含义相同，此处不再赘述。

例如，使用 drop_duplicates() 方法删除 4.1.3 节中 person_info 对象中的重复值，示例代码如下：

```
In []: person_info.drop_duplicates()    # 删除重复值
Out[]:     name   age   height   gender
       0   张三   24      162        女
       1   李四   23      165        女
       2   王五   29      175        男
       3   赵六   22      175        男
       5   孙七   27      180        男
```

从上述结果中可以看出，姓名为“赵六”的数据只有一行，说明通过 drop_duplicates() 方法成功地删除了重复值。

4.1.5　异常值的检测

异常值是指数据集中的个别值明显偏离它所属数据集的其余值，这些数值是不合理的或错误的。例如，人的年龄是 200 岁，身高是 5 米，商品的总数量是负数等。如果想确认一组数据中是否有异常值，常见的检测方法有 3σ 原则和箱形图，其中 3σ 原则只适用于符合或近似正态分布的数据集，而箱形图没有什么严格的要求，可以检测任意的数据集，下面分别对这两种检测方法进行介绍。

1. 通过 3σ 原则检测异常值

3σ 原则，又称为拉依达原则，它是指先假设一组检测数据只含有随机误差，对这组数据进行计算处理得到标准偏差，按一定概率确定一个区间。3σ 原则在各个区间所占的概率情况具体如下。

（1）数值分布在（$\mu-\sigma,\mu+\sigma$) 中的概率为 0.682。

（2）数值分布在（$\mu-2\sigma,\mu+2\sigma$) 中的概率为 0.954。

（3）数值分布在（$\mu-3\sigma,\mu+3\sigma$) 中的概率为 0.997。

由此可知，数值几乎全部集中在（$\mu-3\sigma,\mu+3\sigma$) 内，超出这个区间的可能性仅占不到 0.3%。因此，凡是误差超过这个区间的数值就认为是异常值。

pandas 中并没有直接提供基于 3σ 原则检测的方法，可以根据 3σ 原则定义一个函数，用来检测一组数据中是否有异常值，具体代码如下：

```
In []: import numpy as np
       import pandas as pd
       def three_sigma(ser):
           """
           :param ser: 被检测的数据，接收 DataFrame 类的对象的一列数据
           :return: 异常值及其对应的行索引
           """
           # 计算平均值
           mean_data = ser.mean()
           # 计算标准差
           std_data = ser.std()
           # 小于μ-3σ或大于μ+3σ的数值均为异常值
           rule = (mean_data-3*std_data>ser) | (mean_data+3*std_data<ser)
           # 返回异常值的行索引
           index = np.arange(ser.shape[0])[rule]
           # 获取异常值
           outliers = ser.iloc[index]
           return outliers
```

接下来，通过一个示例演示如何使用上面的检测函数检测异常值。首先，我们准备了一套符合正态分布的包含异常值的数据，将其保存在 outlier_data.csv 文件中，这里使用 read_csv() 函数从该文件中读取数据，具体代码如下：

```
In []: import pandas as pd
       df_obj = pd.read_csv(r'outlier_data.csv')
       df_obj
Out[]:     A  B
       0   1  2
       1   2  3
       2   3  8
       3   4  5
       4   5  6
       5   6  7
       6  30  8
       7   3  9
       8   3  0
       9   4  3
       10  5  4
       11  3  5
       12  2  6
       13  4  7
       14  5  2
       15 23  4
       16  2  5
       17  5  6
       18  3  4
```

从上述结果中可以看出，6 行 A 列的值为 30，15 行 A 列的值为 23，它们相比其他值要大很多，很有可能是异常值。

然后，检测 df 对象中的 A 列数据是否有异常值，示例代码如下：

```
In []: three_sigma(df_obj['A'])
Out[]: 6    30
       Name: A, dtype: int64
```

从上述结果中可以看出，程序输出了索引 6 对应的值，说明 30 是一个异常值。

最后，检测 df 对象中的 B 列数据是否有异常值，示例代码如下：

```
In []: three_sigma(df_obj['B'])
Out[]: Series([], Name: B, dtype: int64)
```

从上述结果中可以看出，程序输出了一个空的 Series 类的对象，说明 B 列数据中没有异常值。

2. 通过箱形图检测异常值

箱形图是一种用于显示一组数据分散情况的统计图，它通过 5 个数据节点描述按照从大到小的顺序排列的一组数据，这 5 个数据节点分别是上界（除异常值以外的最大值）、上四分位数（居于四分之三位置的值）、中位数（居于中间位置的值）、下四分位数（居于四分之一位置的值）、下界（除异常值以外的最小值），此外还可以展示异常值。箱形图的基本结构如图 4-5 所示。

在图 4-5 中，Q3 表示上四分位数，说明一组数据中有四分之一的值比它大；Q1 表示下四分位数，说明一组数据中有四分之一的值比它小；空心圆点表示异常值，该值的范围一般是小于 Q1−1.5IQR（四分位数间距，也就是上四分位数 Q3 与下四分位数 Q1 之差）或大于 Q3 + 1.5IQR。

pandas 中提供了一个 boxplot() 方法，该方法会根据一组数据绘制箱形图，便于用户从箱形图中查看数据中是否有异常值。例如，读取 example_data.csv 文件的数据，并根据这些数据绘制一个箱形图，示例代码如下：

```
In []: df_obj = pd.read_csv(r'example_data.csv')
       df_obj.boxplot(column=['A', 'B'])    # 绘制箱形图
Out[]: <AxesSubplot:>
```

运行代码后的效果如图 4-6 所示。

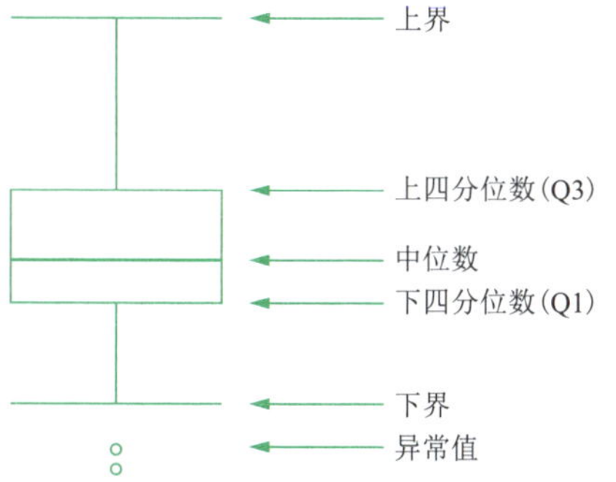

图 4-5　箱形图的基本结构

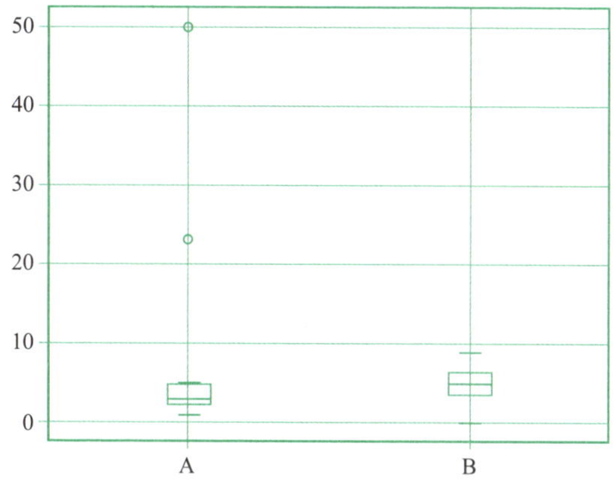

图 4-6　运行结果图

在图 4-6 中，左侧的箱形展示了 A 列数据的分散情况，右侧的箱形展示了 B 列数据的分散情况，其中左侧箱形的上方有两个空心圆点，这两个空心圆点就是异常值。

如果想进一步知道异常值的位置，可以自定义一个函数，在该函数中根据箱形图识别异常值的规则进行判断，即只要一组数据中的值小于 Q1-1.5IQR 或者大于 Q3 + 1.5IQR，就判断这个值是异常值。例如，定义一个获取异常值位置的函数，并通过该函数获取 df_obj 的异常值及其对应的索引，具体代码如下：

```
In []: import numpy as np
       def box_outliers(ser):
           # 对待检测的数据集进行排序
           new_ser = ser.sort_values()
           # 判断数据的总数量是奇数还是偶数
           if new_ser.count() % 2 == 0:
               # 计算 Q3、Q1、IQR
               Q3 = new_ser[int(len(new_ser) / 2):].median()
               Q1 = new_ser[:int(len(new_ser) / 2)].median()
           elif new_ser.count() % 2 != 0:
               Q3 = new_ser[int((len(new_ser)-1) / 2):].median()
               Q1 = new_ser[:int((len(new_ser)-1) / 2)].median()
           IQR = round(Q3 - Q1, 1)
           rule = (round(Q3+1.5*IQR, 1) < ser)|(round(Q1-1.5*IQR, 1) > ser)
           index = np.arange(ser.shape[0])[rule]
           # 获取异常值及其索引
           outliers = ser.iloc[index]
           return outliers
       box_outliers(df_obj['A'])
Out[]: 5     50
       15    23
       Name: A, dtype: int64
```

在上述代码中，box_outliers() 函数用于获取异常值的位置，该函数中首先调用 sort_values() 方法对待检测的数据集进行排序，然后通过 if-else 语句区分了数据集总数量是奇数或偶数的两种情况：若数据的总数量为偶数，则数据集被中位数划分为个数相等的两组数，每组有 n/2 个数，其中第一组数的中位数为 Q1，第二组数的中位数为 Q3；若数据的总数量为奇数，则数据集被中位数划分为个数相等的两组数，每组有 (n-1)/2 个数，其中第一组数的中数为 Q1，第二组数的中数为 Q3。

4.1.6 异常值的处理

异常值被检测出来之后，需要进一步确认是否为真正的异常值，等确认完以后再根据实际情况选择合适的方法进行解决。如果是异常值，通常情况下会使用指定的值或根据一些算法计算的值替换异常值。pandas 中提供了用于替换值的方法 replace()，该方法不仅可以对单个值进行替换，还可以对多个值进行批量替换。replace() 方法的语法格式如下：

```
replace(to_replace=None, value=NoDefault.no_default, inplace=False, limit=None,
        regex=False, method=NoDefault.no_default)
```

replace() 方法中部分参数表示的含义如下：

（1）to_replace：表示被替换的值。

（2）value：表示替换后的值。

（3）inplace：表示是否修改原数据。若设为 True，则表示直接修改原数据；若设为 False，则表示生成原数据的副本，并在副本上进行修改。

（4）method：表示替换的方式，默认值为 NoDefault.no_default，表示替换过程中没有提供替换方式。该参数还支持取值 pad、ffill 和 bfill，其中 pad 和 ffill 表示向前填充，bfill 表示向后填充。

例如，使用 replace() 方法替换 4.1.5 节中 df_obj 对象包含的一个异常值，具体代码如下：

```
In []: df_obj.replace(to_replace=23, value=3)    # 替换一个异常值
Out[]:     A  B
       0   1  2
       1   2  3
       2   3  8
       3   4  5
       4   5  6
       5  50  7
       ...  ...
       15  3  4
       16  2  5
       17  5  6
       18  3  4
```

从上述结果中可以看出，15 行 A 列的值由 23 变成了 3，说明成功替换了异常值。

如果希望同时替换数据中的多个异常值，那么可以在调用 replace() 方法替换异常值时给 to_replace 和 value 参数分别传入一个列表，列表中分别存放了多个要被替换的异常值和替换的新值，它们的长度必须相同。例如，使用 replace() 方法替换 4.1.5 节中 df_obj 对象的多个值，具体代码如下：

```
In []: df_obj.replace(to_replace=[23, 50], value=[3, 2])    # 替换多个异常值
Out[]:     A  B
       0   1  2
       1   2  3
       2   3  8
       3   4  5
       4   5  6
       5   2  7
       ...  ...
       15  3  4
       16  2  5
       17  5  6
       18  3  4
```

从上述结果中可以看出，5 行 A 列的值由 50 变成了 2，15 行 A 列的值由 23 变成了 3，说明程序成功替换了多个异常值。

4.1.7 转换数据类型

在清洗数据时，可能会遇到更改数据类型的情况。例如，某公司要统计当月平均交易金额，但记录信息的表格里面交易金额一列的数据带有符号“¥”，它们其实都是字符串类型的，无法直接参与统计运算，这时就需要先把交易金额数据里面的符号“¥”去掉，再把剩余的数字由字符串类型转换成浮点型。某公司记录的用户信息如图 4-7 所示。

编号	姓名	性别	交易金额	交易日期
JA001	张三	女	¥2999.99	2022/1/5
JA002	李四	男	¥3999.99	2022/1/15
JA003	王五	女	¥1888.99	2022/1/18
JA004	赵六	男	¥999.00	2022/1/22
JA005	孙七	女	¥2482.18	2022/1/30

图 4-7　某公司记录的用户信息

为解决上述问题，pandas 中提供了用于转换数据类型的 astype() 方法和 to_numberic() 函数，关于它们的介绍如下。

1．通过 astype() 方法转换数据的类型

通过 astype() 方法可以强制转换数据的类型，其语法格式如下：

```
astype(dtype, copy = True, errors ='raise', ** kwargs )
```

astype() 方法中部分参数表示的含义如下：

（1）dtype：表示数据的类型。

（2）copy：是否建立副本，默认为 True。

（3）errors：异常采取的处理方式，可以取值为 raise 或 ignore。其中，raise 表示允许引发异常，ignore 表示抑制异常，默认为 raise。

接下来，通过一个示例来演示如何通过 astype() 方法转换数据的类型。

首先，创建一个 DataFrame 对象，并且使用 dtypes 属性查看数据的类型，具体代码如下：

```
In []: import pandas as pd
       df = pd.DataFrame({'A': ['1', '1.2', '4.2'],
                          'B': ['-9', '70', '88'],
                          'C': ['x', '5.0', '0']})
       df.dtypes
Out[]: A    object
       B    object
       C    object
       dtype: object
```

从上述结果中可以看出，所有列数据的类型均为 object。

然后，将 B 列数据的类型转换为 int 类型，实现对指定列的数据进行类型转换，示例代码如下：

```
In []: df['B'].astype(dtype='int')   # 强制转换为 int 类型
Out[]: 0    -9
       1    70
       2    88
       Name: B,  dtype:int32
```

从上述结果中可以看出，B 列的数据类型已经由 object 变成 int32。

需要注意的是，这里并没有对所有列的数据进行类型转换，之所以这样做主要是因为 C 列

中有非数字的字符，无法将该字符转换为 int 类型，若强制转换会导致程序出现 ValueError 异常。

2. 通过 to_numeric() 函数转换数据类型

to_numeric() 函数用于将字符串、混合类型等一些复杂类型的数据转换为数值类型的数据，并能够按照不同的参数配置灵活地处理这些复杂类型的数据。to_numeric() 函数的语法格式如下：

```
pandas.to_numeric(arg, errors='raise', downcast=None)
```

to_numeric() 函数中常用参数表示的含义如下：

（1）arg：表示要转换的数据，可以是列表、一维数组、Series 等。

（2）errors：表示异常采取的处理方式。该参数支持 ignore、raise（默认值）、coerce 三种取值，其中 ignore 表示无效解析时会忽略异常；raise 表示无效解析时会引发异常；coerce 表示无效解析时会将数值设置为 NaN。

（3）downcast：用于指定最终要转换的类型，该参数的取值可以是 integer、signed、unsigned、float、None。

为了让读者更好地理解，接下来，通过一个示例来演示如何使用 to_numeric() 函数转换数据，具体代码如下：

```
In []: import pandas as pd
       ser_obj = pd.Series(['1.5', '2.2', '3.8'])
       ser_obj
Out[]: 0    1.5
       1    2.2
       2    3.8
       dtype: object
In []: # 将 object 类型转换为 float 类型
       pd.to_numeric(ser_obj)
Out[]: 0    1.5
       1    2.2
       2    3.8
       dtype: float64
```

从上述结果中可以看出，ser_obj 对象的数据类型由 object 变成了 float64。

如果把 ser_obj 对象的最后一个值修改为字符串，那么此时使用 to_numeric() 函数按照默认的方式转换会导致程序出现报错，示例代码如下：

```
In []: ser_obj[2] = 'problem'
       pd.to_numeric(ser_obj)
Out[]: ……
       ValueError: Unable to parse string "problem" at position 2
```

如果不希望程序出现错误，可以在使用 to_numeric() 函数转换时给 errors 参数传入 ignore，以忽略非数字的值，示例代码如下：

```
In []: # 忽略非数字的值
       pd.to_numeric(ser_obj, errors='ignore')
```

```
Out[]: 0          1.5
       1          2.2
       2      problem
       dtype: object
```

还可以在使用 to_numeric() 函数转换时给 errors 参数传入 coerce，把非数字的值全部设置为 NaN，示例代码如下：

```
In  []: # 将非数字的值设置成 NaN
        pd.to_numeric(ser_obj, errors ='coerce')
Out[]: 0     1.5
       1     2.2
       2     NaN
       dtype: float64
```

需要注意的是，to_numeric() 函数是不能直接操作 DataFrame 对象的。

4.2 数据合并

在进行数据分析之前，数据往往来源于不同的地方，有的来自文件，有的来自数据库，这些数据被读取之后需要进行合并，方便用户统一进行相关的操作。为了帮助用户实现数据合并的功能，pandas 中提供了几种数据合并的方式，分别是堆叠合并、主键合并、根据索引合并、合并重叠数据。接下来，本节将针对数据合并的相关内容进行详细地讲解。

4.2.1 堆叠合并

堆叠合并指的是沿着某个轴的方向将两个或两个以上的对象按照一定的逻辑关系进行合并。pandas 中提供了一个用于堆叠合并的函数 concat()，该函数的语法格式如下：

```
    concat(objs, axis=0, join='outer', ignore_index=False, keys=None,
levels=None, names=None, verify_integrity=False, sort=False, copy=True)
```

concat() 函数中常用参数表示的含义如下：

（1）objs：表示要合并的多个对象，该参数接收包含 Series 或 DataFrame 对象的序列或字典。

（2）axis：表示堆叠的方向，取值可以是 0（默认值）或 index 和 1 或 columns，其中 0 和 index 表示纵向堆叠，1 和 columns 表示横向堆叠。

（3）join：表示连接的方式，取值可以是 inner 或 outer（默认值），其中 inner 表示内连接，即取所有对象共有的行索引或列索引（交集部分），没有数据的位置填充为 NaN；outer 表示外连接，即取所有对象全部的行索引或列索引（并集部分），没有数据的位置填充为 NaN。

（4）ignore_index：是否忽略索引，默认为 False。如果设置为 True，则会清除现有索引并重置索引。

下面以横向堆叠与外连接、纵向堆叠与内连接为例，为大家介绍如何使用 concat() 函数合并 DataFrame 类的对象，具体内容如下。

1. 横向堆叠与外连接

当使用 concat() 函数合并多个对象时，若 axis 参数的值是 1 或 columns，且 join 参数的值是 outer，则此时会采用横向堆叠与外连接的方式进行合并。假设现在有两个对象分别为 df1 与 df2，它们采用横向堆叠、外连接的方式合并后得到的结果是 result，具体效果如图 4-8 所示。

观察图 4-8 可知，result 由 df1 与 df2 左右堆叠而成，它的数据是 df1 与 df2 数据的并集，由于 df1 的 A 列、B 列、C 列只有 3 行数据，而 df2 的 C 列、D 列有 4 行数据，所以它们合并后得到的 result 里面 3 行 A 列、3 行 B 列、3 行 C 列的位置上没有数据，而是被填充了 NaN。

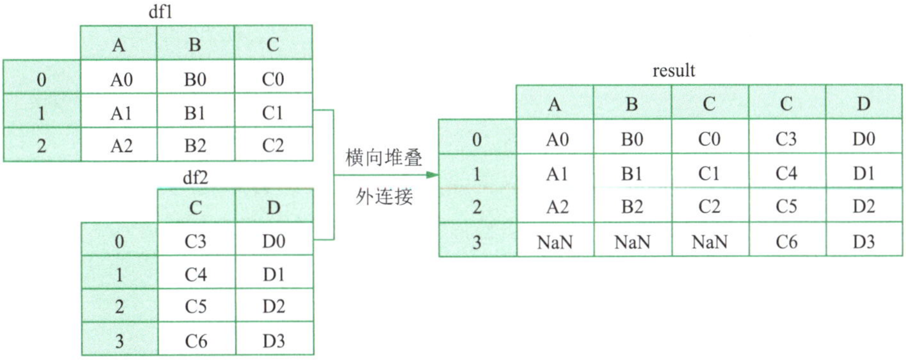

图 4-8　横向堆叠与外连接的效果

接下来，通过一个示例代码来演示如何使用 concat() 函数将 df1 和 df2 按照横向堆叠与外连接的方式进行合并，得到合并后的 result，具体代码如下：

```
In []: import pandas as pd
       df1 = pd.DataFrame({'A': ['A0', 'A1', 'A2'],
                           'B': ['B0', 'B1', 'B2'],
                           'C': ['C0', 'C1', 'C2']})
       df2 = pd.DataFrame({'C': ['C3', 'C4', 'C5', 'C6'],
                           'D': ['D0', 'D1', 'D2', 'D3']})
       # 采用横向堆叠、外连接的方式合并 df1 和 df2
       result = pd.concat([df1, df2], join='outer', axis=1)
       result
Out[]:     A    B    C   C   D
       0   A0   B0   C0  C3  D0
       1   A1   B1   C1  C4  D1
       2   A2   B2   C2  C5  D2
       3  NaN  NaN  NaN  C6  D3
```

在上述代码中，首先创建了两个 DataFrame 类的对象 df1 与 df2，然后调用 concat() 函数合并这两个对象，在该函数中，join 参数的值是 outer，说明连接的方式是外连接，axis 参数的值是 1，说明以横向堆叠的方式合并，最后把合并的结果赋值给变量 result。

从上述结果中可以看出，result 中前 3 列的数据来源于 df1，后 2 列的数据来源于 df2，没有数据的位置显示了 NaN。

2. 纵向堆叠与内连接

当使用 concat() 函数合并多个对象时，若 axis 参数的值是 0 或 index，且 join 参数的值是

inner，则此时会采用纵向堆叠与内连接的方式进行合并。假设现在有两个对象分别为 df1 与 df2，它们采用纵向堆叠、内连接的方式合并后得到的结果是 result，具体效果如图 4-9 所示。

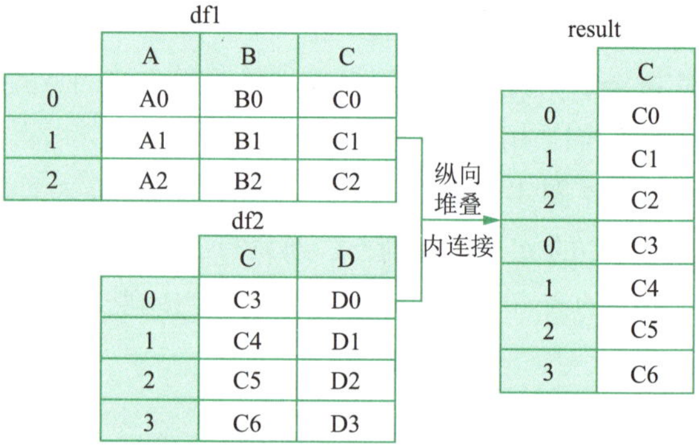

图 4-9　纵向堆叠与内连接的效果

观察图 4-9 可知，result 由 df1 与 df2 上下堆叠而成，它的数据是 df1 与 df2 数据的交集，由于 df1 与 df2 都有 C 列，所以它们合并后的得到的 result 中只有 C 列的数据。

接下来，通过一个示例代码来演示如何使用 concat() 函数将 df1 和 df2 按照纵向堆叠与内连接的方式进行合并，得到合并后的 result，具体代码如下：

```
In []: import pandas as pd
       df1 = pd.DataFrame({'A': ['A0', 'A1', 'A2'],
                           'B': ['B0', 'B1', 'B2'],
                           'C': ['C0', 'C1', 'C2']})
       df2 = pd.DataFrame({'C': ['C3', 'C4', 'C5', 'C6'],
                           'D': ['D0', 'D1', 'D2', 'D3']})
       # 采用纵向堆叠、内连接的方式合并 df1 和 df2
       result = pd.concat([df1, df2], join='inner', axis=0)
       result
Out[]:    C
       0  C0
       1  C1
       2  C2
       0  C3
       1  C4
       2  C5
       3  C6
```

在上述代码中，首先创建了两个 DataFrame 类的对象 df1 与 df2，然后调用 concat() 函数合并这两个对象，在该函数中 join 参数的值是 inner，说明连接的方式是内连接，axis 参数的值是 0，说明以纵向堆叠的方式合并，最后把合并的结果赋值给变量 result。

从上述结果中可以看出，result 中只有 C 这一列数据，前 3 行的数据来源于 df1，后 4 行的数据来源于 df2。

4.2.2　主键合并

主键合并类似于关系型数据库的主键查询操作，它指的是根据一个或多个键将两个对象进行合并，大多数情况下会将这两个对象中共有的列作为合并的键。pandas 中提供了一个用于主键合并的函数 merge()，该函数的语法格式如下：

```
merge(left, right, how='inner', on=None, left_on=None, right_on=None,
      left_index=False, right_index=False, sort=False,
      suffixes=('_x', '_y'), copy=True, indicator=False, validate=None)
```

merge() 函数中部分参数表示的含义如下：

（1）left：参与合并的 DataFrame 类的对象。

（2）right：参与合并的对象，可以是 DataFrame 类的对象或 Series 类的对象，其中 Series 类的对象必须有名称。

（3）how：表示合并方式，支持 inner（默认值）、outer、left、right、cross 共 5 种取值，其中 inner 代表基于 left 与 right 键的交集合并，类似于数据库的内连接操作；outer 代表基于 left 与 right 键的并集合并，类似于数据库的全外连接操作，left 代表基于 left 的键合并，类似于数据库的左外连接操作；right 代表基于 right 的键合并，类似于数据库的右外连接操作；cross 代表基于 left 与 right 创建的笛卡尔积合并。

（4）on：表示合并的键，可以是列索引或包含列索引的列表，列索引必须同时存在于 left 与 right 中。

（5）sort：是否排序，默认值为 False。

（6）suffixes：表示重名的列添加的后缀，默认值为 (_x, _ y)

（7）left_index：是否使用 left 的索引进行合并，默认值为 False。

（8）right_index：是否使用 right 的索引进行合并，默认值为 False。

接下来，通过一些示例来演示不同合并方式对应的主键合并效果。假设现在有两个对象 left 和 right，它们都有索引为 key 和 A 这两列数据，并且这两列里面有一部分数据是重叠的，若我们将 key 作为键，采用默认的内连接方式对 left 和 right 执行合并操作，具体效果如图 4-10 所示。

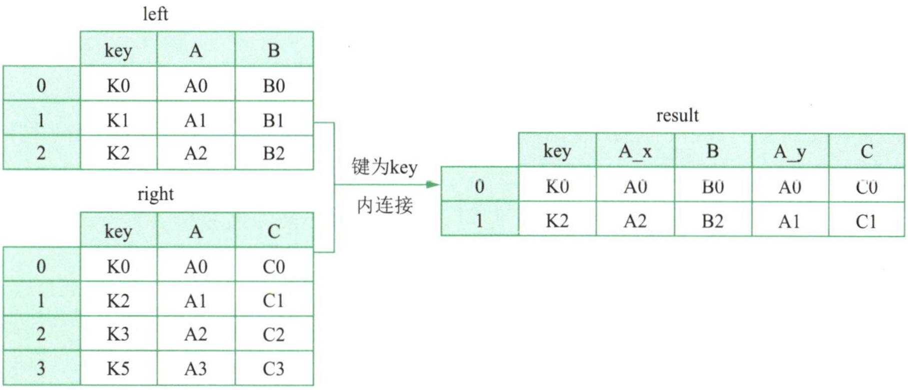

图 4-10 根据一个键合并的效果

观察图 4-10 可知，result 的 key 列保留了两个值 K0 和 K2，它们是 left 和 right 中的 key 列的交集部分，A_x 和 B 列的数据来源于 left 中与 key 列对应的数据，A_y 和 C 列的数据来源于 right 中与 key 列对应的数据。由于 left 和 right 中都有 A 列，为了避免合并后出现列重名问题，需要在列名的后面自动加上后缀进行区分。

下面通过代码实现图 4-10 的效果，具体代码如下：

```
In []: import pandas as pd
       left = pd.DataFrame({'key': ['K0', 'K1', 'K2'],
                            'A': ['A0', 'A1', 'A2'],
                            'B': ['B0', 'B1', 'B2']})
       right = pd.DataFrame({'key': ['K0', 'K2', 'K3', 'K5'],
                             'A': ['A0', 'A1', 'A2', 'A3'],
                             'C': ['C0', 'C1', 'C2', 'C3']})
       # 根据 key 列，采用内连接的方式合并 left 和 right
       result = pd.merge(left=left, right=right, on='key')
       result
Out[]:   key A_x  B A_y  C
       0  K0  A0 B0  A0 C0
       1  K2  A2 B2  A1 C1
```

除此之外，还可以将多列作为键，同时根据多个键合并对象。例如，将 key 和 A 作为合并的键，根据它们合并对象 left 和 right，具体效果如图 4-11 所示。

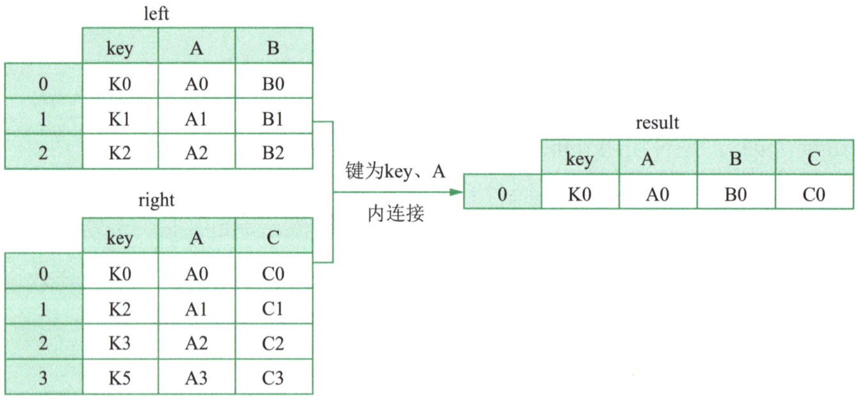

图 4-11 根据两个键合并的效果

观察图 4-11 可知，result 只有一行数据，这一行数据中 K0 和 A0 是 left 和 right 的 key 列和 A 列的交集部分。

若需要通过代码实现图 4-11 的效果，则可以在调用 merge() 函数合并两个对象时给 on 参数传入一个列表，该列表中保存了所有的键，具体代码如下：

```
In []: # 根据 key 列和 A 列，采用内连接的方式合并 left 和 right
       result = pd.merge(left=left, right=right, on=['key', 'A'])
       result
Out[]:   key  A  B  C
       0  K0 A0 B0 C0
```

除了通过默认内连接的方式合并两个对象之外，还可以通过全外连接的方式进行合并。当根据主键采用全外连接的方式合并两个对象时，会保留两个对象中键的并集所在的行，并使用 NaN 填充没有数据的位置。例如，把 key 列作为主键，采用全外连接的方式将 left 和 right 进行合并，效果如图 4-12 所示。

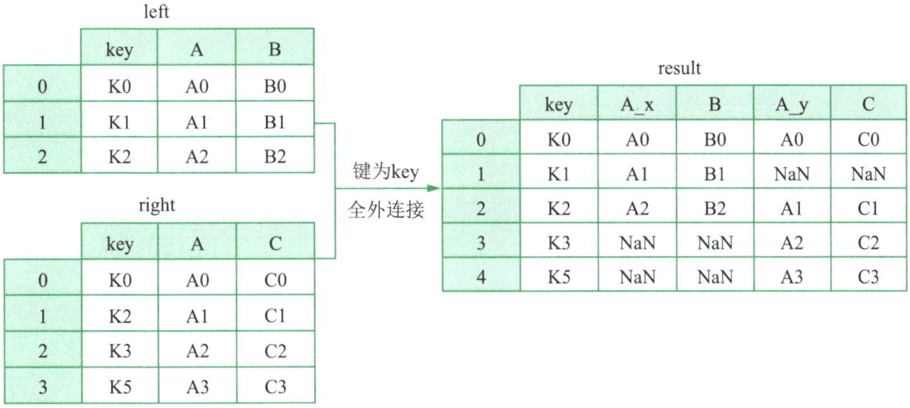

图 4-12　全外连接合并的效果

观察图 4-12 可知，result 的 key 列有五个值，这五个值是 left 和 right 的 kcy 列的并集部分，由于 left 中没有值为 K3 和 K5 的行，right 中没有值为 K1 的行，所以缺失数据的位置填充了 NaN。

下面通过代码实现图 4-12 的效果，具体代码如下：

```
In []: import pandas as pd
       left = pd.DataFrame({'key': ['K0', 'K1', 'K2'],
              'A': ['A0', 'A1', 'A2'],'B': ['B0', 'B1', 'B2']})
       right = pd.DataFrame({'key': ['K0', 'K2', 'K3', 'K5'],
               'A': ['A0', 'A1', 'A2', 'A3'], 'C': ['C0', 'C1', 'C2',
       'C3']})
       # 根据 key 列，采用全外连接的方式合并 left 和 right
       result = pd.merge(left=left, right=right, on='key', how='outer')
       result
Out[]:   key  A_x    B  A_y    C
       0  K0   A0   B0   A0   C0
       1  K1   A1   B1  NaN  NaN
       2  K2   A2   B2   A1   C1
       3  K3  NaN  NaN   A2   C2
       4  K5  NaN  NaN   A3   C3
```

另外，还可以通过左连接或右连接的方式合并两个对象。当根据主键采用左连接或右连接的方式合并两个对象时，会以某个对象为基准进行合并，保留该对象中键所在的所有行和另一个对象中与键匹配的行，并使用 NaN 填充没有数据的位置。例如，把 key 列作为主键，采用左连接的方式将 left 和 right 进行合并，效果如图 4-13 所示。

观察图 4-13 可知，result 的 key 列来源于 left 的 key 列，A_x 列和 B 列的数据来源于 left 中 A 列和 B 列的数据，A_y 列和 C 列的数据来源于 right 中匹配 K0 和 K2 的行，由于 right 中没有值为 K1 的行，所以缺失数据的位置填充了 NaN。

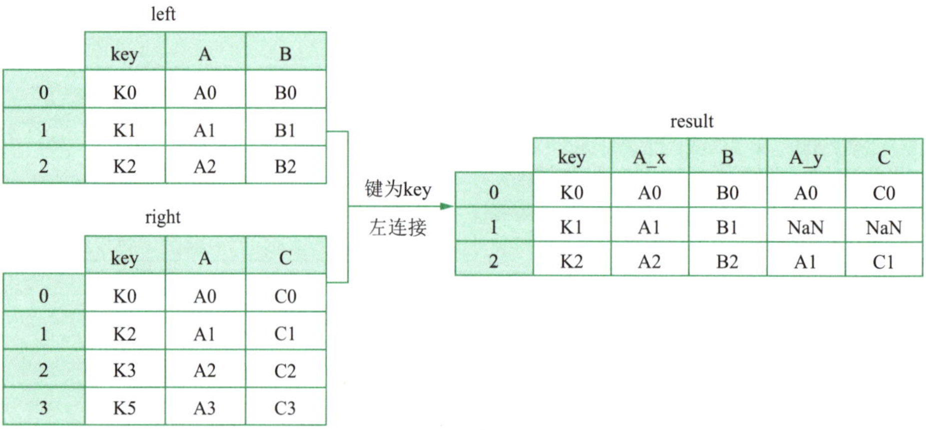

图 4-13　左连接合并的效果

下面通过代码实现图 4-13 的效果，具体代码如下：

```
In []: # 根据 key 列，采用左连接的方式合并 left 和 right
       result = pd.merge(left=left, right=right, on='key', how='left')
       result
Out[]:   key A_x  B  A_y   C
       0  K0  A0  B0  A0   C0
       1  K1  A1  B1  NaN  NaN
       2  K2  A2  B2  A1   C1
```

若两个对象没有标签索引相同的列，则可以在调用 merge() 函数进行合并时，同时给 left_index 与 right_index 参数传入值 True，此时会将这两个对象的行索引作为键，具体代码如下。

```
In []: import pandas as pd
       left = pd.DataFrame({'A': ['A0', 'A1', 'A2'],'B': ['B0', 'B1',
       'B2']})
       left
Out[]:     A   B
       0  A0  B0
       1  A1  B1
       2  A2  B2
In []: right = pd.DataFrame({'C': ['C0', 'C1', 'C2'], 'D': ['D0', 'D1',
       'D2']},index=['a', 'b', 'c'])
       right
Out[]:     C   D
       a  C0  D0
       b  C1  D1
       c  C2  D2
In []: # 以行索引为键，采用全外连接的方式合并 left 和 right
       result = pd.merge(left=left, right=right, how='outer',
                         left_index=True, right_index=True)
       result
```

```
Out[]:      A    B    C    D
       0   A0   B0  NaN  NaN
       1   A1   B1  NaN  NaN
       2   A2   B2  NaN  NaN
       a  NaN  NaN   C0   D0
       b  NaN  NaN   C1   D1
       c  NaN  NaN   C2   D2
```

上述代码中，首先创建了一个 DataFrame 类的对象 left，该对象中有 3 行 2 列数据，然后创建了一个 DataFrame 类的对象 right，该对象中也有 3 行 2 列数据，最后调用 merge() 函数合并对象 left 和 right，通过 how 参数指定合并的方式为外连接，通过 left_index 和 right_index 指定键为 left 和 right 的行索引，并将合并的结果赋值给变量 result。

从上述结果中可以看出，result 中共有 6 行 4 列数据，其中行索引是 left 和 right 的行索引并集，A 列、B 列的前 3 行数据来源于 left，C 列、D 列的后 3 行数据来源于 right，其他位置被填充上了 NaN。

4.2.3　根据索引合并

根据索引合并指的是根据行索引或列索引将多个对象合并成一个对象。pandas 的 DataFrame 类中提供了一个用于根据索引合并多个对象的 join() 方法，该方法通常会根据列索引来合并多个对象，如果多个对象中有重名的列，且没有明确区分重名的列，此时合并会导致程序报错。join() 方法的语法格式如下：

```
join(other, on=None, how='left', lsuffix='', rsuffix='', sort=False)
```

join() 方法常用参数表示的含义如下：

（1）other：表示要合并的对象，可以是 DataFrame 类的对象、Series 类的对象或者包含 DataFrame 类对象的列表，其中 Series 类的对象必须有名称，该名称会作为合并后对象的列名。

（2）on：表示合并的列索引。

（3）how：表示合并的方式，该参数支持 left、right、outer、inner 共 4 种取值，默认值为 left，代表使用左连接的方式合并多个对象，即以 join() 方法的对象为基准，保留该对象的全部数据，若其他对象有与该对象重叠的索引，就保留其他对象中这些重叠索引对应的数据，否则就舍弃数据。

（4）lsuffix：表示左侧对象有重名的列时给该列的名称添加的后缀名。

（5）rsuffix：表示右侧对象有重名的列时给该列的名称添加的后缀名。

为了帮助大家更好地理解 join() 方法的用法，接下来，通过一些示例来演示根据索引合并两个对象的效果。假设现在有两个对象 left 和 right，它们没有重叠的索引，若采用默认的左连接方式根据列索引将 left 和 right 进行合并，具体效果如图 4-14 所示。

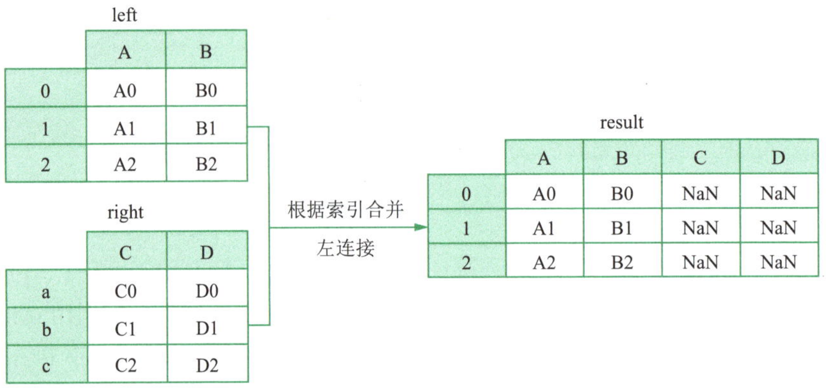

图 4-14 没有重叠列合并的效果

在图 4-14 中，left 和 right 对象没有重叠的行索引或列索引，它们采用左连接的方式合并后得到 result 对象。观察 result 对象可知，result 对象的 A、B 两列展示了 left 对象的数据，C、D 两列数据都是 NaN，没有展示 right 对象的数据。

下面通过代码实现图 4-14 的效果，具体代码如下：

```
In []: import pandas as pd
       left = pd.DataFrame({'A': ['A0', 'A1', 'A2'],
                            'B': ['B0', 'B1', 'B2']})
       right = pd.DataFrame({'C': ['C0', 'C1', 'C2'],
                             'D': ['D0', 'D1', 'D2']}, index=[ 'a','b','c'])
       # 采用左连接的方式根据索引合并 left 和 right
       result = left.join(right)
       result
Out[]:     A   B   C    D
       0  A0  B0  NaN  NaN
       1  A1  B1  NaN  NaN
       2  A2  B2  NaN  NaN
```

如果希望能够展示 right 对象的数据，可以在使用 join() 方法合并 left 和 right 对象时将连接方式变成外连接，具体代码如下：

```
In []: # 采用外连接的方式根据索引合并 left 和 right
       result = left.join(right, how='outer')
       result
Out[]:      A    B    C    D
       0   A0   B0  NaN  NaN
       1   A1   B1  NaN  NaN
       2   A2   B2  NaN  NaN
       a  NaN  NaN   C0   D0
       b  NaN  NaN   C1   D1
       c  NaN  NaN   C2   D2
```

从上述结果中可以看出，result 对象里面展示了 left 和 right 对象的数据，没有数据的位置使用 NaN 填充。

此外，也可以根据重叠的行索引或列索引合并对象。假设现在有两个对象 left 和 right，left

对象中有一列数据与 right 对象的行索引相同，若采用默认的左连接方式根据重叠的这一列对 left 和 right 进行合并，具体效果如图 4-15 所示。

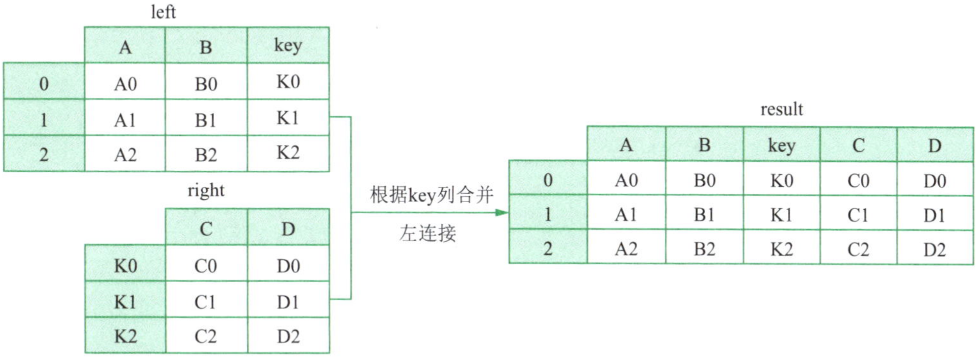

图 4-15　有重叠列合并的效果

从图 4-15 中可以看出，result 对象的前两列数据来源于 left 对象，后两列数据来源于 right 对象，中间 key 列连接了 left 对象和 right 对象。

当使用 join() 方法合并这两个对象时，可以通过参数 on 指定重叠的列。接下来，通过编写代码来实现上述效果，具体代码如下：

```
In []: import pandas as pd
       left = pd.DataFrame({'A': ['A0', 'A1', 'A2'],
                            'B': ['B0', 'B1', 'B2'],
                            'key': ['K0', 'K1', 'K2']})
       right = pd.DataFrame({'C': ['C0', 'C1','C2'],
                             'D': ['D0', 'D1','D2']},
                            index=['K0', 'K1','K2'])
       # 合并 left 和 right，指定要连接的列
       result = left.join(right, how='left', on='key')
       result
Out[]:     A   B  key  C   D
       0  A0  B0  K0  C0  D0
       1  A1  B1  K1  C1  D1
       2  A2  B2  K2  C2  D2
```

4.2.4　合并重叠数据

在处理数据时，如果一个 DataFrame 类的对象有缺失的数据，而这些缺失的数据我们希望可以使用其他 DataFrame 类对象的数据进行填充，这时可以通过 combine_first() 方法实现这个效果。combine_first() 方法的语法格式如下：

```
combine_first(other)
```

combine_first() 方法中只有一个参数 other，该参数表示用于填充缺失值的 DataFrame 类的对象。

假设现在有 left 与 right 对象，其中 left 存在 3 个缺失的数据，而 right 的数据是完整的，并且 right 与 left 部分索引是相同的，此时可以使用 right 填充 left 的缺失数据，得到一个新的

result 对象，如图 4-16 所示。

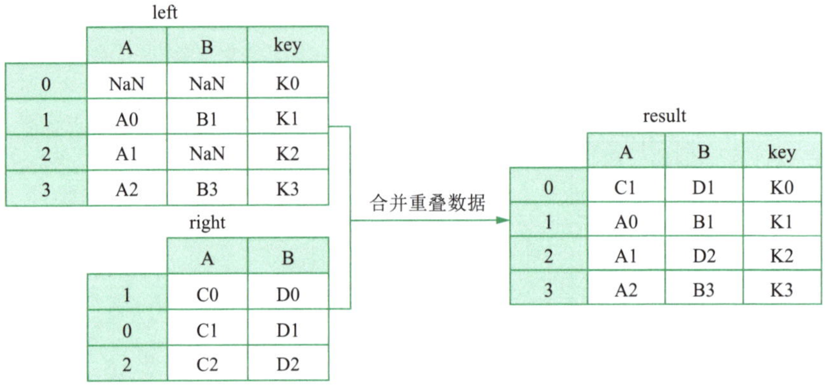

图 4-16　合并重叠数据的效果

从图 4-16 中可以看出，尽管 right 与 left 的行索引顺序不同，但是当用 right 的数据替换 left 的 NaN 值时，仍然会根据索引的位置进行替换。例如，left 对象中 0 行 A 列的 NaN 替换为 right 对象中 0 行 A 列的 C1。

接下来，编写代码实现上述合并重叠数据的过程，具体代码如下：

```
In []: import pandas as pd
       import numpy as np
       from numpy import NAN
       left = pd.DataFrame({'A': [np.nan, 'A0', 'A1', 'A2'],
                            'B': [np.nan, 'B1', np.nan, 'B3'],
                            'key': ['K0', 'K1', 'K2', 'K3']})
       right = pd.DataFrame({'A': ['C0', 'C1','C2'],
                             'B': ['D0', 'D1','D2']},
                             index=[1,0,2])
       # 用 right 填充 left 缺失的部分
       left.combine_first(right)
Out[]:     A   B  key
       0  C1  D1  K0
       1  A0  B1  K1
       2  A1  D2  K2
       3  A2  B3  K3
```

需要强调的是，使用 combine_first() 方法合并两个 DataFrame 类的对象时，必须确保这两个对象的行索引和列索引有重叠的部分。

4.3 数据重塑

4.3.1 重塑分层索引

pandas 中实现重塑分层索引功能有 stack() 方法和 unstack() 方法，其中 stack() 方法用于将数据的列索引“旋转”为行索引；unstack() 方法用于将数据的行索引“旋转”为列索引。

stack() 方法的语法格式如下：

```
stack(level=-1, dropna=True)
```

stack() 方法中参数表示的含义如下：

（1）level：表示操作内层索引。若设为 0，表示操作外层索引。

（2）dropna：表示是否将旋转后产生的缺失值删除，若设为 True，则表示自动过滤缺失值，设置为 False 则相反。

假设现在有一个 DataFrame 类的对象 df，它只有一层行索引和列索引，如果希望将 df 重塑为一个具有两层索引的对象 result，也就是说将列索引转换成行索引，则重塑前后的效果如图 4-17 所示。

df

	A	B
0	A0	B0
1	A1	B1
2	A2	B2

result

0	A	A0
	B	B0
1	A	A1
	B	B1
2	A	A2
	B	B2

图 4-17　重塑前后的效果（1）

从图 4-17 可以看出，result 对象的行有两层索引，其中内层索引是 df 的列索引，且数据也随着索引的位置发生相应的变化。

接下来，编写代码实现图 4-17 的重塑效果，具体代码如下：

```
In []: import pandas as pd
       df = pd.DataFrame({'A':['A0','A1','A2'],
                          'B':['B0','B1','B2']})
       # 重塑 df 对象
       result = df.stack()
       result
Out[]: 0  A    A0
          B    B0
       1  A    A1
          B    B1
       2  A    A2
          B    B2
```

上述代码中，首先创建了一个 DataFrame 类的对象 df，df 对象调用 stack() 方法重塑，使 df 对象的列索引转换成行索引。从上述结果看出，result 对象具有两层行索引。

使用 type() 函数查看 result 对象的类型，代码如下：

```
In []: type(result)
Out[]: pandas.core.series.Series
```

从上述结果中可以看出，DataFrame 类的对象已经变成了一个 Series 类的对象。

unstack() 方法可以将 DataFrame 类对象的行索引转换为列索引，该方法的语法格式如下：

```
unstack(level=-1, fill_value=None)
```

unstack() 方法中参数表示的含义如下。

（1）level：默认为 -1，表示操作内层索引，0 表示操作外层索引。

（2）fill_value：用于指定在产生缺失值时要替换的值。

下面编写代码，重塑前文的 Series 类对象，使其恢复成原来的 DataFrame 类的对象，具体代码如下：

```
In []: result.unstack()          # 重塑 result 对象
Out[]:    A   B
       0  A0  B0
       1  A1  B1
       2  A2  B2
```

除此之外，stack() 方法与 unstack() 方法还可以将有多层索引的 DataFrame 类的对象重塑成有多层索引的另一个 DataFrame 类的对象，具体如图 4-18 所示。

重塑前

	一楼		二楼	
	A教室	B教室	A教室	B教室
男生人数	26	20	22	26
女生人数	30	25	24	20

重塑后

		一楼	二楼
男生人数	A教室	26	22
	B教室	20	26
女生人数	A教室	30	24
	B教室	25	20

图 4-18 重塑前后的效果（2）

从图 4-18 可以看出，重塑前对象的行只有一层索引，对象的列有两层索引；重塑后对象的行变成了两层索引，对象的列变成了一层索引。

接下来编写代码，实现图 4-18 描述的重塑效果，具体代码如下：

```
In []: import pandas as pd
       import numpy as np
       df = pd.DataFrame(np.array([[26,20,22,26],[30,25,24,20]]),
                         index=['男生人数','女生人数'],
                         columns=[['一楼','一楼','二楼','二楼'],
                                  ['A教室','B教室','A教室','B教室']])
       df.stack()
Out[]:              一楼  二楼
       男生人数 A教室  26   22
                B教室  20   26
       女生人数 A教室  30   24
                B教室  25   20
```

分层索引的重塑操作默认是对内层索引进行“旋转”，当需要对分层索引的最外层索引进行“旋转”时，需要将 stack() 方法中 level 参数的值设置为 0 即可。图 4-19 所示是操作外层索引重塑前后的效果。

重塑前

	一楼		二楼	
	A教室	B教室	A教室	B教室
男生人数	26	20	22	26
女生人数	30	25	24	20

重塑后

		A教室	B教室
男生人数	一楼	26	20
	二楼	22	26
女生人数	一楼	30	25
	二楼	24	20

图 4-19 重塑前后的效果（3）

接下来编写代码，实现图 4-19 的重塑效果，具体代码如下：

```
In []: df.stack(level=0)    # 旋转外层索引
Out[]:               A 教室  B 教室
        男生人数 一楼   26     20
                 二楼   22     26
        女生人数 一楼   30     25
                 二楼   24     20
```


4.3.2　轴向旋转

在介绍轴向旋转之前先来看一个例子。已知店铺统计了部分商品在非活动期间（5 月 25 日）与活动期间（6 月 18 日）定价信息，如图 4-20 所示。

从图 4-20 的表格中可以看出，同一款商品在活动前后的价格无法很直观地看出来。为此，可以将商品的名称作为列索引，出售日期作为行索引，价格作为表格中的数据，此时每一行展示了同一日期不同手机品牌的价格，如图 4-21 所示。

与图 4-20 相比，图 4-21 可以快速对比活动前后的价格浮动情况。这个例子中表格前后变化就是轴向旋转产生的效果。

出售日期	商品名称	价格（元）
2023年5月25日	荣耀9青春版	999
2023年5月25日	小米6x	1399
2023年5月25日	OPPO A1	1399
2023年6月18日	荣耀9青春版	800
2023年6月18日	小米6x	1200
2023年6月18日	OPPO A1	1250

图 4-20　商品信息

商品名称	OPPO A1	小米6x	荣耀9青春版
出售日期		/	
2023年5月25日	1399元	1399元	999元
2023年6月18日	1250元	1200元	800元

图 4-21　商品信息

pandas 中提供了 pivot() 方法实现轴向旋转的功能，它会根据给定的行索引或列索引重新组织一个 DataFrame 类的对象，其语法格式如下：

```
pivot(index=None, columns=None, values=None)
```

pivot() 方法中参数表示的含义如下：

（1）index：用于创建新对象的行索引。如果未设置，则使用原对象的行索引。

（2）columns：用于创建新对象的列索引。如果未设置，则使用原对象的列索引。

（3）values：用于填充新对象中的值。

接下来编写代码，实现前文的轴向旋转效果，具体代码如下：

```
In []: import pandas as pd
       df =  pd.DataFrame({'商品名称': ['荣耀 9 青春版','小米 6x','OPPO A1',
                          '荣耀 9 青春版','小米 6x','OPPO A1'],
                          '出售日期': ['2023年5月25日', '2023年5月25日',
                          '2023 年 5 月 25 日','2023 年 6 月 18 日',
                          '2023 年 6 月 18 日', '2023 年 6 月 18 日'],
```

```
                  '价格': ['999元', '1399元', '1399元',
                  '800元', '1200元', '1250元']})
df.pivot(index='出售日期', columns='商品名称', values='价格')
Out[]:       商品名称    OPPO A1    小米 6x    荣耀 9 青春版
             出售日期
        2023年5月25日     1399元     1399元     999元
        2023年6月18日     1250元     1200元     800元
```

4.4 数据转换

4.4.1 面元划分

面元划分是指连续数据被离散化处理，按一定的映射关系划分为相应的面元，这里的面元可以理解为区间。例如，某电商平台统计了一组关于客户年龄的数据，该组数据经过面元划分前后的对比效果如图 4-22 所示。

面元划分前

	age
0	19
1	21
2	25
3	55
4	30
5	45
6	52
7	46
8	20

面元划分后

	age
0	(18, 30]
1	(18, 30]
2	(18, 30]
3	(50, 100]
4	(18, 30]
5	(40, 50]
6	(50, 100]
7	(40, 50]
8	(18, 30]

图 4-22　面元划分前后的对比效果

在图 4-22 中，左侧表格的每个数值对应着右侧表格中的一个面元。由图 4-22 可知，整组数据被划分为若干个面元：(18,30]、(40,50]、(50,100]，凡是大于 18 且小于或等于 30 的数值对应面元 (18,30]；大于 40 且小于或等于 50 的数值对应面元 (40,50]；大于 50 且小于或等于 100 的数值对应面元 (50,100]。

pandas 中使用 cut() 函数能够实现面元划分操作，cut() 函数会采用等宽法对连续型数据进行离散化处理，该函数的语法格式如下：

```
cut(x, bins, right=True, labels=None, retbins=False, precision=3,
    include_lowest=False, duplicates='raise', ordered=True)
```

cut() 函数中常用参数的含义如下：

（1）x：表示面元划分的连续数据，可以取值为一维数组或 Series 类对象。

（2）bins：表示划分面元的依据。若为 int 类型的值，则代表面元的数目；若为 list、tuple、array 类型的值，则代表划分的区间，每两个值的间隔为一个区间。

（3）right：表示右端点是否为闭区间，默认值为 True。

（4）labels：表示划分的各区间的标签。

（5）retbins：表示是否返回每个区间的边缘值，默认值为 False，即不返回每个区间的边缘值。

（6）precision：用于确定每个区间边缘值的精度，默认值为 3。

（7）include_lowest：表示是否包含区间的左端点，默认值为 False。

cut() 函数会返回一个 Categorical 类的对象，该对象可以看作一个包含若干个面元名称的数组，通过 categories 属性可以获取所有的分类，即每个数据对应的面元。

接下来，通过一个示例来演示如何使用 cut() 函数实现面元划分操作。创建一个图 4-22 左表所示的 Series 类对象，根据图 4-22 右表的划分依据实现面元划分操作，示例代码如下：

```
In []: import pandas as pd
       ages = pd.Series([19, 21, 25, 55, 30, 45, 52, 46, 20])
       bins = [0, 18, 30, 40, 50, 100]
       # 使用 cut() 函数划分年龄区间
       cuts = pd.cut(ages, bins)
       print(cuts)
Out[]: 0      (18, 30]
       1      (18, 30]
       2      (18, 30]
       3     (50, 100]
       4      (18, 30]
       5      (40, 50]
       6     (50, 100]
       7      (40, 50]
       8      (18, 30]
       dtype: category
       Categories (5, interval[int64]): [(0, 18] < (18, 30] < (30, 40] <
       (40, 50] < (50, 100]]
```

从上述结果中可以看出，程序输出了一个包含所有面元的 Series 类的对象，以及一个 Categorical 类的对象。

4.4.2 哑变量处理

在数据分析中，一些算法模型要求输入以数值类型表示的特征，但代表特征的数据不一定都是数值类型的，其中一部分是类别型的，例如，教育水平一般分为初等教育、中等教育、高等教育这三个类别，这些类别均为非数值类型的数据。为了将类别类型的数据转换为数值类型的数据，类别类型的数据在被应用之前需要经过“量化”处理，使之转换为哑变量。

哑变量又称虚拟变量、名义变量等，它是人为虚设的变量，用来反映某个变量的不同类别，常用的取值为 0 和 1。需要说明的是，0 和 1 并不代表数量的多少，而代表不同的类别。

假设变量“职业”有司机、学生、导游、工人、教师共 5 个类别，这 5 个类别分别有 0 和 1 两种取值，0 代表非此种类别，1 代表此种类别，通过哑变量处理前后的对比效果分别如图 4-23 所示。

原始数据

	职业
0	工人
1	学生
2	司机
3	教师
4	导游

哑变量转换后

	col_司机	col_学生	col_导游	col_工人	col_教师
0	0	0	0	1	0
1	0	1	0	0	0
2	1	0	0	0	0
3	0	0	0	0	1
4	0	0	1	0	0

图 4-23　哑变量转换前后的对比效果

pandas 中使用 get_dummies() 函数对类别数据进行哑变量处理，在处理后返回一个哑变量矩阵，get_dummies() 函数的语法格式如下：

```
get_dummies(data, prefix=None, prefix_sep='_', dummy_na=False,
    columns=None, sparse=False, drop_first=False, dtype=None)
```

get_dummies() 函数中常用参数表示的含义如下：

（1）data：表示要处理的类别数据，可以是数组、DataFrame 或 Series 类的对象。

（2）prefix：表示列索引的前缀，默认为 None。

（3）prefix_sep：用于附加前缀作为分隔符使用，默认为“_”。

（4）dummy_na：表示是否为 NaN 值添加一列，默认为 False。

（5）columns：表示 DataFrame 要编码的列名，默认为 None。

（6）sparse：表示虚拟列是否是稀疏的，默认为 False。

（7）drop_first：是否通过从 k 个分类级别中删除第一个级来获得 k-1 个分类级别，默认为 False。

接下来，通过代码实现图 4-23 的哑变量处理效果，具体代码如下：

```
In []: import pandas as pd
       df1 = pd.DataFrame({'职业': ['工人', '学生', '司机', '教师', '导游']})
       pd.get_dummies(df1, prefix=['col_'])  # 哑变量处理
Out[]:      col_ 司机   col_ 学生   col_ 导游   col_ 工人   col_ 教师
       0       0          0          0          1          0
       1       0          1          0          0          0
       2       1          0          0          0          0
       3       0          0          0          0          1
       4       0          0          1          0          0
```

上述代码中，创建了一个 DataFrame 类的对象 df1，接着调用了 get_dummies() 函数进行哑变量处理，使数据变成哑变量矩阵，每个特征数据（如学生）为单独一列，通过 prefix 参数给每个列名添加了前缀“col”，并用“_”进行连接，使其变为 col_ 司机、col_ 学生、col_ 导游、col_ 工人、col_ 教师。

从上述结果可以看出，一旦原始数据中的值在矩阵中出现，就会以数字 1 显示，其余则以 0 显示。

数据处理是数据分析中十分重要的环节，它直接影响着数据的质量和分析结果。作为合格的数据分析人员，我们必须以求真务实的态度对待数据处理，在开展工作前准确且完整地了解数据的背景和来源，并认真严谨地执行数据清洗，追求数据的真实可靠。未来，我们应持续坚守这一标准，正确处理数据并对其负责。

4.5 案例：预处理二手房数据

很多房地产平台上展示了二手房的房源信息，有助于用户根据需要选择自己想要的房源。本案例要求运用所学的知识，带领大家一起处理二手房数据里面的缺失值、重复值和异常值。

4.5.1 案例需求

本案例要求对二手房数据进行一些基本的预处理操作，具体如下：

（1）检查数据中是否有缺失值，一旦发现有缺失值就将其删除。

（2）检查数据中是否有重复值，一旦发现有重复值就将其删除。

（3）检测数据中单价（元/平方米）一列是否有异常值，一旦确定是真异常值就将其删除。

4.5.2 数据准备

在了解了案例目标之后，需要先获取案例用到的数据，对数据整体先做下探索。本案例准备了一些成都市锦江区二手房的数据，并将这些数据存储在 secondhandhouse_one.xlsx 和 secondhandhouse_two.xlsx 文件中。获取数据的步骤具体如下。

（1）使用 pandas 中的 read_excel() 函数从 secondhandhouse_one.xlsx 文件中读取数据，并使用 info() 方法查看摘要信息，示例代码如下：

```
In []: import pandas as pd
       import numpy as np
       # 读取第一张表的数据
       houses_one = pd.read_excel(r'C:\Users\itcast\Desktop\
       secondhandhouse_one.xlsx')
       # 查看 houses_one 的摘要信息
       houses_one.info()
Out[]: <class 'pandas.core.frame.DataFrame'>
       RangeIndex: 500 entries, 0 to 499
       Data columns (total 7 columns):
        #   Column        Non-Null Count    Dtype
       ---  ------        --------------    -----
        0       区          500 non-null    object
        1   小区名称        499 non-null    object
        2   标题            500 non-null    object
        3   房屋信息        500 non-null    object
        4   关注            500 non-null    object
        5   地铁            211 non-null    object
        6   单价（元/平方米）500 non-null    object
       dtypes: object(7)
       memory usage: 27.5+ KB
```

从上述结果中可以看出，houses_one 对象总共有 7 列的数据，分别是区、小区名称、标题、房屋信息、关注、地铁和单价（元/平方米），通过比较这七列非空值的数量可知，小区名称和地铁这两列是包含缺失值的。

（2）使用 pandas 中的 read_excel() 函数从 secondhandhouse_two.xlsx 文件中读取数据，并使用 info() 方法查看摘要信息，示例代码如下：

```
In []: # 读取第二张表的数据
       houses_two =
       pd.read_excel(r'C:\Users\itcast\Desktop\secondhandhouse_two.xlsx')
       # 查看 houses_two 的摘要信息
       houses_two.info()
```

```
Out[]: <class 'pandas.core.frame.DataFrame'>
       RangeIndex: 558 entries, 0 to 557
       Data columns (total 7 columns):
       区               558 non-null    object
       小区名称         558 non-null    object
       标题             558 non-null    object
       房屋信息         558 non-null    object
       关注             558 non-null    object
       地铁             230 non-null    object
       单价（元/平方米）  558 non-null    float64
       dtypes: float64(1), object(6)
       memory usage: 30.6+ KB
```

通过比较两次的结果可以发现，houses_one 的“单价（元/平方米）”一列的数据类型是 object，而 houses_two 的“单价（元/平方米）”一列的数据类型是 float64，之所以出现这种情况是因为 houses_one 的“单价（元/平方米）”一列的数值后面有个汉字“元”。

（3）为了能够统一两个对象的数据类型，方便用户对单价一列的数值进行算术运算，这里通过正则表达式的方式将 houses_one 的“单价（元/平方米）”一列的“元”字过滤掉，之后把这一列数据的类型转换为 float64，具体代码如下：

```
In []: # 把 houses_one 表里面“单价（元/平方米）”一列的元字去掉
       import re
       old_values = []
       new_values = []
       for price_text in houses_one['单价（元/平方米）']:
           result = re.findall('\d+.\d 元$', str(price_text))
           if len(result) != 0:
               old_values.append(result[0])
               new_result = result[0][:-1]
               new_values.append(new_result)
       new_house_one = houses_one.replace(to_replace=old_values,
                       value=new_values)
       # 转换“单价（元/平方米）”一列数据的类型，由 object 转换为 float64
       new_house_one['单价（元/平方米）'] = new_house_one['单价（元/平方米）'].
                                        astype(dtype='float')
       new_house_one.info()
Out[]: <class 'pandas.core.frame.DataFrame'>
       RangeIndex: 500 entries, 0 to 499
       Data columns (total 7 columns):
       区               500 non-null    object
       小区名称         499 non-null    object
       标题             500 non-null    object
       房屋信息         500 non-null    object
       关注             500 non-null    object
       地铁             211 non-null    object
       单价（元/平方米） 500 non-null    float64
       dtypes: float64(1), object(6)
       memory usage: 27.4+ KB 元
```

从上述结果中可以看出，“单价 (元 / 平方米)”一列的数据类型变成了 float64。

（4）这里采用纵向堆叠、外连接的方式合并 hou new_house_one 和 ses_two 的数据，具体代码如下：

```
In []: # 采用纵向堆叠、外连接的方式合并数据
       final_house = pd.concat([new_house_one, houses_two])
       final_house.info()
Out[]: <class 'pandas.core.frame.DataFrame'>
       Int64Index: 1058 entries, 0 to 557
       Data columns (total 7 columns):
       区                 1058 non-null   object
       小区名称            1057 non-null   object
       标题                1058 non-null   object
       房屋信息            1058 non-null   object
       关注                1058 non-null   object
       地铁                 441 non-null   object
       单价 ( 元 / 平方米 )   1058 non-null   float64
       dtypes: float64(1), object(6)
       memory usage: 66.1+ KB
```

从上述结果中可以看出，final_house 对象共有 1058 行数据，其中小区和地铁这两列的数据里面有缺失值。

4.5.3　案例实现

下面分别介绍如何根据实际情况对数据中的缺失值、重复值、异常值进行检测与处理，具体内容如下。

1. 缺失值的检测处理

定义一个函数，用于统计缺失值的数量和占比情况，具体代码如下：

```
In []: def missing_values_table(df):
           # 计算每列包含缺失值的数量
           mis_val = df.isnull().sum()
           # 计算所有列缺失值比例
           mis_val_percent = df.isnull().sum() / len(df) * 100
           # 将数量和比例组合成 DataFrame 类的对象
           mis_val_table = pd.DataFrame({'数量':mis_val,
                               '占比 (%)':mis_val_percent})
           # 按照缺失值的数量降序排列
           mis_val_table_sorted = mis_val_table.sort_values('数量',
                                      ascending=False)
           return mis_val_table_sorted
       missing_values_table(final_house)      # 统计缺失值的数量和占比情况
Out[]:                数量     占比 (%)
       地铁            617   58.317580
       小区名称           1    0.094518
       区                0    0.000000
       标题              0    0.000000
```

```
房屋信息          0    0.000000
关注              0    0.000000
单价（元/平方米）  0    0.000000
```

从上述结果中可以看出，小区名称一列的数据只有 1 个缺失值，而地铁一列的数据有 617 个缺失值。结合实际情况分析：小区的地理位置可能远离地铁，因此地铁一列含有的缺失值无需处理。这里只对小区名称列中缺失值进行删除。

使用 dropna() 方法删除小区名称一列中包含缺失值的数据，具体代码如下：

```
In []: # 删除小区名称一列的缺失值
       final_house = final_house.dropna(subset=['小区名称'])
       final_house
Out[]:    区        小区名称                          标题   \
       0  锦江      翡翠城四期    翡翠城四期跃层 采光视野好 可看沙河 客厅带有阳台
       1  锦江    时代豪庭一期      时代豪庭套三 中间楼层 有装修 业主处理资产出售
       2  锦江      卓锦城六期            卓锦城六期紫郡房源，套三，进门带入户
       3  锦江        星城银座          春熙路太古里标准套一出售，现租给民宿。
       4  锦江        新莲新苑    新莲新苑优质套三，诚心出售，近沙河，采光视野好。
       ..  ..          ...                               ...
          房屋信息                 关注    地铁  单价（元/平方米）
       0  ……        331人关注 / 5月前发布  近地铁  176036.0
       1  ……        137人关注 / 5月前发布    NaN   26959.4
       2  ……        36人关注 / 23天前发布    NaN   22612.8
       3  ……         29人关注 / 5月前发布  近地铁   18014.5
       4  ……         14人关注 / 5月前发布    NaN   13513.5
       [1057 rows x 7 columns]
```

从上述结果末尾的行列数可以看出，在删除缺失值以后 final_house 对象剩余 1057 条数据，比之前少了一条数据。

2. 重复值的检测与处理

使用 duplicated() 方法检测二手房数据中是否有重复值，代码如下：

```
In []: # 对删除缺失值后的数据进行重复值检测
       final_house.duplicated()
Out[]: 0      False
       1      False
       2      False
              ...
       555    False
       556    False
       557    False
       Length: 1057, dtype: bool
```

由于被检测的数据量较大，duplicated() 方法返回的结果对象中很难了解哪些行被标记为 True，所以这里可以筛选出结果对象中值为 True 的数据，即包含重复值的数据，代码如下：

```
In []: # 显示二手房数据中的重复值
       final_house[final_house.duplicated().values == True]
```

```
Out[]:       区        小区名称     ...    地铁      单价（元/平方米）
     54    锦江    柳江新居五期    ...   近地铁     13832.3
     55    锦江        锦洲花园    ...     NaN      19890.9
     97    锦江        澳龙名城    ...   近地铁     25561.8
     ...   ...          ...       ...     ...       ...
     485   锦江        莲花逸都    ...   近地铁     21044.1
     486   锦江      翡翠城五期    ...     NaN      30900.0
     487   锦江    时代豪庭三期    ...     NaN      36811.2
     [58 rows x 7 columns]
```

从上述结果中可以看出，二手房数据中包含 58 行重复值。

重复值被检测出来后，可将这些重复值进行删除，代码如下：

```
In []: # 删除重复值，忽略原来的索引并重新设置索引
       final_house = final_house.drop_duplicates(ignore_index=True)
       final_house
Out[]:       区      小区名称    ...        关注            地铁   单价（元/平方米）
     0     锦江    翡翠城四期    ...  331人关注 / 5月前发布  近地铁    176036.0
     1     锦江  时代豪庭一期    ...  137人关注 / 5月前发布    NaN     26959.4
     2     锦江    卓锦城六期    ...   36人关注 / 23天前发布   NaN     22612.8
     3     锦江      星城银座    ...   29人关注 / 5月前发布  近地铁     18014.5
     4     锦江      新莲新苑    ...   14人关注 / 5月前发布    NaN     13513.5
     ...    ...        ...      ...       ...     ...       ...        ...
     997   锦江  大地城市脉搏    ...    1人关注 / 6月前发布  近地铁     25089.1
     998   锦江  俊发星雅俊园    ...    7人关注 / 4月前发布    NaN      8911.2
     [999 rows x 7 columns]
```

从上述结果中可以看出，删除重复值之后，二手房数据又减少了 58 行数据，剩余 999 行数据。

3. 异常值的检测与处理

缺失值和重复值处理完成之后，还需检测单价列数据中是否包含异常值。因为每个楼盘的地理位置、配套设施以及开盘时间各不相同，所以每个小区的出售价格也不相同，无法直接对单价列的数据进行异常值检测。为了准确地检测异常值，这里先按小区名称对数据进行分组，再分别对每个分组进行异常值检测。

下面以“翡翠城四期”小区为例，使用箱形图检测该小区单价列的数据中是否存在异常值，代码如下：

```
In []: from matplotlib import pyplot as plt
       # 设置中文显示
       plt.rcParams['font.sans-serif'] = ['SimHei']
       estate = final_house[final_house['小区名称'].values == '翡翠城四期']
       box = estate.boxplot(column='单价（元/平方米）')
       plt.show()
```

运行代码，效果如图 4-24 所示。

图 4-24 箱形图

从图 4-24 中可以看出，箱形图中有一个离群点。先查看这个离群点对应的值具体是多少，之后再决定是否删除。

定义一个用于获取异常值及其索引的函数 box_outliers()，代码如下：

```
In []: def box_outliers(ser):
           # 对需要检测的数据集进行排序
           new_ser = ser.sort_values()
           # 判断数据的总数量是奇数还是偶数
           if new_ser.count() % 2 == 0:
               # 分别计算 Q3、Q1、IQR
               Q3 = new_ser[int(len(new_ser) / 2):].median()
               Q1 = new_ser[:int(len(new_ser) / 2)].median()
           elif new_ser.count() % 2 != 0:
               Q3 = new_ser[int((len(new_ser)-1) / 2):].median()
               Q1 = new_ser[:int((len(new_ser)-1) / 2)].median()
           IQR = round(Q3 - Q1, 1)
           rule = (round(Q3+1.5 * IQR, 1)<ser) | (round(Q1-1.5 * IQR, 1) > ser)
           index = np.arange(ser.shape[0])[rule]
           # 获取包含异常值的数据
           outliers = ser.iloc[index]
           return outliers
```

依次根据小区名称获取每个小区的房源数据，之后使用 box_outliers() 函数检测每个小区的房源数据中是否包含异常值，并将检测到的异常值及其对应的索引存放到列表后进行返回，示例代码如下：

```
In []: # 定义一个列表，用于保存异常值所在的索引
       outliers_index_list = []
       for i in set(final_house['小区名称']):
           estate = final_house[final_house['小区名称'].values == i]
           outliers_index = box_outliers(estate['单价（元/平方米）'])
           if len(outliers_index) != 0:
               # 将异常值的索引添加到列表中
```

```
        outliers_index_list.append(outliers_index.index.tolist())
# 将 utliers_index_list 由嵌套列表转换为单个列表
outliers_index_single_li = sum(outliers_index_list, [])
```

根据以上索引获取数据中包含的异常值，示例代码如下：

```
In []:final_house.loc[[i for i in outliers_index_single_li]]
Out[]:      区        小区名称     ...        关注              地铁    单价(元/平方米)
      874 锦江    望江橡树林一期   ...   12 人关注 / 4 月前发布     NaN    31983.6
      475 锦江  人居锦尚春天 B 区  ...    6 人关注 / 4 月前发布     NaN    17777.8
      700 锦江         锦江逸家   ...    4 人关注 / 5 月前发布     NaN    34955.6
      0   锦江       翡翠城四期   ...  331 人关注 / 5 月前发布   近地铁   176036.0
      ... ...           ...     ...          ...                ...      ...
      779 锦江         澳龙名城   ...   17 人关注 / 11 月前发布 近地铁   29001.7
      [19 rows x 7 columns]
```

结合实际房价市场的调查可知，以上输出的翡翠城四期小区的单价值高于实际单价值，因此断定其为异常值，需要将其删除，示例代码如下：

```
In []:final_house.drop(0)
Out[]:      区      小区名称     ...      关注               地铁    单价(元/平方米)
      1    锦江   时代豪庭一期  ... 137 人关注 / 5 月前发布    NaN     26959.4
      2    锦江     卓锦城六期  ...  36 人关注 / 23 天前发布   NaN     22612.8
      3    锦江       星城银座  ...  29 人关注 / 5 月前发布   近地铁    18014.5
      .. ..          ...     ...        ...                 ...        ...
      998  锦江   俊发星雅俊园  ...   7 人关注 / 4 月前发布    NaN      8911.2
      [998 rows x 7 columns]
```

至此，二手房数据清理完成。

小　　结

本章主要介绍了数据预处理的内容，首先介绍了数据清洗的内容，包括缺失值、重复值、异常值的检测与处理，以及转换数据类型，然后介绍了数据合并的内容，包括堆叠合并、主键合并、根据索引合并、合并重叠数据，接着介绍了数据重塑的内容，包括重塑分层索引和轴向旋转，最后介绍了数据转换的内容，包括面元划分和哑变量处理。通过对本章的学习，大家能够在实际场景中选择合理的方式对数据进行预处理操作。

习　　题

一、填空题

1. pandas 中缺失值一般使用 None 或 np.nan 表示，统一标记为________。
2. ________指的是沿着某个轴的方向将两个或两个以上的对象按照一定的逻辑关系进行合并。
3. ________又称虚拟变量，用来反映某个变量的不同类别。
4. ________是指数据集中的个别值明显偏离它所属数据集的其余值。

5. ________方法用于将 DataFrame 的列索引旋转为行索引。

二、判断题

1. 使用 dropna() 方法可以删除缺失值。（　）
2. 3σ 原则只适用于符合或近似正态分布的数据集。（　）
3. 使用 to_numeric() 函数转换字符串时一定会导致程序报错。（　）
4. 当使用 stack() 方法将有分层索引的 DataFrame 进行重塑操作后，一定会返回一个 Series 类的对象。（　）
5. 当使用 merge() 函数合并对象时，不需要指定合并键。（　）

三、选择题

1. 下列选项中，描述错误的是（　）。
   A. 数据清洗的目的是提高数据的质量
   B. 异常值被检测出来无需确认可以直接删除
   C. 使用 drop_duplicates() 方法可以删除重复值
   D. concat() 函数可以沿着一条轴将多个对象进行堆叠合并
2. 请阅读下面一段程序：

```
from pandas import Series
import pandas as pd
from numpy import NaN
series_obj = Series([None, 4, NaN])
pd.isnull(series_obj)
```

执行上述程序后，最终输出的结果为（　）。

A.		B.		C.		D.	
0	True	0	True	0	False	0	True
1	False	1	True	1	True	1	True
2	True	2	False	2	True	2	True

3. 下列选项中，可以删除缺失值的是（　）。
   A. isnull()　　B. notnull()　　C. dropna()　　D. fillna()
4. 下列选项中，描述错误的是（　）。
   A. concat() 函数可以沿着一条轴将多个对象进行堆叠
   B. merge() 函数可以根据一个或多个键将不同 DataFrame 进行合并
   C. cut() 函数会返回一个 Categorical 类的对象
   D. unstack() 方法可以将对象的列索引旋转为行索引
5. 请阅读下面一段程序：

```
import numpy as np
import pandas as pd
ser_obj = pd.Series([4, np.nan, 6, 5, -3, 2])
ser_obj.sort_values()
```

执行上述程序后，最终输出的结果为（　）。

A. 4　-3.0　　B. 1　NaN　　C. 5　2.0　　D. 0　4.0

5	2.0	2	6.0	0	4.0	1	NaN
0	4.0	3	5.0	3	5.0	2	6.0
3	5.0	0	4.0	2	6.0	3	5.0
2	6.0	5	2.0	4	-3.0	4	-3.0
1	NaN	4	-3.0	1	NaN	5	2.0

四、简答题

1. 简述异常值。
2. 简述数据合并的几种方式。

五、编程题

现有 A 组和 B 组数据，其中 A 组中 B 列数据存在缺失值，并且该列数据是整数类型，B 组中的数据均为字符串类型，具体如图 4-25 所示。

A组

	A	B	C	key
0	2	5	8	3
1	3	NaN	7	4
2	5	2	50	5
3	2	3	8	2
4	3	6	2	5

B组

	A	B	C
0	3	3	3
1	4	4	4
2	5	5	5

图 4-25　数据示例

按照要求操作图 4-25 中的数据，具体要求如下：

1. 根据 A 组和 B 组的结构分别创建两个 DataFrame 类的对象。
2. 使用 B 组的数据填充 A 组的缺失值，并保持数据类型一致。
3. 将合并后的结果中 A 组的索引 key 重命名为 D。

第 5 章 数据聚合与分组运算

学习目标

- ◆ 了解分组与聚合的原理，能够说出分组与聚合的基本过程
- ◆ 掌握分组方法的使用，能够通过 groupby() 方法按照不同的拆分标准对数据进行分组
- ◆ 掌握分组信息的查看方式，能够通过多种方式查看分组的信息
- ◆ 熟悉内置统计方法的使用，能够通过统计方法聚合数据
- ◆ 掌握 agg() 方法的使用，能够通过 agg() 方法聚合数据
- ◆ 掌握 transform() 方法的使用，能够通过 transform() 方法转换数据
- ◆ 掌握 apply() 方法的使用，能够通过 apply() 方法聚合数据

在进行数据分析工作时可能会遇到这样的场景：现在要求从日志数据中找出每天访问次数最多的 IP，这时需要先把所有的日志数据按天拆分成每天的日志数据，再对每天的日志数据进行统计运算，最后把所有的统计结果放到一起，这样便完成了最初设定的要求，这个过程中用到的思想就是分组与聚合——数据重组后再合并。pandas 中提供了一些用于分组与聚合的方法，另外还提供一些其他的分组级运算，本章将针对这些内容进行详细地讲解。

5.1 分组与聚合的原理

分组与聚合是数据分析工作中比较常见的操作，它主要根据一定的拆分标准将原数据拆分成若干个分组，然后对每个分组应用统计运算，并把运算后的结果合并到一起，便于用户对不同分组的数据进行深入解读。在 pandas 中，分组与聚合的基本过程可以分解成三步，分别是拆分（split）、应用（apply）和合并（combine），关于它们的介绍如下。

（1）拆分：将原数据按照一定的拆分标准被拆分为若干个分组。需要注意的是，拆分操作是在指定轴上进行的，既可以沿着列方向对原数据进行拆分，也可以沿着行方向对原数据进行拆分。

（2）应用：对每个分组应用某个函数或方法进行相应的操作，并产生一个标量值。需要注意的是，分组应用的函数或方法既可以是内置的统计方法，也可以是用户自定义的函数。

（3）合并：将分组名称与标量值整合成新的对象。

为了帮助大家更好地理解分组与聚合的基本过程，接下来，通过一张示意图形象地描述分组与聚合的基本过程，具体如图 5-1 所示。

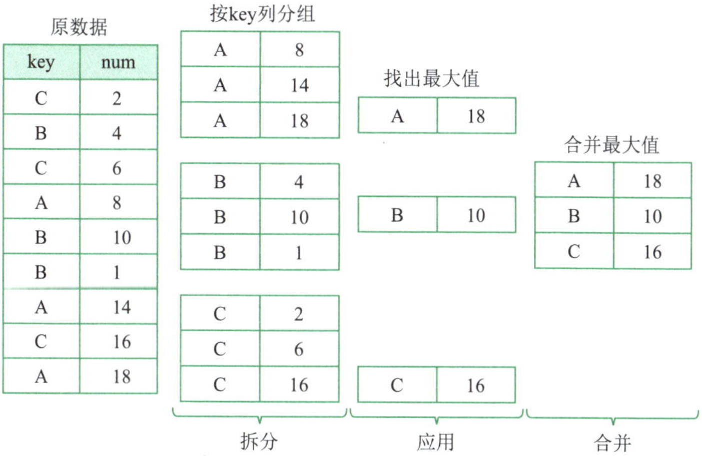

图 5-1　分组与聚合的过程

在图 5-1 中，原数据的 key 列有 A、B、C 三种值。由图 5-1 可知，在拆分这一过程中，原数据按照 key 列拆分成 3 个分组，其中值为 A 的数据归为一组，值为 B 的数据归为一组，值为 C 的数据归为一组；在应用这一过程中，每个分组执行求最大值的操作，依次找出每个分组的最大值：18、10、16，并且只保留有最大值的一行数据；在合并这一过程中，将各分组中拥有最大值的一行数据整合到一起。

5.2 分组操作

5.2.1 通过 groupby() 对数据进行分组

pandas 的 Series 类或 DataFrame 类中提供了一个用于实现分组操作的方法 groupby()，该方法可以按照不同的拆分标准将数据拆分成若干个分组，具体语法格式如下：

```
groupby(by=None, axis=0, level=None, as_index=True, sort=True,
        group_keys=True, squeeze=NoDefault.no_default, observed=False,
        dropna=True)
```

groupby() 方法中部分参数表示的含义如下：

（1）by：用于确定分组的拆分标准。

（2）axis：表示沿着行或列拆分，取值可以为 0（默认）或 index 和 1 或 columns，其中 0 或 index 代表沿着行拆分，1 或 columns 代表沿着列拆分。

（3）as_index：表示是否返回以分组标签作为索引的对象输出，默认值为 True。

（4）sort：表示是否对分组标签进行排序，默认值为 True。

值得一提的是，若 groupby() 方法的调用方是 Series 类的对象，则该方法的返回值是 SeriesGroupBy 对象；若 groupby() 方法的调用方是 DataFrame 类的对象，则该方法的返回值是 DataFrameGroupBy 对象。

参数 by 决定了按照什么样的标准对数据进行分组，该参数支持多种形式的值，包括列标签、列表、数组、Series 类的对象、字典或函数，其中列表或数组的长度必须与待拆分行或列方向上的数据个数相等。

为了帮助大家更好地理解参数 by 的用法，接下来，分别以列标签、Series 类的对象、字典和函数这几种方式为例，演示如何使用 groupby() 方法按照不同的标准进行分组，具体内容如下。

1. 按照列标签进行分组

当使用 groupby() 方法对数据进行分组时，若给参数 by 传入的值是列标签，此时会将该列中值相同的行拆分出来整合成一个分组，值不同的行拆分出来自成为一个分组。下面以图 5-1 中的原数据为例，通过代码演示如何按照列标签对数据进行分组，具体步骤如下。

首先，创建一个 DataFrame 类的对象，示例代码如下：

```
In []: import pandas as pd
       df_obj = pd.DataFrame({'key':['C', 'B', 'C', 'A', 'B', 'B', 'A', 'C',
                                    'A'],'num':[2, 4, 6, 8, 10, 1, 14, 16, 18]})
       df_obj
Out[]:   key  num
       0   C    2
       1   B    4
       2   C    6
       3   A    8
       4   B   10
       5   B    1
       6   A   14
       7   C   16
       8   A   18
```

然后，调用 groupby() 方法进行分组，并通过 by 参数指定分组的标准是 key 列，示例代码如下：

```
In []: df_gb = df_obj.groupby(by='key')  # 按 key 列进行分组
       df_gb
Out[]: <pandas.core.groupby.generic.DataFrameGroupBy object at
       0x00000277D703DB80>
```

从输出结果中可以看出，程序返回了一个 DataFrameGroupBy 对象，该对象其实是一个可迭代的对象，可以直接使用 for 语句进行循环遍历，查看每个分组的具体信息，示例代码如下：

```
In []: for gb in df_gb:
           print(gb)
Out[]: ('A',   key  num
       3   A    8
       6   A   14
       8   A   18)
```

```
('B',    key  num
1    B     4
4    B    10
5    B     1)
('C',    key  num
0    C     2
2    C     6
7    C    16)
```

从上述结果中可以看出，程序输出了三个元组，每个元组里面都有两个元素，其中第一个元素是分组的名称，第二个元素为该分组对应的 DataFrame 类的对象。

2. 按照 Series 类的对象进行分组

当使用 groupby() 方法对数据进行分组时，若给参数 by 传入的值是 Series 类的对象，此时会根据 Series 类的对象中的值决定如何分组，若值相同，则需要将原数据中与值位置对应的行拆分成一个分组；若值不同，则需要将原数据中与值位置对应的行拆分成一个分组。接下来，通过代码演示如何按照 Series 类的对象对数据进行分组，具体步骤如下。

首先，创建一个 DataFrame 类的对象，示例代码如下：

```
In []: import pandas as pd
       df_obj = pd.DataFrame({'key': ['A', 'A', 'B', 'B', 'C'],
                              'num': [2, 3, 4, 6, 8]})
       df_obj
Out[]:   key  num
       0   A    2
       1   A    3
       2   B    4
       3   B    6
       4   C    8
```

然后，创建一个用作分组标准的 Series 类的对象，示例代码如下：

```
In []: ser_obj = pd.Series(['a', 'b', 'c', 'a', 'b'])
       ser_obj
Out[]: 0    a
       1    b
       2    c
       3    a
       4    b
       dtype: object
```

从上述结果中可以看出，索引 0 和 3 对应的数据均为 a，索引 1 和 4 对应的数据均为 b，索引 2 对应的数据是 c。

最后，调用 groupby() 方法进行分组，并通过 by 参数指定分组的标准是 Series 类的对象，查看每个分组的具体信息，示例代码如下：

```
In []: group_obj = df_obj.groupby(by=ser_obj)    # 按 Series 类的对象进行分组
       for i in group_obj:                       # 查看分组的信息
           print(i)
```

```
Out[]: ('a',    key  num
       0    A    2
       3    B    6)
       ('b',    key  num
       1    A    3
       4    C    8)
       ('c',    key  num
       2    B    4)
```

从上述结果中可以看出，df_obj 对象按照 ser_obj 拆分为 a、b、c 三组，其中行索引 0 和 3 对应的两行为 a 组的数据，行索引 1 和 4 对应的两行为 b 组的数据，行索引 2 对应的一行为 c 组的数据。

如果 Series 类对象的索引长度小于原对象的行索引长度，那么在使用 groupby() 方法进行分组时会怎么样呢？此时只会将原对象的部分数据进行分组，而不会将全部的数据进行分组，示例代码如下：

```
In []: # Series 类对象的索引长度小于原对象的行索引长度
       ser_diff = pd.Series(['a', 'b', 'a'])
       group_obj = df_obj.groupby(by=ser_diff)
       for i in group_obj:
           print(i)
Out[]: ('a',    key  num
       0    A    2
       2    B    4)
       ('b',    key  num
       1    A    3)
```

从上述结果中可以看出，df_obj 对象按照 ser_diff 拆分为 a、b 两组，其中行索引 0 和 2 对应的两行为 a 组的数据，行索引 1 对应的一行为 b 组的数据。

3．按照字典进行分组

当使用 groupby() 方法对数据进行分组时，若给参数 by 传入的值是字典，此时会将字典的键作为原对象行或列的标签索引，字典的值作为分组的名称，根据分组名称与标签索引的对应关系进行分组。接下来，通过代码演示如何按照字典对数据进行分组，具体步骤如下。

首先，创建一个 DataFrame 类的对象，具体代码如下：

```
In []: from pandas import DataFrame
       num_df = DataFrame({'a': [1, 2, 3, 4],
                           'b': [5, 6, 7, 8],
                           'c': [9, 10, 11, 12],
                           'd': [13, 14, 15, 16],
                           'e': [17, 18, 19, 20]})
       num_df
Out[]:    a  b   c   d   e
       0  1  5   9  13  17
       1  2  6  10  14  18
       2  3  7  11  15  19
       3  4  8  12  16  20
```

然后，创建一个表示分组标准的字典，字典的键为 num_df 对象的列名称，值为自定义的分组名称，具体代码如下：

```
In []: # 创建一个表示分组标准的字典
       group_rule = {'a':'Group_One', 'b':'Group_Two', 'c':'Group_One',
                     'd':'Group_Thr', 'e':'Group_Two'}
       group_rule
Out[]: {'a': 'Group_One',
        'b': 'Group_Two',
        'c': 'Group_One',
        'd': 'Group_Thr',
        'e': 'Group_Two'}
```

从上述结果中可以看出，字典的键 a 和 c 对应的值都是 Group_One，键 b 和 e 对应的值都是 Group_Two，键 d 对应的值是 Group_Thr。

最后，调用 groupby() 方法对 num_df 对象进行分组，并通过 by 参数指定分组的拆分标准是字典 group_rule，查看每个分组的具体信息，示例代码如下：

```
In []: # 按字典进行分组，并指定沿着列拆分
       group_obj = num_df.groupby(group_rule, axis=1)
       for i in group_obj:
           print(i)
Out[]: ('Group_One',
          a   c
       0  1   9
       1  2  10
       2  3  11
       3  4  12)
       ('Group_Thr',
           d
       0  13
       1  14
       2  15
       3  16)
       ('Group_Two',
          b   e
       0  5  17
       1  6  18
       2  7  19
       3  8  20)
```

从上述结果中可以看出，num_df 对象按照字典拆分为 Group_One、Group_Thr、Group_Two 共三组，其中列索引 a 和 c 对应的两列为 Group_One 组的数据，列索引 d 对应的一列为 Group_Thr 组的数据，列索引 b、e 对应的两列为 Group_Two 组的数据。

4. 按照函数进行分组

当使用 groupby() 方法对数据进行分组时，若给参数 by 传入的值是函数，则会让行或列的标签索引调用一次该函数，并根据返回的值决定如何分组，如果值相同，则会将对应的行或列整合成一组；如果值不同，则会将对应的行或列自成一组。接下来，通过代码演示如何按照函

数对数据进行分组，具体步骤如下。

首先，创建一个 DataFrame 类的对象，并为该对象显式指定行的标签索引，具体代码如下：

```
In []: import pandas as pd
       df_obj = pd.DataFrame({'a': [1, 2, 3, 4, 5],
                              'b': [6, 7, 8, 9, 10],
                              'c': [11, 12, 13, 14, 15]},
                              index=['Leo', 'Jack', 'Alice', 'Helen', 'Joe'])
       df_obj
Out[]:         a   b   c
       Leo     1   6  11
       Jack    2   7  12
       Alice   3   8  13
       Helen   4   9  14
       Joe     5  10  15
```

然后对 df_obj 对象进行分组，分组的标准是内置函数 len()，并通过 for 循环遍历查看每个分组的具体信息，示例代码如下：

```
In []: group_obj = df_obj.groupby(by=len)    # 按照内置函数 len() 进行分组
       for i in group_obj:
           print(i)
Out[]: (3,        a   b   c
       Leo        1   6  11
       Joe        5  10  15)
       (4,        a   b   c
       Jack       2   7  12)
       (5,        a   b   c
       Alice      3   8  13
       Helen      4   9  14)
```

上述代码中，通过 df_obj 对象调用 groupby() 方法进行分组，在该方法中 by 参数的值为 len，说明程序会调用 len() 函数计算行索引名称的长度，只要行索引名称的长度相等，就将这些索引对应的行整合成一个分组，长度不等的索引对应的行自成一个分组，分组的名称是行索引名称的长度。

从上述结果中可以看出，df_obj 对象按照行索引名称的长度拆分为 3、4、5 三组，其中行索引 Leo 和 Joe 对应的两行为分组 3 的数据，行索引 Jack 对应的一行为分组 4 的数据，行索引 Alice、Helen 对应的两行为分组 5 的数据。

5.2.2 查看分组信息

无论是 SeriesGroupBy 对象和 DataFrameGroupBy 对象，它们其实都属于 GroupBy 对象。GroupBy 对象是一个可迭代对象，无法通过直接输出的方式展示分组的信息。如果希望查看分组的信息，除了通过前面介绍的 for 语句循环遍历之外，还可以通过 GroupBy 对象的属性或方法查看分组的信息。

通过访问 GroupBy 对象的 groups 属性查看分组的信息，groups 属性的值是一个字典，字典中每个键值对对应一个分组。例如，通过 df_gb 对象访问 groups 属性查看分组的信息，具体代码如下：

```
In []:df_gb.groups      # 查看分组的信息
Out[]:{'A': [3, 6, 8], 'B': [1, 4, 5], 'C': [0, 2, 7]}
```

从上述结果中可以看出，字典中总共有三个键值对，键为分组的名称，值为包含行索引的列表。

若希望获取一个分组，则可以通过 GroupBy 对象的 get_group() 方法实现。例如，通过 df_gb 对象的 get_group() 方法分别获取分组 A、分组 B 和分组 C，具体代码如下：

```
In []:df_gb.get_group('A')        # 获取分组 A
Out[]:   key  num
      3   A     8
      6   A    14
      8   A    18
In []:df_gb.get_group('B')        # 获取分组 B
Out[]:   key  num
      1   B     4
      4   B    10
      5   B     1
In []:df_gb.get_group('C')        # 获取分组 C
Out[]:key   num
      0   C     2
      2   C     6
      7   C    16
```

5.3 数据聚合

聚合一般指的是对每个分组执行一些操作，比如求平均值、求最大值等，并把操作后所得的结果整合到一起，生成一组新数据。pandas 中可以通过两种方式实现聚合操作，分别是内置的统计方法和 agg() 方法，接下来，本节将针对这两种方式进行详细地介绍。

5.3.1 通过统计方法聚合数据

前面介绍过 pandas 的统计方法，例如，用于获取最大值和最小值的 max() 和 min()、求平均数的 mean() 等，这些方法可以直接应用到分组，对分组的数据进行聚合操作。需要说明的是，如果分组数据中有缺失值 NaN，那么在进行聚合操作时会自动忽略 NaN 值。接下来，通过一个示例演示如何通过 mean() 方法实现聚合操作，具体步骤如下。

首先，创建一个 DataFrame 类的对象，具体代码如下：

```
In []:import pandas as pd
      import numpy as np
      df = pd.DataFrame({'key1': ['A', 'A', 'B', 'B', 'A'],
                         'key2': ['one', 'two', 'one', 'two', 'one'],
                         'data1': [2, 3, 4, 6, 8],
                         'data2': [3, 5, np.nan, 3,7]})
      df
```

```
Out[]:   key1 key2  data1  data2
       0    A  one      2    3.0
       1    A  two      3    5.0
       2    B  one      4    NaN
       3    B  two      6    3.0
       4    A  one      8    7.0
```

从上述结果中可以看出，df 对象总共有 5 行 4 列的数据，其中 key1 和 key2 列的数据都是字符串，data1 和 data2 列的数据除了 NaN 值外其余都是数字。

然后，按照 key1 列对 df 对象进行分组，并通过 for 语句遍历查看每个分组的信息，具体代码如下：

```
In []: group_obj = df.groupby('key1')
       for i in group_obj:
           print(i)
Out[]: ('A',    key1  key2  data1  data2
       0    A   one      2    3.0
       1    A   two      3    5.0
       4    A   one      8    7.0)
       ('B',    key1  key2  data1  data2
       2    B   one      4    NaN
       3    B   two      6    3.0)
```

最后，让每个分组应用 mean() 方法计算平均数，并将每个分组的平均数合并到一起，具体代码如下：

```
In []: group_obj.mean()          # 计算每个分组的数据的平均数
Out[]:           data1  data2
       key1
       A      4.333333    5.0
       B      5.000000    3.0
```

从上述结果中可以看出，程序返回了一个 2 行 2 列的 DataFrame 类的对象， data1 列中 A 组的平均数为 4.333333，相当于 (2+3+8)/3 的结果，B 组的平均数为 5.000000，相当于 (4+6)/2 的结果；data2 列中 A 组的平均数为 5.0，相当于 (3.0+5.0+7.0)/3 的结果，B 组的平均数为 3.0，相当于 3.0/1 的结果。

5.3.2 通过 agg() 方法聚合数据

在 pandas 中，除了直接使用统计方法聚合数据之外，还可以使用 agg() 方法聚合数据，agg() 方法会在 GroupBy 对象的指定行或指定列上应用一个或多个函数或方法，通过这些函数或方法对指定行或指定列的数据执行聚合操作，从而产生一个标量值。agg() 方法的语法格式如下：

```
agg(func=None, axis=0, *args, **kwargs)
```

agg() 方法中部分参数表示的含义如下：

（1）func：用于聚合数据的函数或方法，该参数的取值可以是匿名函数、函数名或方法名、包含函数名或方法名的列表或字典。注意，我们既可以使用 5.3.1 中提过的统计方法，也可以使用自定义的函数。

（2）axis：表示函数被应用到行或列，该参数支持 0（默认值）、index、1、columns 这几种取值，其中 0 和 index 表示将函数应用到每一列；1 和 columns 表示将函数应用到每一行。

值得一提的是，在使用 agg() 方法聚合数据时，不仅可以让一个函数作用于分组数据的所有行或列，还可以让多个函数作用于分组数据的所有行或列，甚至可以让不同函数作用于分组数据的不同行或不同列。下面分三种情况介绍 agg() 方法的基本用法，具体内容如下。

1. 所有列应用一个函数

当使用 agg() 方法聚合数据时，若给参数 func 传入的值是一个匿名函数或函数名，不给 axis 参数传值，则此时会让分组数据的所有列应用这个函数，并执行相应的操作。接下来，通过一个示例演示如何使用 agg() 方法实现数据聚合的功能，并让每个分组的所有列应用同一个函数，具体步骤如下。

首先，创建一个 DataFrame 类的对象，该对象的前 6 列数据都是整数，最后一列数据都是字符串，具体代码如下：

```
In []:  import numpy as np
        from pandas import DataFrame, Series
        df_obj = DataFrame(np.arange(36).reshape((6, 6)),
        columns=list('abcdef'))
        df_obj['key'] = Series(list('aaabbb'), name='key')
        df_obj
Out[]:     a   b   c   d    e   f  key
        0  0   1   2   3    4   5   a
        1  6   7   8   9   10  11   a
        2  12  13  14  15  16  17   a
        3  18  19  20  21  22  23   b
        4  24  25  26  27  28  29   b
        5  30  31  32  33  34  35   b
```

然后，按照 key 列对 df_obj 对象进行分组，凡是 key 列值为 a 的行划分为一组，值为 b 的行划分为一组，具体代码如下：

```
In []:  group_obj = df_obj.groupby('key')
        group_obj.get_group('a')               # 获取分组 a 的信息
Out[]:     a   b   c   d    e   f  key
        0  0   1   2   3    4   5   a
        1  6   7   8   9   10  11   a
        2  12  13  14  15  16  17   a
In []:  group_obj.get_group('b')               # 获取分组 b 的信息
Out[]:     a   b   c   d    e   f  key
        3  18  19  20  21  22  23   b
        4  24  25  26  27  28  29   b
        5  30  31  32  33  34  35   b
```

最后，分别对分组 a 和分组 b 的数据应用 sum() 函数，计算 a 列到 f 列数据的和，进而实现数据聚合的功能，具体代码如下：

```
In []: # 聚合数据，所有列应用一个函数
       group_obj.agg(sum)
Out[]:      a   b   c   d   e   f
       key
       a    18  21  24  27  30  33
       b    72  75  78  81  84  87
```

从上述结果中可以看出，group_obj 对象聚合后生成一个 2 行 6 列的对象，该对象中的行索引是分组的名称，每列的数据是分组 a 和分组 b 的和。例如，a 列中 18 是分组 a 中 a 列数值的和，即 0+6+12=18；72 是分组 b 中 a 列数值的和，即 18+24+30=72。

在使用 agg() 方法时也可以传入自定义的函数。例如，定义一个用来计算极差值（极差值 = 最大值 − 最小值）的函数，使分组的所有列应用该函数计算极差值，具体代码如下：

```
In []: def my_range(arr):
           return arr.max() - arr.min()
       # 聚合数据，所有列应用自定义函数
       group_obj.agg(my_range)
Out[]:      a   b   c   d   e   f
       key
       a    12  12  12  12  12  12
       b    12  12  12  12  12  12
```

从上述结果中可以看出，每列的数据是分组 a 和分组 b 的极差值。例如，a 行 a 列的 12 是分组 a 中 a 列数值的极差值，即 12−0=12；b 行 a 列的 12 是分组 b 中 a 列数值的极差值，即 30−18=12。

2．所有列应用多个函数

当使用 agg() 方法聚合数据时，若给参数 func 传入的值是一个包含函数名的列表，不给 axis 参数传值，则此时会让分组数据的所有列应用多个函数，并执行相应的操作。

接下来以 group_obj 对象为例，演示如何通过 agg() 方法实现数据聚合的功能，每个分组的所有列同时应用 sum() 和 my_range() 这两个函数，既要计算每列数据的和，又要计算每列数据的极差值，具体代码如下：

```
In []: # 聚合数据，所有列应用两个函数
       group_obj.agg([sum, my_range])
Out[]:      a             b             c               ...     f
            sum my_range  sum my_range  sum my_range    ...     sum my_range
       key
       a    18        12  21        12  24          12  ...      33       12
       b    72        12  75        12  78          12  ...      87       12
```

从上述结果中可以看出，group_obj 对象聚合后生成一个新的对象，该对象的行索引是分组的名称，列索引是分层索引，每个外层索引都嵌套了两个内层索引，内层索引的值是函数的名称 sum 和 my_range。

以上结果用函数名作为每列数据的内层索引，如果函数名起的不太明确，那么这时便不能

很好地辨别出每列数据代表的含义。pandas 的设计者已经考虑到这一点，它允许在应用函数的同时给函数指定名称，格式为（名称 , 函数名）。下面对上述示例进行修改，优化结果对象的内层索引，具体代码如下：

```
In []: group_obj.agg([('和', sum), ('极差', my_range)])
Out[]:      a         b         c         d         e         f
            和  极差  和  极差  和  极差  和  极差  和  极差  和  极差
       key
       a    18    12  21    12  24  12    27    12  30  12    33  12
       b    72    12  75    12  78  12    81    12  84  12    87  12
```

从上述结果中可以看出，列索引中内层索引的值已经由函数的名称变成了指定的汉字。

3. 不同列应用不同函数

当使用 agg() 方法聚合数据时，若给参数 func 传入的值是一个字典，不给 axis 参数传值，则可以让分组的不同列应用不同的函数，并通过这些函数对指定列执行相应的操作。字典有着一定的格式要求，字典的键是分组的列索引，字典的值是函数名或包含函数名的列表。

接下来以 group_obj 对象为例，演示如何通过 agg() 方法实现数据聚合的功能，每个分组的 a 列应用 sum() 函数进行求和运算，b 列应用 mean() 函数进行求平均数运算，c 列应用 my_range() 函数进行求极差运算，具体代码如下：

```
In []: # 聚合数据，不同列应用不同的函数
       group_obj.agg({'a': 'sum', 'b': 'mean', 'c': my_range})
Out[]:      a     b    c
       key
       a    18   7.0   12
       b    72  25.0   12
```

从上述结果中可以看出，group_obj 对象聚合后生成一个 2 行 3 列的对象，该对象的行索引是分组的名称，a 列的数据是分组 a 和分组 b 的数值之和，b 列的数据是分组 a 和分组 b 的平均数，c 列的数据是分组 a 和分组 b 的极差。

数据聚合具有多种选择方案，供用户根据需求自由选择。在学习的过程中，我们应该不断探索和创新，培养科学精神和开放思维，以寻找创新解决方案并应用于实际场景。

5.4　分组级运算

除了前面介绍的聚合操作以外，pandas 中还支持其他用于分组级别的运算操作，包括数据转换和数据应用，接下来，本节将针对数据转换和数据的相关内容进行详细地讲解。

5.4.1　数据转换

数据转换是 pandas 中强大的功能之一，它可以对分组执行一些汇总操作，且不改变分组之前的对象形状，使转换后对象的形状与分组前对象的形状保持一致。

pandas 中 DataFrameGroupBy 类和 SeriesGroupBy 类均提供了 transform() 方法，通过 transform()

方法可以实现数据转换的功能。transform() 方法可以将一个函数应用在分组上，对分组的列执行相应的操作，该方法的语法格式如下：

```
transform(func, *args, engine=None, engine_kwargs=None, **kwargs)
```

transform() 方法中常用参数表示的含义如下所示：

（1）func：表示每个分组应用的函数，取值可以是匿名函数或函数名。

（2）*args：表示传递给 func 的位置参数。

（3）**kwargs：表示传递给 func 的关键字参数。

transform() 方法在转换成功后通常会返回一个与原始对象形状相同的新对象，新对象中的数据是每个分组应用函数后计算所得的结果。注意，如果原始对象中包含非数值的列，则通过 transform() 方法对原始对象进行转换时会忽略这些列，这时转换后新对象的形状会发生变化。

接下来，通过一个示例演示如何通过 transform() 方法实现数据转换的功能，具体步骤如下。

首先，创建一个 DataFrame 类的对象，具体代码如下：

```
In []: import pandas as pd
       df = pd.DataFrame({'A': [2, 3, 3, 4, 2],
                          'B': [4, 2, 3, 6, 6],
                          'C': [9, 7, 0, 7, 8],
                          'D': [3, 4, 8, 6, 10]})
       df
Out[]:    A  B  C   D
       0  2  4  9   3
       1  3  2  7   4
       2  3  3  0   8
       3  4  6  7   6
       4  2  6  8  10
```

然后，创建一个长度与 df 对象行数相等的列表 key，将 df 对象按照 key 进行分组，具体代码如下：

```
In []: key = ['one', 'one', 'two', 'two', 'two']
       # 按照 key 对 df 对象进行分组
       group_obj = df.groupby(key)
       # 查看分组 one
       dict([x for x in group_obj])['one']
Out[]:    A  B  C  D
       0  2  4  9  3
       1  3  2  7  4
In []: # 查看分组 two
       dict([x for x in group_obj])['two']
Out[]:    A  B  C   D
       2  3  3  0   8
       3  4  6  7   6
       4  2  6  8  10
```

最后，让每个分组执行求平均数的操作，并将各列的平均数广播到分组的各列，保证结果跟原对象具有相同的形状，具体代码如下：

```
In []: # 转换数据，所有列执行求平均数的操作
       group_obj.transform('mean')
Out[]:       A    B    C    D
       0  2.5  3.0  8.0  3.5
       1  2.5  3.0  8.0  3.5
       2  3.0  5.0  5.0  8.0
       3  3.0  5.0  5.0  8.0
       4  3.0  5.0  5.0  8.0
```

从上述结果中可以看出，每列的数据是各分组求得的平均数。以 one 组 A 列的数据为例，one 组 A 列中原来的数据是 2 和 3，它们的平均数是（2+3）/2，也就是 2.5，2.5 是一个标量值，它会在 one 组的 A 列上进行广播，使得该列的数据都变成了 2.5。

当然，如果原对象中包含一些非数字类型的列，那么此时再对该对象进行分组与转换操作后，所得的结果与原对象会具有不同的形状，列数不同，行数相同。例如，给 df 对象新增一列与 key 列表值相同的 key 列，让该对象按照 key 列进行分组，之后对每个分组的数据进行转换，具体代码如下：

```
In []: df['key'] = key    # 增加 key 列
       df
Out[]:    A  B  C   D  key
       0  2  4  9   3  one
       1  3  2  7   4  one
       2  3  3  0   8  two
       3  4  6  7   6  two
       4  2  6  8  10  two
In []: # 对 df 对象进行分组、转换操作
       new_df = df.groupby('key').transform('mean')
       new_df
Out[]:       A    B    C    D
       0  2.5  3.0  8.0  3.5
       1  2.5  3.0  8.0  3.5
       2  3.0  5.0  5.0  8.0
       3  3.0  5.0  5.0  8.0
       4  3.0  5.0  5.0  8.0
```

通过比较两个结果可以看出，new_df 对象只有 5 行 4 列的数据，相比 df 对象少了 key 这一列。

需要注意的是，在使用 transform() 方法进行转换操作时，也可以给 func 参数传入自定义的函数，具体用法跟统计方法是一样的，这里就不再举例了。

5.4.2 数据应用

当一些用于分组的操作中既不适合用 agg() 方法进行聚合，也不适合用 transform() 方法进行转换时，此时 apply() 方法便可以派上用场了。apply() 方法的使用是十分灵活的，既可以在前面介绍的标准用例中替代聚合和转换，也可以处理一些其他的操作，比如展示分组的描述性统计信息。apply() 方法的语法格式如下：

```
apply(func, *args, **kwargs)
```

apply() 方法中常用参数表示的含义如下：

（1）func：表示应用于分组的函数，该函数默认会将调用方作为第一个参数进行传递。

（2）*args：表示传递给 func 的位置参数。

（3）**kwargs：表示传递给 func 的关键字参数。

为了帮助大家更好地理解 apply() 方法，接下来，通过一个示例来演示如何使用 apply() 方法展示分组的描述性统计信息，具体步骤如下。

首先，创建一个 DataFrame 类的对象，具体代码如下：

```
In []: import numpy as np
       from pandas import DataFrame, Series
       arr = np.arange(1, 17).reshape((8, 2))
       df_obj = DataFrame(arr, columns=list('ab'))
       df_obj['key'] = ['foo', 'bar', 'foo', 'bar', 'foo',
                         'bar', 'foo', 'foo']
       df_obj
Out[]:     a   b  key
       0   1   2  foo
       1   3   4  bar
       2   5   6  foo
       3   7   8  bar
       4   9  10  foo
       5  11  12  bar
       6  13  14  foo
       7  15  16  foo
```

然后，让 df_obj 对象按照 key 列进行分组，并将该列中值相同的行分成一组，值不同的行自成一组，具体代码如下：

```
In []: group_obj = df_obj.groupby('key')
       dict([x for x in group_obj])['foo']
Out[]:     a   b  key
       0   1   2  foo
       2   5   6  foo
       4   9  10  foo
       6  13  14  foo
       7  15  16  foo
In []: dict([x for x in group_obj])['bar']
Out[]:     a   b  key
       1   3   4  bar
       3   7   8  bar
       5  11  12  bar
```

上述代码中，首先按照 key 列将 df_obj 对象进行分组，为了能够知道每个分组有哪些数据，这里可以使用列表推导式遍历 group_obj 对象，将取出的每个分组构建成列表，之后把包含所有分组的列表强制转换为字典，其中字典的键是分组的名称，字典的值的分组的具体内容。

最后，使用 apply() 方法给分组应用一个匿名函数，并在匿名函数中调用 describe() 方法来展示每个分组的描述性统计信息，具体代码如下：

```
In []: # 展示每个分组的描述性统计信息
       group_obj.apply(lambda x: x.describe())
Out[]:                   a          b
       key
       bar count   3.000000   3.000000
           mean    7.000000   8.000000
           std     4.000000   4.000000
           min     3.000000   4.000000
           25%     5.000000   6.000000
           50%     7.000000   8.000000
           75%     9.000000  10.000000
           max    11.000000  12.000000
       foo count   5.000000   5.000000
           mean    8.600000   9.600000
           std     5.727128   5.727128
           min     1.000000   2.000000
           25%     5.000000   6.000000
           50%     9.000000  10.000000
           75%    13.000000  14.000000
           max    15.000000  16.000000
```

从上述结果中可以看出，程序返回了一个新的 DataFrame 类的对象，该对象的行索引是分层索引，外层索引是分组的名称 bar 和 foo，每个外层索引嵌套了 8 个索引，分别为 count、mean、std、min、25%、50%、75%、max，依次代表着有效值的数量、平均值、标准差、最小值、四分之一分位数、二分之一分位数、四分之三分位数和最大值。

5.5　案例：篮球运动员信息分析

中国已经成为了体育大国，从 2008 年的夏季奥运会到 2022 年的冬季奥运会，中国健儿拿下数百枚奖牌，让国人扬眉吐气，向世界证明了中国的实力。当前，我国体育正处于从体育大国向体育强国迈进的重要时期，奋斗依然是不变的主题。接下来，本节将运用前面所学的知识，完成一个分析中国篮球运动员信息的案例。

5.5.1　案例需求

本案例要求对一组保存了运动员信息的数据进行操作，完成以下三个目标：

（1）计算中国男篮、女篮运动员的平均身高与平均体重。

（2）统计中国篮球运动员的年龄分布情况。

（3）计算中国篮球运动员的体质指数。

5.5.2 数据准备

在了解了案例的目标之后，我们需要先获取案例用到的数据，提前对数据整体的情况有个大致了解。运动员信息的数据分别保存在 athletes01.csv 和 athletes02.xlsx 文件中。

接下来，使用 pandas 的读取文件的函数依次读取上面两个文件的数据，采用主键合并、外连接的方式合并这些数据，具体代码如下：

```
In [ ]: import numpy as np
        import pandas as pd
        file_one = pd.read_csv('athletes01.csv', encoding='gbk')
        file_two = pd.read_excel('athletes02.xlsx')
        # 采用外连接的方式合并数据
        all_data = pd.merge(left=file_one, right=file_two, how='outer')
        # 筛选出国籍为中国的运动员
        all_data = all_data[all_data['国籍'] == '中国']
        # 查看摘要信息
        all_data.info()
Out[ ]: <class 'pandas.core.frame.DataFrame'>
        Int64Index: 372 entries, 2 to 548
        Data columns (total 8 columns):
         #   Column  Non-Null Count  Dtype
        ---  ------  --------------  -----
         0   中文名    372 non-null    object
         1   性别     372 non-null    object
         2   国籍     372 non-null    object
         3   出生日期   323 non-null    object
         4   身高     220 non-null    object
         5   体重     205 non-null    object
         6   项目     371 non-null    object
         7   省份     356 non-null    object
        dtypes: object(8)
        memory usage: 26.2+ KB
```

从上述结果中可以看出，数据总共有 8 列，其中前三列非空值的数量相等，后五列非空值的数量不等，说明这几列可能存在缺失值的问题；所有列的数据类型均为 object 类型，由于案例需求要对年龄、身高、体重进行统计运算，所以这里需要对部分列的数据做类型转换操作，以便计算这些列数据的统计指标。

5.5.3 案例实现

在对数据进行分析之前需要先处理数据中存在的问题，包括检测与处理重复值、缺失值、异常值，进而提高数据的质量，之后逐个完成案例需求设定的三个目标，具体内容如下。

1. 检测与处理重复值

使用 duplicated() 方法检测合并后的数据中是否存在重复值，并查看这些重复值，具体代码如下：

```
In [ ]: # 检测 all_data 里面是否有重复值
        all_data[all_data.duplicated().values==True]
```

```
Out[]:      ... 性别   国籍            出生日期    身高        体重    项目     省份
       44   ...  男   中国    1993 年 2 月 16 日   179cm       65kg    田径     广东
       56   ...  男   中国     1998 年 3 月 6 日   191cm    76-80kg    游泳     河南
       73   ...  女   中国     2000 年 4 月 4 日   184 厘米     72kg    排球     湖南
       122  ...  女   中国              1998 年   190 厘米     77kg    篮球     山东
       291  ...  男   中国    2001 年 1 月 16 日   217 厘米     95kg    篮球     河南
```

从上述结果中可以看出，数据中总共有 5 个重复值。

使用 drop_duplicates() 方法删除这些重复值，并重置 all_data 的行索引，具体代码如下：

```
In []: # 删除 all_data 的重复值，并重新对数据进行索引
       all_data = all_data.drop_duplicates(ignore_index=True)
       all_data.head(10)
Out[]:     ...   性别   国籍            出生日期     身高     体重      项目    省份
       0   ...    女   中国     1994 年 9 月 18 日    NaN      NaN      足球    辽宁
       1   ...    男   中国    1993 年 10 月 20 日   175cm    72kg    乒乓球    辽宁
       2   ...    男   中国     1989 年 7 月 27 日  172 厘米   77kg      举重    湖北
       3   ...    女   中国     2001 年 2 月 25 日    NaN      NaN    高尔夫    广东
       4   ...    男   中国      2000 年 8 月 3 日  183 厘米   75kg    高尔夫    湖南
       5   ...    女   中国           2004 年 9 月    NaN      NaN      体操    辽宁
       6   ...    女   中国     1998 年 1 月 18 日    NaN      NaN      赛艇    河北
       7   ...    女   中国          1997 年 11 月    NaN      NaN    乒乓球    广东
       8   ...    女   中国      1993 年 6 月 5 日    NaN      NaN      足球    辽宁
       9   ...    女   中国               1989 年    NaN      NaN      柔道    辽宁
```

2. 处理缺失值

通过前面查看合并后数据的摘要信息可知，整组数据中只有后面 5 列存在缺失值，其中，“身高”一列包含以“cm”和“厘米”为单位的数据，这两列都存在数据形式不统一的问题。由于所有列的数据类型均为 object，这里需要根据实际值对数据进行相应类型的转换。不同列的数据应采用不同的方式进行处理，下面逐一介绍如何处理每列数据的缺失值。

（1）处理“出生日期”一列的缺失值。

由于本案例需要统计篮球运动员的年龄情况，这里只需要从数据中筛选项目为篮球的数据，具体代码如下：

```
In []: # 筛选出项目为篮球的运动员
       basketball_data = all_data[all_data['项目'] == '篮球']
       # 获取“出生日期”一列的数据
       basketball_data['出生日期']
Out[]: 35      1994 年 12 月 10 日
       62             1997 年 7 月
       63                  1998 年
       69       1997 年 6 月 25 日
       93             1995 年 4 月
       ...
       283            36113
       293            34425
       316            35583
       325            33695
       363            34790
       Name: 出生日期, dtype: object
```

从上述结果中可以看出，“出生日期”一列中没有缺失值，但包含“x 年 x 月”“x 年 x 月 x 日”“x 年”和“x”（与 1900 年 1 月 1 日相差的天数）这几种形式的数据。

为保证“出生日期”一列数据的一致性，这里统一将数据修改为以“x 年”形式显示的数据，具体代码如下。

```
In []: import datetime
       basketball_data = basketball_data.copy()
       # 将以“x”天显示的日期转换成以“x 年 x 月 x 日”形式显示的日期
       initial_time = datetime.datetime.strptime('1900-01-01', "%Y-%m-%d")
       for i in basketball_data.loc[:, '出生日期']:
           if type(i) == int:
               new_time = (initial_time + datetime.timedelta(
                           days=i)).strftime('%Y{y}%m{m}%d{d}').format(
                           y='年', m='月', d='日')
               basketball_data.loc[:, '出生日期'] = basketball_data.loc[:,
                      '出生日期'].replace(i, new_time)
       # 为保证出生日期的一致性，这里统一使用只保留到年份的日期
       basketball_data.loc[:, '出生日期'] =
           basketball_data['出生日期'].apply(lambda x:x[:5])
       basketball_data['出生日期'].head(10)
Out[]: 35      1994年
       62      1997年
       63      1998年
       69      1997年
       93      1995年
       104     1999年
       166     1992年
       187     1994年
       197     2001年
       206     1999年
       Name: 出生日期, dtype: object
```

从上述结果中可以看出，“出生日期”一列的数据形成了统一的时间格式。

（2）处理“身高”一列的缺失值。

“身高”一列存在多个缺失值，因为男篮运动员与女篮运动员的体质不同，所以这里以“性别”一列拆分数据，计算男篮运动员的平均身高，使用该平均身高替换缺失值，具体代码如下：

```
In []: # 筛选男篮运动员数据
       male_data = basketball_data[basketball_data['性别'].apply(
                   lambda x :x =='男')]
       male_data = male_data.copy()
       # 计算身高平均值（四舍五入取整）
       male_height = male_data['身高'].dropna()
       fill_male_height = round(male_height.apply(
                          lambda x : x[0:-2]).astype(int).mean())
       fill_male_height = str(int(fill_male_height)) + '厘米'
       # 填充缺失值
       male_data.loc[:, '身高'] = male_data.loc[:,
                                  '身高'].fillna(fill_male_height)
       # 为方便后期使用，这里将身高数据转换为整数
```

```
male_data.loc[:, '身高'] = male_data.loc[:, '身高'].apply(
                                lambda x: x[0:-2]).astype(int)
# 重命名列标签索引
male_data.rename(columns={'身高':'身高/cm'}, inplace=True)
male_data
```

```
Out[]:      ...   性别   国籍     出生日期   身高/cm    体重    项目        省份
69          ...    男    中国     1997年      192       95kg    篮球        山西
104         ...    男    中国     1999年      214      110kg    篮球        福建
166         ...    男    中国     1992年      213      113kg    篮球        广东
187         ...    男    中国     1994年      206       90kg    篮球        辽宁
197         ...    男    中国     2001年      217       95kg    篮球        河南
216         ...    男    中国     1998年      204      100kg    篮球        河北
218         ...    男    中国     2000年      185       77kg    篮球        辽宁
219         ...    男    中国     2001年      208      108kg    篮球        辽宁
250         ...    男    中国     1998年      200       91kg    篮球        青海
283         ...    男    中国     1998年      192       85kg    篮球        辽宁
316         ...    男    中国     1997年      203      111kg    篮球        贵州
```

计算女篮球运动员的平均身高，使用该平均身高替换缺失值，代码如下：

```
In []: # 筛选女篮运动员数据
female_data = basketball_data[basketball_data['性别'].apply(
                lambda x :x =='女')]
female_data = female_data.copy()
data = {'191cm':'191厘米','1米89公分':'189厘米','2.01米':'201厘米',
        '187公分':'187厘米','1.97M':'197厘米','1.98米':'198厘米',
        '192cm':'192厘米'}
female_data.loc[:, '身高'] = female_data.loc[:, '身高'].replace(data)
# 计算身高平均值（四舍五入取整）
female_height = female_data['身高'].dropna()
fill_female_height = round(female_height.apply(
                     lambda x : x[0:-2]).astype(int).mean())
fill_female_height =str(int(fill_female_height)) + '厘米'
# 填充缺失值
female_data.loc[:, '身高'] = female_data.loc[:,
                            '身高'].fillna(fill_female_height)
# 为方便后期使用，这里将身高数据转换为整数
female_data['身高'] = female_data['身高'].apply(
                      lambda x : x[0:-2]).astype(int)
# 重命名列的标签索引
female_data.rename(columns={'身高':'身高/cm'}, inplace=True)
female_data
```

```
Out[]:      ...   性别   国籍     出生日期   身高/cm     体重     项目      省份
35          ...    女    中国     1994年      188        75kg    篮球      江苏
62          ...    女    中国     1997年      197        77kg    篮球      河北
63          ...    女    中国     1998年      190        77kg    篮球      山东
93          ...    女    中国     1995年      186        72kg    篮球      河北
206         ...    女    中国     1999年      168         NaN    篮球       NaN
...         ...   ...    ...       ...        ...         ...     ...       ...
259         ...    女    中国     1999年      198      88千克    篮球      湖北
272         ...    女    中国     1997年      191        85kg    篮球    黑龙江
293         ...    女    中国     1994年      195        80kg    篮球      广西
325         ...    女    中国     1992年      177        70kg    篮球      江苏
363         ...    女    中国     1995年      191        78kg    篮球      辽宁
```

（3）处理“体重”一列的缺失值。

观察前面两次输出的结果可知，女篮运动员数据中“体重”一列存在缺失值，且该列中行索引为 259 的数据与其他行数据的单位不统一，因此，这里先替换索引为 259 的数据，使之与其他数据具有相同的单位，具体代码如下：

```
In []: female_data.loc[:, '体重'] = female_data.loc[:, '体重'].replace(
                                    {'88千克': '88kg'})
       female_data
```

Out[]:

	...	性别	国籍	出生日期	身高/cm	体重	项目	省份
...	...	...	...	...	...	...	...	...
257	...	女	中国	1997年	197	77kg	篮球	河北
258	...	女	中国	2001年	192	8kg	篮球	广东
259	...	女	中国	1999年	198	88kg	篮球	湖北
272	...	女	中国	1997年	191	85kg	篮球	黑龙江
293	...	女	中国	1994年	195	80kg	篮球	广西
325	...	女	中国	1992年	177	70kg	篮球	江苏
363	...	女	中国	1995年	191	78kg	篮球	辽宁

从上述结果中可以看出，行索引为 259 的数据已经成功被替换了。此外，行索引为 258 的体重数值为 8kg，这显然跟实际是不符的，因此，这里采用前向填充的方式替换有问题的这个数值，使之填充为上一行的数值，具体代码如下：

```
In []: # 采用前向填充的方式，替换体重为8kg的值
       female_data['体重'].replace(to_replace='8kg',
                                  method='pad',inplace=True)
       female_data
```

Out[]:

	...	性别	国籍	出生日期	身高/cm	体重	项目	省份
...	...	...	...	...	...	...	...	...
257	...	女	中国	1997年	197	77kg	篮球	河北
258	...	女	中国	2001年	192	77kg	篮球	广东
259	...	女	中国	1999年	198	88kg	篮球	湖北
272	...	女	中国	1997年	191	85kg	篮球	黑龙江
293	...	女	中国	1994年	195	80kg	篮球	广西
325	...	女	中国	1992年	177	70kg	篮球	江苏
363	...	女	中国	1995年	191	78kg	篮球	辽宁

由于“体重”一列中存在缺失值，且数据类型是非数值类型，这里需要先清除所有的缺失值，将数据类型转换为 int 类型后计算平均体重，使用平均体重填充缺失值，具体代码如下：

```
In []: # 计算女篮球运动员的平均体重
       female_weight = female_data['体重'].dropna()
       female_weight = female_weight.apply(lambda x :x[0:-2]).astype(int)
       fill_female_weight = round(female_weight.mean())
       fill_female_weight = str(int(fill_female_weight)) + 'kg'
       # 填充缺失值
       female_data.loc[:,'体重'].fillna(fill_female_weight, inplace=True)
       female_data
```

```
Out[]:       ... 性别  国籍    出生日期   身高/cm    体重    项目          省份
       35    ...  女   中国    1994年     188      75kg   篮球          江苏
       62    ...  女   中国    1997年     197      77kg   篮球          河北
       63    ...  女   中国    1998年     190      77kg   篮球          山东
       ...   ... ...   ...       ...     ...      ...  ...            ...
       293   ...  女   中国    1994年     195      80kg   篮球          广西
       325   ...  女   中国    1992年     177      70kg   篮球          江苏
       363   ...  女   中国    1995年     191      78kg   篮球          辽宁
```

合并男篮运动员与女篮运动员的数据，转换“体重”一列数据为 int 类型，并将该列的索引重命名为“体重 /kg”，具体代码如下：

```
In []:basketball_data = pd.concat([male_data, female_data])
      basketball_data['体重'] = basketball_data['体重'].apply(
                                lambda x : x[0:-2]).astype(int)
      basketball_data.rename(columns={'体重':'体重/kg'}, inplace=True)
      basketball_data.head(5)
Out[]:       ... 性别   国籍   出生日期   身高/cm   体重/kg   项目  省份
       69    ...   男   中国   1997年       192        95   篮球  山西
       104   ...   男   中国   1999年       214       110   篮球  福建
       166   ...   男   中国   1992年       213       113   篮球  广东
       187   ...   男   中国   1994年       206        90   篮球  辽宁
       197   ...   男   中国   2001年       217        95   篮球  河南
```

3. 检测与处理异常值

为提高后期计算的统计指标的准确性，需要对整组数据做异常值的检测，这里定义一个基于 3σ 原则检测异常值的函数，并通过该函数检测“身高 /cm”和“体重 /kg”两列数据中是否存在异常值，具体代码如下：

```
In []:# 定义基于3σ原则检测的函数
      def three_sigma(ser):
          # 计算平均数
          mean_data = ser.mean()
          # 计算标准差
          std_data = ser.std()
          # 数值小于μ-3σ或大于μ+3σ均为异常值
          rule = (mean_data-3*std_data>ser) | (mean_data+3*std_data<ser)
          # 返回异常值的位置索引
          index = np.arange(ser.shape[0])[rule]
          # 获取异常值数据
          outliers = ser.iloc[index]
          return outliers
      # 使用3σ原则检测女篮运动员的体重数据
      female_data = basketball_data[basketball_data['性别'] == '女']
      three_sigma(female_data['体重/kg'])
Out[]:255     103
      Name: 体重/kg, dtype: int32
In []:# 使用3σ原则检测女篮运动员的身高数据
      three_sigma(female_data['身高/cm'])
```

```
Out[]: Series([], Name: 身高/cm, dtype: int32)
In []: # 使用3σ原则检测男篮运动员的体重数据
       male_data = basketball_data[basketball_data['性别'] == '男']
       three_sigma(male_data['体重/kg'])
Out[]: Series([], Name: 体重/kg, dtype: int32)
In []: # 使用3σ原则检测男篮运动员的身高数据
       three_sigma(male_data['身高/cm'])
Out[]: Series([], Name: 身高/cm, dtype: int32)
```

从上述结果中可以看出，检测女篮运动员的体重数据后返回了一个值，即索引 255 对应的值 103，这个值可能是有问题的，通常情况下需要核实这位篮球运动员的基本信息。由于本案例用到的数据都是虚拟数据，所以此处选择忽略这个检测出来的值。

4．计算中国男篮、女篮运动员的平均身高与平均体重

要计算中国男篮、女篮运动员的平均身高与平均体重，需要对处理后的数据执行分组操作，即根据“性别”一列对篮球运动员数据进行分组，之后应用 mean() 方法来计算每个分组的平均值，具体代码如下：

```
In []: # 按性别分组求平均数，并要求平均数保留一位小数
       basketball_data.groupby('性别').mean().round(1)
Out[]:      身高/cm   体重/kg
       性别
       女    189.8    80.1
       男    203.1    97.7
```

从上述结果中可以看出，女篮运动员的平均身高为 189.8 cm，平均体重为 80.1 kg；男篮运动员的平均身高为 203.1 cm，平均体重为 97.7 kg。

5．分析中国篮球运动员的年龄分布

要想了解中国篮球运动员的年龄分布情况，可以根据这些运动员的出生日期推导出实际年龄，具体思路是：首先从“出生日期”一列的数据里面提取年份，通过计算这些年份与 2023 的差得出每个运动员的年龄，然后根据年龄的范围划分几个年龄分组，最后统计每个年龄分组总共有多少人。

由于“出生日期”一列中每个数据都是“x 年”形式的值，无法直接参与算术运算，所以这里可以定义一个匿名函数，通过该函数去掉数据里面的“年”字，之后再将去掉“年”字后的数据转换为数值类型，这样就可以对数据进行算术运算了。

按照上述思路编写代码，具体如下：

```
In []: # 根据出生日期计算年龄
       ages = 2023 - basketball_data['出生日期'].apply(
              lambda x : x[0:-1]).astype(int)
       bins = [10, 20, 30, 40]
       # 增加年龄分组一列
       basketball_data['年龄分组'] = pd.cut(ages, bins)
       # 通过value_counts()对每个分组中唯一行的数量进行计数
       # 通过sort_index()根据索引排序
       basketball_data['年龄分组'].value_counts().sort_index()
```

```
Out[]: (10, 20]      2
       (20, 30]     26
       (30, 40]      3
       Name: 年龄分组 , dtype: int64
```

从上述结果中可以看出，篮球运动员的年龄主要分布在 20 ～ 30 岁。

6．计算中国篮球运动员的体质指数

体质指数（Body Mass Index，简称 BMI）是国际上常用的度量体重与身高比例的指标，它利用体重与身高之间的比例来衡量一个人是否过瘦或过肥。体质指数的计算公式如下所示：

体质指数（BMI）= 体重（kg）÷ 身高（m）÷ 身高（m）

由于亚洲人和欧美人的体质存在一些差异，世界卫生组织（World Health Organization，简称 WHO）制订了符合亚洲人的体质指数参考标准，具体如表 5-1 所示。

表 5-1　亚洲人的体质指数参考标准

体质指数	男　性	女　性
过轻	BMI<20	BMI<19
正常	20<=BMI<25	19<=BMI<24
过重	25<=BMI<30	24<=BMI<29
肥胖	30<=BMI<35	29<=BMI<34
极度肥胖	BMI>=35	BMI>=34

假设现在有一位男士的身高为 1.75 m，体重为 68 kg，代入公式后得到的体质指数为 22.2，因为该体质指数位于范围 20 ～ 25 之间，所以他的体重属于正常。

接下来，根据篮球运动员的信息及体质指数公式，统计所有篮球运动员的体质指数。首先，在 basketball_data 的基础上增加"体质指数"一列，暂时设置该列的初始值为 0，具体代码如下：

```
In []: # 增加"体质指数"一列
       basketball_data['体质指数'] = 0
       basketball_data.head(5)
Out[]:      ... 性别 国籍 出生日期 身高/cm  体重/kg 项目 省份 年龄分组 体质指数
       69   ...  男  中国 1997年   192      95   篮球 山西 (20, 30]   0
       104  ...  男  中国 1999年   214     110   篮球 福建 (20, 30]   0
       166  ...  男  中国 1992年   213     113   篮球 广东 (30, 40]   0
       187  ...  男  中国 1994年   206      90   篮球 辽宁 (20, 30]   0
       197  ...  男  中国 2001年   217      95   篮球 河南 (20, 30]   0
```

然后，定义一个计算体质指数的函数，代码如下：

```
In []: # 计算体质指数
       def ath_bmi(num):
           weight = basketball_data['体重/kg']
           height = basketball_data['身高/cm']
           sum_bmi =  weight / (height/100)**2
           return sum_bmi
```

在上述代码中，ath_bmi() 函数有一个 num 参数，这个参数会在调用 apply() 方法聚合时接收一列数据，是不能去掉的，即使函数内并没有用到这个参数。

最后，根据身高与体重的数据计算每个篮球运动员的体质指数，并将所得的结果赋值给“体质指数”一列，代码如下：

```
In []: basketball_data['体质指数'] = basketball_data[['体质指数
                                          ']].apply(ath_bmi).round(1)
       basketball_data
Out[]:      ... 性别 国籍  出生日期  身高/cm  体重/kg 项目 省份  年龄分组   体质指数
       69   ... 男   中国  1997年    192     95     篮球 山西 (20, 30] 25.8
       104  ... 男   中国  1999年    214     110    篮球 福建 (20, 30] 24.0
       166  ... 男   中国  1992年    213     113    篮球 广东 (30, 40] 24.9
       187  ... 男   中国  1994年    206     90     篮球 辽宁 (20, 30] 21.2
       197  ... 男   中国  2001年    217     95     篮球 河南 (20, 30] 20.2
       ...  ... ... ...  ...        ...     ...    ...  ...  ...       ...
```

由于体质指数一列数据量比较大，无法直接看出哪些运动员的体质指数超过标准范围，所以这里分别将女篮运动员和男篮运动员的体质指数与正常体质指数范围进行比较，凡是超出范围的篮球运动员均被视为体质指数为非正常的篮球运动员，具体代码如下。

```
In []: groupby_obj = basketball_data.groupby(by="性别")
       females = dict([x for x in groupby_obj])['女']['体质指数'].values
       # 统计体质指数为非正常的女篮运动员的数量
       count = females[females < 19].size + females[females > 24].size
       print(f'体质指数小于19：{females[females < 19]}')
       print(f'体质指数大于24：{females[females > 24]}')
       print(f'非正常体质范围的总人数：{count}')
Out[]: 体质指数小于19：[]
       体质指数大于24：[28.3 25.5]
       非正常体质范围的总人数：2
In []: males = dict([x for x in groupby_obj])['男']['体质指数'].values
       # 统计体质指数为非正常的男篮运动员的数量
       count = males[males < 20].size + males[males > 25].size
       print(f'体质指数小于20：{males[males < 20]}')
       print(f'体质指数大于25：{males[males > 25]}')
       print(f'非正常体质范围的总人数：{count}')
Out[]: 体质指数小于20：[]
       体质指数大于25：[25.8 26.9]
       非正常体质范围的总人数：2
```

从两次输出结果中可以看出，个别篮球运动员的体质指数属于过重范围内，大多数篮球运动员的体质指数属于正常范围内。

小　结

本章主要介绍了数据聚合和分组运算的相关内容，包括分组与聚合的原理、分组操作、聚合操作、数据转换、数据应用等。通过对本章的学习，大家能够掌握分组与聚合操作，以便能在真实的开发中提高开发效率。

习　题

一、填空题

1. 分组与聚合的基本过程分别是________、应用和合并。
2. 在 groupby() 方法中，参数________决定了按照什么样的标准对数据进行分组。
3. GroupBy 对象是一个________对象。
4. 使用 GroupBy 对象的________属性可以查看分组的具体信息。
5. 当对 DataFrame 对象进行分组后会返回一个________对象。

二、判断题

1. 分组应用的函数只能是用户自定义的函数。（　　）
2. 使用 print() 函数可以直接查看 GroupBy 对象的具体信息。（　　）
3. 使用 agg() 方法进行聚合运算会对产生的标量值进行广播。（　　）
4. 使用 transform() 方法聚合后产生的结果与原对象的形状可以相同。（　　）
5. apply() 方法不能实现数据聚合的功能。（　　）

三、选择题

1. 下列关于 groupby() 方法的描述中错误的是（　　）。
   A. 分组键可以是列表或数组，但长度不需要与待分组轴的长度相同
   B. 可以根据 DataFrame 类对象的列标签进行分组
   C. 可以根据函数进行分组
   D. 可以根据 Series 或字典进行分组
2. 下列关于 agg() 方法的描述中错误的是（　　）。
   A. agg() 方法中 func 参数只能传入一个函数
   B. agg() 方法中 func 参数可以传入多个函数
   C. agg() 方法中 func 参数可以传入自定义函数
   D. agg() 方法不能对聚合后产生的标量值进行广播
3. 下列关于 transform() 方法的描述中正确的是（　　）。
   A. 不会与原对象保持相同形状　　B. 会对产生的标量值进行广播操作
   C. func 参数只能接收内置函数　　D. func 参数可以接收多个内置函数
4. 下列关于 apply() 的描述中错误的是（　　）。
   A. 可以接收用户自定义的函数　　B. 可以接收多个函数
   C. 可以实现聚合功能　　D. 返回的结果一定与原对象的形状相同
5. 请阅读下面一段程序：

```
import pandas as pd
pd.DataFrame([[2, 3],] * 3, columns=['A', 'B']).apply(lambda x: x + 1)
```

执行上述程序后，最终输出的结果为（　　）。

A.	B.	C.	D.
A B	A B	A B	A B
0 3 2	0 2 3	0 3 4	0 4 3

1 3 2	1 2 3	1 3 4	1 4 3
2 3 2	2 2 3	2 3 4	2 4 3

四、简答题

1. 简述分组聚合的流程。
2. 简述常用的分组方式。

五、编程题

现有如图 5-2 所示的学生信息，请根据学生信息完成以下操作：

（1）根据学生信息表的结构创建一个 DataFrame 类的对象。

（2）根据年级一列对 DataFrame 类对象的数据进行分组，并输出大一学生的分组信息。

（3）分别找出大一到大四这四个年级中身高最高的同学。

（4）计算大一学生与大三学生的平均体重。

	年级	姓名	年龄	性别	身高（cm）	体重（kg）
0	大一	李宏卓	18	男	175	65
1	大二	李思真	19	女	165	60
2	大三	张振海	20	男	178	70
3	大四	赵鸿飞	21	男	175	75
4	大二	白蓉	19	女	160	55
5	大三	马腾飞	20	男	180	70
6	大一	张晓凡	18	女	167	52
7	大三	金紫萱	20	女	170	53
8	大四	金烨	21	男	185	73

图 5-2　学生信息

第 6 章 数据可视化

学习目标

◆ 了解数据可视化，能够说出可视化的概念以及意义
◆ 熟悉常见的图表类型，能够说出图表的特点以及适用场景
◆ 熟悉图表的基本组成元素，能够说出每个组成元素的作用
◆ 掌握 Matplotlib 库的基本使用，能够使用 Matplotlib 库绘制常见的图表
◆ 掌握 Seaborn 库的基本使用，能够使用 Scaborn 库绘制常见的图表
◆ 掌握 Pyecharts 库的基本使用，能够使用 Pyecharts 库绘制常见的图表

大多数情况下，我们获取的数据是以文字或数字的形式进行呈现的，这种密密麻麻的文字或数字不仅会降低数据信息的可读性，而且无法很好地展示数据之间的关系和规律。为了解决这些问题，数据可视化应运而生，它可以使数据变得更直观，更容易被人们理解与接受。Python 提供了许多优秀的用于实现数据可视化功能的库，比如 Matplotlib、Seaborn、Pyecharts 等，本章将围绕着这些库的基本使用进行详细地讲解。

6.1 数据可视化概述

6.1.1 什么是数据可视化

数据可视化是指将数据以图形、图像和图表的形式表示，并利用数据分析和开发工具发现其中未知信息的处理过程，具体如图 6-1 所示。

由图 6-1 可知，原始数据经过标准化、结构化处理等一些转换操作后转换成数据表，然后数据表经过视觉映射操作，将表里面的数值映射成一种视觉结构，比如形状、位置、色彩、尺寸、方向等，最后把这些视觉结构按照一定的方式进行组合，转换成图像传递给用户查看，此时用户通过查看图像探索这些数据背后存在的问题与规律。

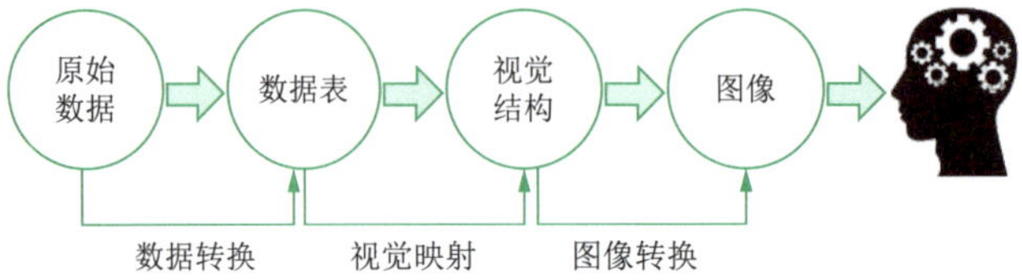

图 6-1 数据可视化的过程

总而言之，数据可视化旨在借助图形化手段，清晰有效地将数据中的各种属性和变量呈现出来，使用户可以从不同的维度观察数据，从而对数据进行更深入地观察和分析。

6.1.2 常见的图表类型

图表是一种很好地将数据直观、形象的可视化的手段，相较于数值和文字而言，合适的图表能够把抽象的数据描述得更加直观形象，可以很好地反映出数据之间的关系与数据变化的趋势，以便于用户对研究做出合理的推断和预测。

数据可视化常见的应用是统计图表，比如直方图、散点图、饼图等，这些图表作为统计学的工具，创建了一条快速了解数据集的途径，并成为令人信服的沟通手段，所以可以在大量的方案、新闻中经常见到这些统计图表。接下来，介绍一些数据分析工作中比较常见的图表，具体如下。

1. 直方图

直方图又称质量分布图，它由一系列高度不等的矩形条或线段组成，用于反映数据的分布和波动情况。在直方图中，一般横轴表示若干连续的、不重叠的值范围分段，纵轴表示每个范围分段中统计的值频率。直方图示例如图 6-2 所示。

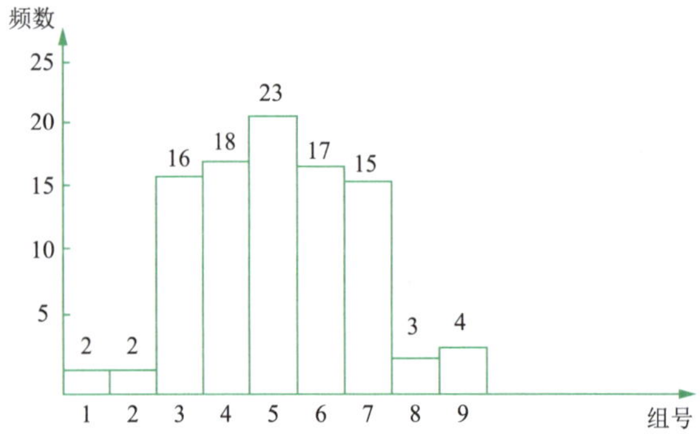

图 6-2 直方图示例

从图 6-2 中可以看出，直方图可以利用矩形条的高度来反映数据的差异。不过，直方图只适用于中小规模的数据集，不适用于大规模的数据集。

2. 折线图

折线图是用线段将各数据点连接起来而组成的图形，以线条的方式显示数据的变化趋势。折线图可以显示随时间（根据常用比例设置）变化的连续数据，适用于显示在相等时间间隔下的数据趋势。折线图示例如图 6-3 所示。

在图 6-3 中，x 轴表示季度，y 轴表示产品的销量（单位：个），分别用三条不同颜色的线段和标记，描述了每个季度 A 产品、B 产品、C 产品的销量。由图 6-3 可知，线段倾斜程度可以很好地反映出数据变化的趋势，比如哪个季度销售的数量变多，哪个季度销售的数量变少。另外，对比多条折线还可以看出哪种产品销售的比较好，更受欢迎。

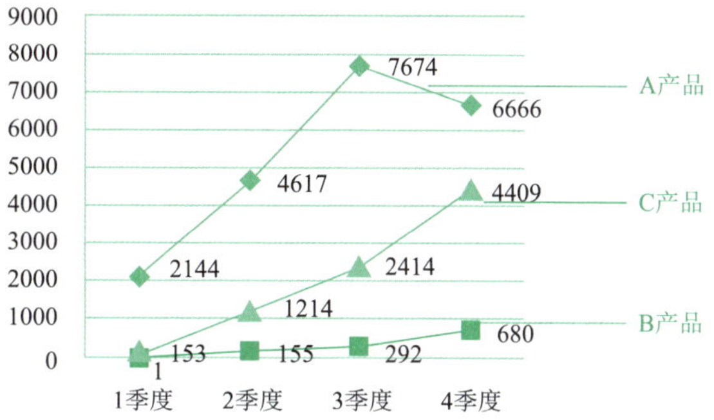

图 6-3　折线图示例

3. 柱形图

柱形图是由一系列宽度相等的纵向矩形条组成的图表，它使用矩形条的高度表示数据的多少，以此反映不同分类数据之间的差异。柱形图示例如图 6-4 所示。

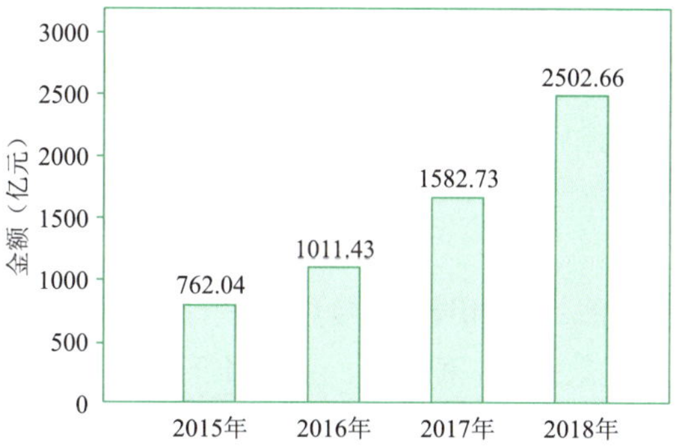

图 6-4　柱形图示例

4. 饼图

饼图是一种用于了解数据中各分类占比情况的图表，它使用圆表示数据的总量，组成圆的扇面表示数据各项占总量的比例大小。饼图示例如图 6-5 所示。

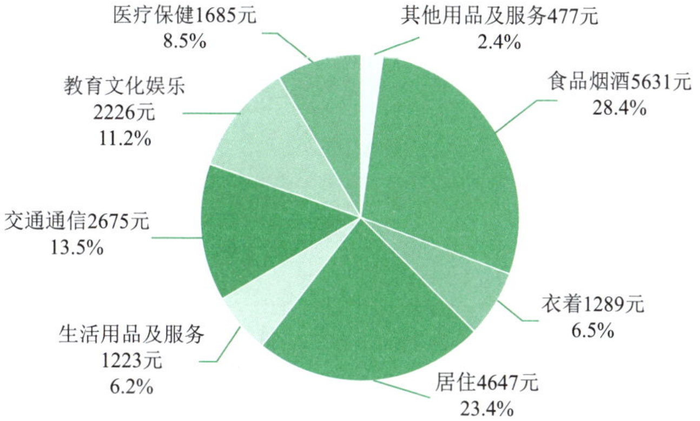

图 6-5　饼图示例

在图 6-5 中，整个圆被拆分成 8 个扇面，每个扇面表示一个分类，且具有唯一的颜色，另外扇面上方使用百分比标注了具体的占比。

5. 散点图

散点图又称 X-Y 图，是由若干组数据点组成的图表，主要用于判断两变量之间是否存在某种关联，或者总结数据点的分布模式。散点图包含的数据点越多，比较的效果就会越好。散点图示例如图 6-6 所示。

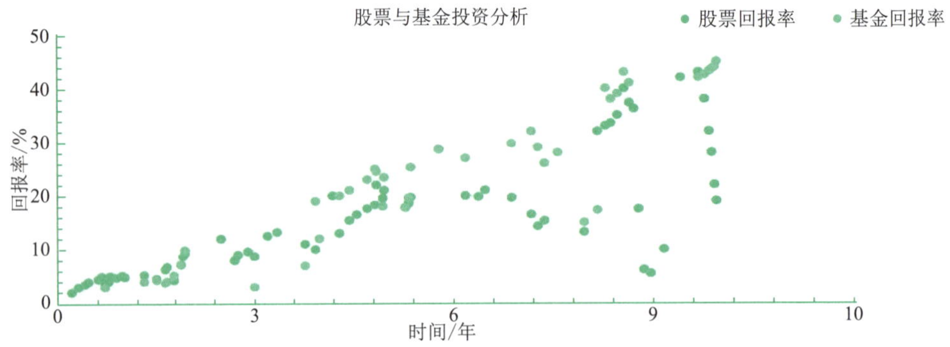

图 6-6　散点图示例

在散点图中，每个数据点的位置是由变量的值决定的，用于表示因变量随自变量而变化的大致趋势，以判断两种变量的相关性（正相关、负相关、不相关）。例如，身高与体重、经度与纬度等。

6. 箱形图

箱形图又称盒须图、箱线图，是利用数据中的五个统计量（最小值、第一四分位数、中位数、第三四分位数和最大值）描述数据的一种图表，主要用于反映一组或多组数据的对称性、分布程度等信息，因形状如箱子而得名。箱形图能够识别异常值、判断偏态与尾重、比较数据形状，适用于品质管理的场景。箱形图示例如图 6-7 所示。

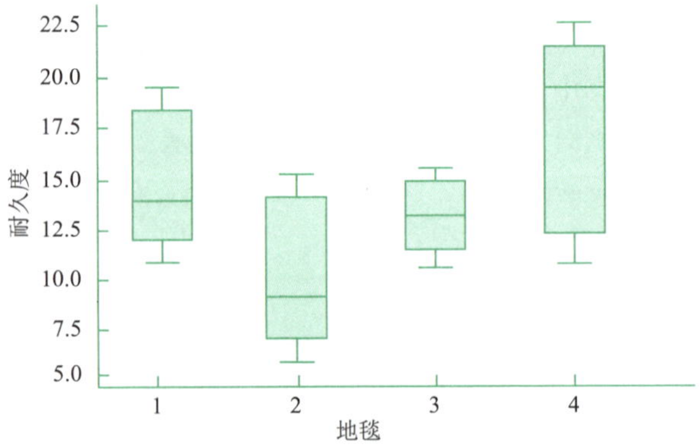

图 6-7　箱形图示例

综上所述，上述几种常见的图表各有各的特点，总结如下：

（1）直方图：用于反映一组或多组数据的分布情况。

（2）折线图：用于反映一组或多组数据的变化趋势。

（3）柱形图：用于比较不同分类之间的差异情况。

（4）饼图：用于显示一组数据中每个分类的占比情况。

（5）散点图：判断两变量之间是否存在某种关联。

（6）箱形图：识别异常值方面有一定的优越性。

数据可视化具有多样化的表现方式，可以通过不同的图表类型、颜色、形状等方式展现数据。在探索数据可视化过程中，我们应该保持开放心态，接受多样的数据表现方式，从全面客观的角度审视数据，并进行跨学科的交叉思考，注重多元观念和包容精神。

注意：

柱形图与直方图展示的效果非常相似，但两者又有着一些不同，主要可以分为以下两点：

（1）柱形图用于展示离散型数据（由记录不同类别的数目所得到的数据）的分布，而直方图用于展示连续型数据（一定区间内连续数值所组成的数据）的分布。

（2）柱形图的各矩形条之间具有固定的间隙，而直方图的各矩形条之间没有任何间隙。

6.1.3　图表的辅助元素

数据可视化支持的图表类型有很多，但大部分图表的组成部分基本是相同的，一般包括数据系列和辅助元素，其中数据系列表示在绘图区域中根据一组数据形成的点线面等图像，辅助元素是指除了根据数据绘制的图像之外的内容。常用的辅助元素包括坐标轴、标题、图例、网格、参考线、参考区域、注释文本，它们都可以对图形进行补充说明。

下面以折线图为例，介绍图表中常用的辅助元素，如图 6-8 所示。

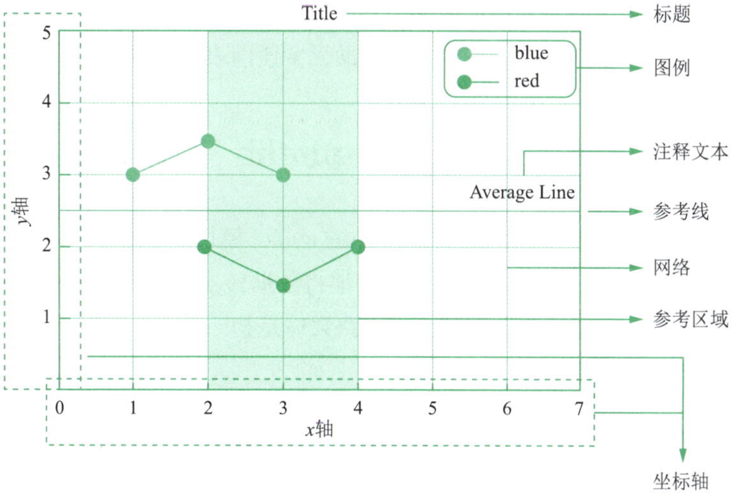

图 6-8　图表中常用的辅助元素

关于图 6-8 中每个辅助元素的说明如下。

1. 坐标轴

坐标轴是用于界定图表绘图区的一组直线，用作度量的参照框架。坐标轴可以细分为单坐标轴和双坐标轴，单坐标轴按不同的方向可以分为横轴和纵轴，其中横轴为 x 轴，纵轴为 y 轴。每个坐标轴上包括刻度标签、刻度线、轴脊和坐标轴标签这几个要素。

2．标题

标题是图表的说明性文本，用于描述图表的大致内容，便于用户了解到图表的主旨。标题分为总标题和副标题，一般位于图表上方的中心位置。

3．图例

图例是集中在图表一角或一侧的方框，主要作用是标识图表中的数据系列或分类指定的图案或颜色。图例一般由图例标识和图例项组成，其中图例标识指的是标识各组图形的图案；图例项是与图例标识对应的名称。

4．网格

网格是从坐标轴的刻度线开始并贯穿绘图区域的若干条线，作为估算图形所示值的标准。网格按不同的方向可以分为垂直网格和水平网格，这两种网格既可以单独使用，也可以同时使用。

5．参考线

参考线是标记坐标轴上特殊值的一条直线，用于为图表中图形的比较提供参考依据，例如目标线、平均线、预算线等。参考线按方向的不同可以分为水平参考线和垂直参考线。

6．参考区域

参考区域是标记坐标轴上特殊范围的一块区域。

7．注释文本

注释文本表示对图形的一些注释和说明。注释文本按注释对象的不同主要分为指向型注释文本和无指向型注释文本，其中指向型注释文本一般是针对图表某一部分的特定说明，无指向型注释文本一般是针对图表整体的特定说明。

需要注意的是，可以根据需要添加或删除辅助元素使图表呈现的内容更加精简突出。

6.2 使用 Matplotlib 绘图

Matplotlib 是一个功能强大的绘图库，它里面的 pyplot 模块中封装了一系列用于绘制图表、添加和设置辅助元素的函数，可以帮助用户轻松地将数据转换为想要的图表。尽管图表的样式千变万化，但使用 pyplot 模块绘制图表的基本思路大体是相同的。本节以一些常见的图表为例，介绍如何使用 Matplotlib 库绘制这些图表。

6.2.1 绘制折线图

折线图是日常生活中经常见到的图表，比如 24 小时天气预报图、股票实时行情图等。折线图包括普通折线图和带数据标记的折线图等。在 pyplot 中，绘制折线图的基本思路如下：

（1）导入 pyplot 模块。

（2）使用 plot() 函数绘制线条。

（3）完善图表，添加辅助元素。

（4）使用 show() 函数展示图表。

接下来，通过一些示例演示如何使用 pyplot 模块绘制折线图。假设北京未来 15 天

（7 月 1 日—7 月 15 日）的最高气温和最低气温分别如下：

最高气温：32, 33, 34, 34, 33, 31, 30, 29, 30, 29, 26, 23, 21, 25, 31

最低气温：19, 19, 20, 22, 22, 21, 22, 16, 18, 18, 17, 14, 15, 16, 16

下面根据最高气温的数据，通过代码绘制包含一条线的折线图，用于反映未来 15 天最高气温的变化情况，具体代码如下。

```
import numpy as np
# 1. 导入 pyplot 模块
import matplotlib.pyplot as plt
# 2. 绘制线条
# x 轴的数据，代表 15 天
x = np.arange(1, 16)
# y 轴的数据，代表最高气温
y_max = np.array([32, 33, 34, 34, 33, 31, 30, 29, 30,
                  29, 26, 23, 21, 25, 31])
plt.plot(x, y_max)  # 根据一组数据绘制一条线
# 3. 展示图表
plt.show()
```

上述代码中，首先导入了 pyplot 模块，然后分别创建了两个数组 x 和 y，其中 x 保存了 *x* 轴的数据，代表 15 天；y 保存了 *y* 轴的数据，代表最高气温。之后调用 plot() 函数，根据这一组数据在当前画布的绘图区域上绘制线条，此时 x 和 y 中位置相同的元素会组成点的坐标，分别是 (1,32)、(2,33)、(3,34)、…、(15,31)，根据这些坐标绘制成点，并使用一条线按照时间顺序进行连接，最后调用 show() 函数展示刚刚绘制的折线图。

运行代码，效果如图 6-9 所示。

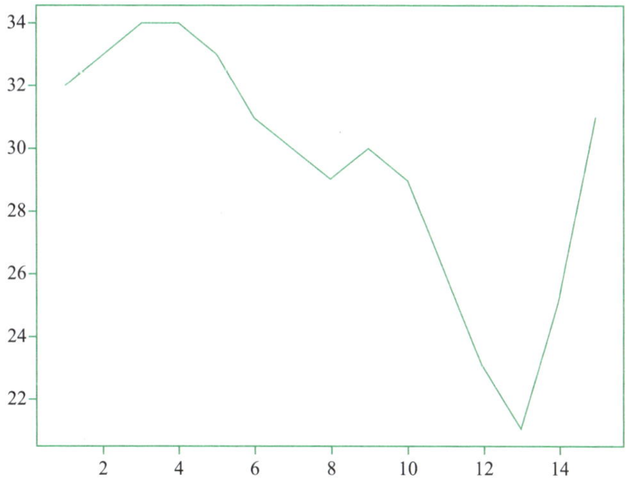

图 6-9　包含一条线的折线图

在图 6-9 中，四条边框围起来的区域是绘图区域，其中下边框和左边框上面都有刻度，分别代表 *x* 轴和 *y* 轴。在绘图区域中有一条线，这条线的颜色、粗细、类型都是默认的样式，它的曲折变化展示了未来 15 天最高气温的趋势。

如果希望在绘制区域上再绘制一条线，也就是说绘制包含两条线的折线图，可以通过以下

两种方式实现：

（1）多次调用 plot() 函数绘制多条线，示例代码如下：

```
plt.plot(x1, y1)    # 绘制第一条线
plt.plot(x2, y2)    # 绘制第二条线
```

（2）调用 plot() 函数时一次传入多组数据，每组数据之间使用逗号进行分隔，示例代码如下。

```
plt.plot(x1, y1, x2, y2)
```

上述代码中，x1 和 x2 分别表示 *x* 轴的数据，y1 和 y2 分别表示 *y* 轴的数据。

下面通过第（1）种方式绘制包含两条线的折线图，用于反映未来 15 天最高气温和最低气温的变化情况，具体代码如下：

```
import numpy as np
# 1. 导入 pyplot 模块
import matplotlib. pyplot as plt
# 2. 绘制线条
# x 轴的数据，代表 15 天
x = np.arange(1, 16)
# y 轴的数据，代表最高气温
y_max = np.array([32, 33, 34, 34, 33, 31, 30, 29, 30,
                  29, 26, 23, 21, 25, 31])
# y 轴的数据，代表最低气温
y_min = np.array([19, 19, 20, 22, 22, 21, 22, 16, 18,
                  18, 17, 14, 15, 16, 16])
plt.plot(x, y_max)  # 根据一组数据绘制第一条线
plt.plot(x, y_min)  # 根据另一组数据绘制第二条线
# 3. 展示图表
plt.show()
```

上述加粗代码中，首先定义了一个变量 y_min，该变量保存了最低气温的数据，然后连续调用两次 plot() 函数绘制两条线。

运行代码，效果如图 6-10 所示。

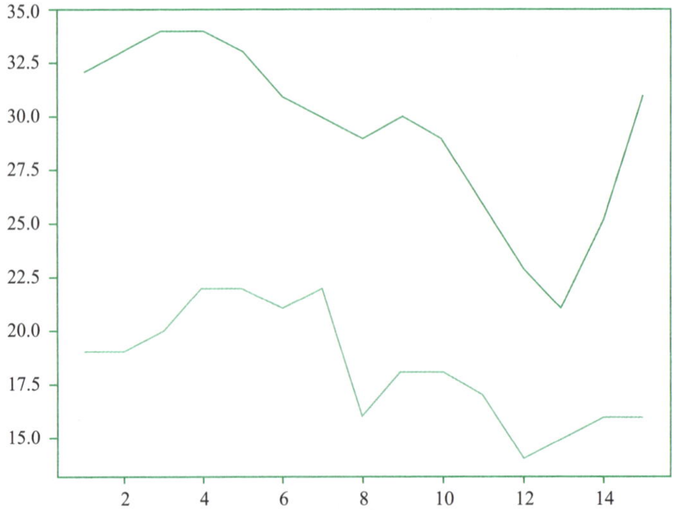

图 6-10 包含两条线的折线图

如果希望能够在线条上方添加数据标记，例如，给最高气温对应的线条添加圆形的数据标记，给最低气温对应的线条添加星形的数据标记，以标注出每个日期对应的数据点的位置，则可以在调用 plot() 函数绘制线条时将标记取值传递给 marker 参数，另外还可以传入 markersize 或 ms 参数用于设置标记的大小。

例如，在上述示例中修改调用 plot() 函数的代码，修改后的代码如下：

```
# 根据一组数据绘制第一条线，线上的数据标记是圆形，大小是 6 像素
plt.plot(x, y_max, marker='o', ms=6)
# 根据另一组数据绘制第二条线，线上的数据标记是星形，大小是 8 像素
plt.plot(x, y_min, marker='*', ms=8)
```

运行代码，效果如图 6-11 所示。

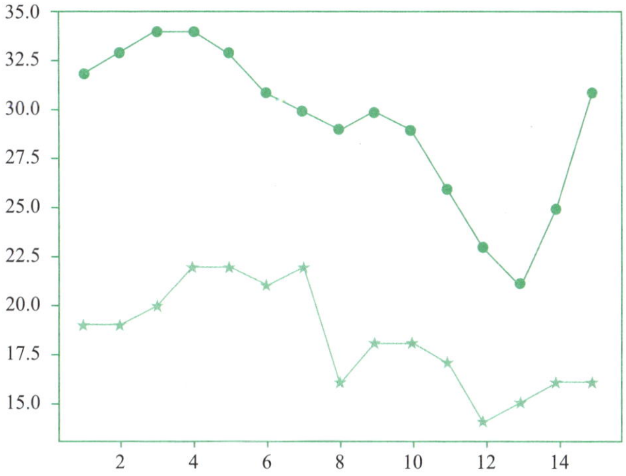

图 6-11　带数据标记的折线图

从图 6-11 中可以看出，每条线上都添加了相应的数据标记，不过，这张图表具体画的是什么，每个坐标轴的值又代表什么含义，这些信息都无法从图表上体现出来，为了解决这个问题，需要给折线图添加标题、设置坐标轴的标签。例如，在上述示例中展示图表的前面增加代码，添加标题，设置坐标轴的标签，具体代码如下：

```
...
# 3. 完善图表
# 正常显示中文
plt.rcParams['font.sans-serif'] = ['SimHei']
plt.title('北京未来 15 天的最高气温和最低气温')          # 添加标题
plt.xlabel('日期')                                       # 设置 x 轴的标签
plt.ylabel('气温 /℃')                                    # 设置 y 轴的标签
# 4. 展示图表
plt.show()
```

上述代码中，“plt.rcParams['font.sans-serif'] = ['SimHei']”这一行代码用于设置字体，之所以要设置字体是因为 Matplotlib 中默认不支持中文，为了保证坐标轴的标签能够正常的显示，这里需要给图表设置字体。

运行代码，效果如图 6-12 所示。

从图 6-12 中可以看出，图表顶部显示了标题，坐标轴的左侧和下方也显示了坐标轴标签。

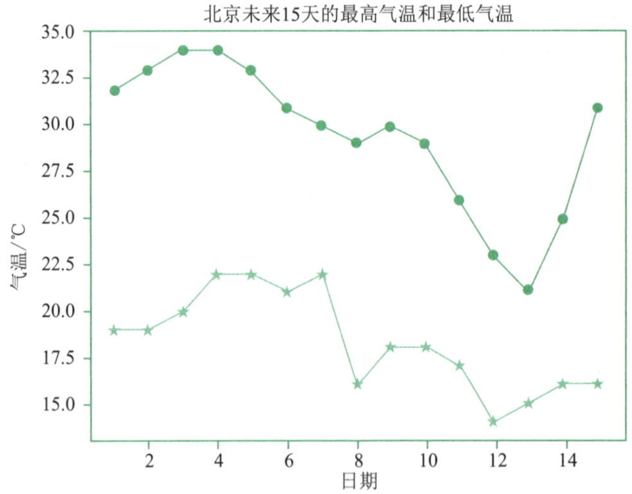

图 6-12　添加辅助元素的折线图

6.2.2　绘制柱形图

在 pyplot 中，绘制柱形图的基本思路如下：

（1）导入 pyplot 模块。

（2）使用 bar() 函数绘制柱形。

（3）完善图表，添加辅助元素。

（4）使用 show() 函数展示图表。

接下来，按照前面介绍的基本思路，通过一些示例演示如何使用 pyplot 模块绘制柱形图。假设某集团旗下有两个子品牌，分别是品牌 A 和品牌 B，这两个品牌自 2018 财年到 2022 财年的商品交易总额（Gross Merchandise Volume，简称 GMV，单位：亿元）具体如下：

品牌 A：15970, 18770, 22020, 26890, 31150

品牌 B：8470, 12150, 15650, 21310, 26120

下面根据品牌 A 的数据，通过代码绘制包含一组柱形的柱形图，用于反映 2018 财年到 2022 财年品牌 A 的 GMV 具体情况，具体代码如下：

```
import numpy as np
# 1. 导入 pyplot 模块
import matplotlib. pyplot as plt
# 2. 绘制柱形
# x 轴的数据，代表财年
x = np.arange(1, 6)
# y 轴的数据，代表品牌 A 的 GMV
y_a = np.array([15970, 18770, 22020, 26890, 31150])
plt.bar(x, y_a, tick_label=["FY2018", "FY2019", "FY2020",
                            "FY2021", "FY2022"], width=0.3)
# 3. 展示图表
plt.show()
```

上述代码中，首先导入了 pyplot 模块，其次分别创建了两个数组 x 和 y_a，其中 x 保存了 *x* 轴的数据，代表 2018 财年到 2022 财年共 5 个财年；y_a 保存了 *y* 轴的数据，代表 2018 财年到 2022 财年品牌 A 的 GMV，然后调用 bar() 函数根据这一组数据在当前画布的绘图区域上绘制柱形，在该方法中 tick_label 参数用于设置 *x* 轴上所有刻度标签的内容，width 参数用于设置柱形的宽度，此处宽度为 0.3，最后调用 show() 函数展示刚刚绘制的柱形图。

运行代码，效果如图 6-13 所示。

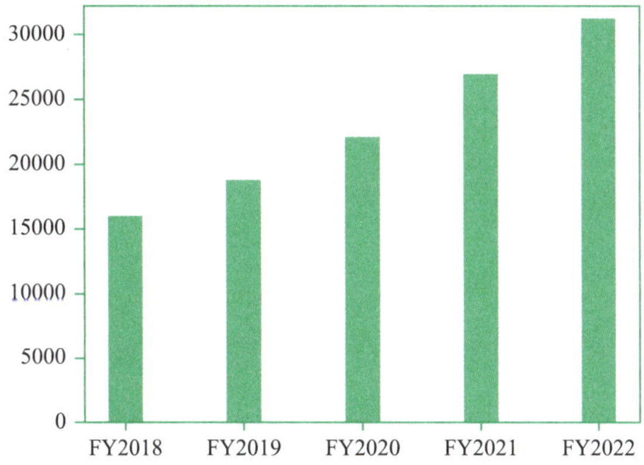

图 6-13 包含一组柱形的柱形图

从图 6-13 中可以看出，绘图区域中一共有五个柱形，每个柱形的宽度是相等的，高度分别表示各财年对应的 GMV。

如果希望在绘制区域上再绘制另一组柱形，即绘制包含两组柱形的柱形图，则需要再次调用 bar() 函数，并在该函数中通过第一个参数控制另一组柱形显示的位置。

下面根据品牌 B 的数据，通过代码绘制包含两组柱形的柱形图，用于反映 2018 财年到 2022 财年品牌 A 和品牌 B 的 GMV 具体情况，具体代码如下：

```
import numpy as np
# 1. 导入 pyplot 模块
import matplotlib.pyplot as plt
# 2. 绘制柱形
# x 轴的数据，代表财年
x = np.arange(1, 6)
# y 轴的数据，代表品牌 A 的 GMV
y_a = np.array([15970, 18770, 22020, 26890, 31150])
# y 轴的数据，代表品牌 B 的 GMV
y_b = np.array([8470, 12150, 15650, 21310, 26120])
bar_width = 0.3   # 柱形的宽度
plt.bar(x, y_a, tick_label=["FY2018", "FY2019", "FY2020",
     "FY2021", "FY2022"], width=bar_width)  # 根据一组数据绘制柱形
plt.bar(x+bar_width, y_b, width=bar_width)  # 根据另一组数据绘制柱形
# 3. 展示图表
plt.show()
```

上述加粗部分代码中，调用 bar() 函数绘制另一组柱形，该函数中第一个参数用于设置另一组柱形的 x 值，此处传入的值是 x+bar_width，相比上一组柱形的 x 值，增加了 bar_width，

说明两组柱形的 x 值相差一个柱形的宽度，也就是说后绘制的柱形位于先绘制的柱形的右边，它们之间没有任何间隙。

运行代码，效果如图 6-14 所示。

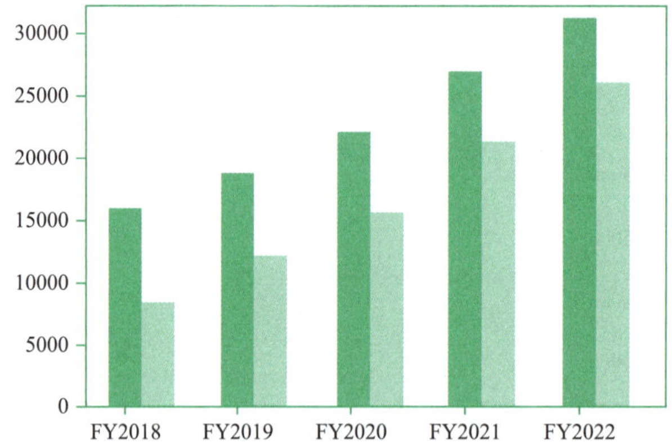

图 6-14　包含两组柱形的柱形图

为了使图形表达的含义更加准确，需要给前文的柱形图添加一些辅助元素，包括坐标轴的标签、标题和注释文本、图例，具体代码如下：

```
import numpy as np
# 1. 导入 pyplot 模块
import matplotlib.pyplot as plt
# 2. 绘制柱形
# x 轴的数据，代表财年
x = np.arange(1, 6)
# y 轴的数据，代表品牌 A 的 GMV
y_a = np.array([15970, 18770, 22020, 26890, 31150])
# y 轴的数据，代表品牌 B 的 GMV
y_b = np.array([8470, 12150, 15650, 21310, 26120])
bar_width = 0.3                                     # 柱形的宽度
# 根据一组数据绘制柱形
rect_a = plt.bar(x, y_a, tick_label=["FY2018", "FY2019",
                   "FY2020", "FY2021", "FY2022"], width=bar_width)
# 根据另一组数据绘制柱形
rect_b = plt.bar(x+bar_width, y_b, width=bar_width)
# 3. 完善图表
plt.rcParams['font.sans-serif'] = ['SimHei']
# 设置坐标轴的标签
plt.ylabel('GMV（亿元）')
# 添加标题
plt.title('2018 财年 -2022 财年品牌 A 和品牌 B 的 GMV')
# 添加注释文本
def autolabel(rects):
    """ 在每个柱形上方添加注释文本 """
    for rect in rects:
        rect_height = rect.get_height()             # 获取每个柱形的高度
        rect_x = rect.get_x()                       # 获取每个柱形的 x 值
        rect_width = rect.get_width()               # 获取每个柱形的宽度
```

```
[30]        plt.text(rect_x + rect_width / 2, rect_height + 30,
[31]                 s='{}'.format(rect_height),
[32]                 ha='center', va='bottom', fontsize=9)
[33]autolabel(rect_a)
[34]autolabel(rect_b)
[35]# 添加图例
[36]plt.legend([rect_a, rect_b], ['品牌A', '品牌B'])
[37]# 4.展示图表
[38]plt.show()
```

上述代码中，第 13 ～ 16 行代码调用两次 bar() 函数绘制了两组柱形，并使用变量 rect_a 和 rect_b 保存了函数的返回值。bar() 函数的返回值是 BarContainer 类的对象，这个对象可以看作包含了一组柱形的容器。

第 20 行代码调用 ylabel() 函数给 y 轴设置标签，第 22 行代码调用 title() 函数给图表添加标题。

第 24 ～ 32 行代码定义了一个函数 autolabel()，该函数用于在每个柱形的上方添加注释文本。其中第 26 行代码遍历 rects 取出表示柱形的 rect；第 27 ～ 29 行代码分别通过 rect 调用 get_height()、get_x()、get_width() 方法获取每个柱形的高度、x 值和宽度。

第 30 ～ 32 行代码调用 text() 函数添加注释文本，该函数中前两个参数用于确定注释文本的 x 值和 y 值，此处的 x 值是 rect_x + rect_width / 2，说明注释文本跟柱形是居中对齐的，此处的 y 值是 rect_height + 30，说明注释文本位于柱形的上方；参数 s 表示注释文本的内容，此处的值是一个格式化的字符串，字符串的内容是柱形的高度；参数 ha 和 va 表示注释文本的水平对齐方式和垂直对齐方式；参数 fontsize 表示注释文本的字号，此处设置的字号大小是 9。

第 33 ～ 34 行代码分别调用 autolabel() 函数给两组柱形添加注释文本。

第 36 行代码调用 legend() 函数给图表添加图例，在该函数中第一个参数表示图形标识的列表，第二个参数表示图例项列表。

运行代码，效果如图 6-15 所示。

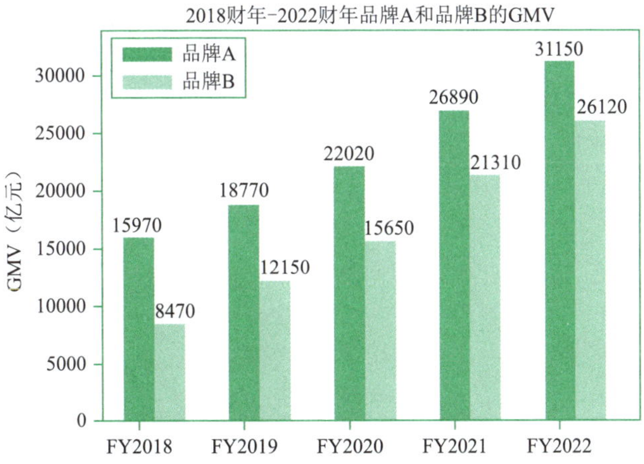

图 6-15　带注释文本的柱形图

6.2.3　绘制直方图

在 pyplot 中，绘制直方图的基本思路如下：

（1）导入 pyplot 模块。

（2）使用 hist() 函数绘制图像。

（3）完善图表，添加辅助元素。

（4）使用 show() 函数展示图表。

为了帮助大家更好地理解绘制直方图的基本思路，接下来，通过一些示例来演示如何使用 pyplot 模块绘制直方图。直方图经常被应用于图像处理领域，比如灰度直方图，它是将数字图像中的所有像素按照灰度值的大小，统计其出现的频率，反映一个图像灰度值的分布情况。

下面以一组位于 0 ～ 255 范围内的 50 个随机数为例，把这些数据作为图像的灰度值，通过代码绘制一个直方图，用于反映图像灰度值的分布情况，具体代码如下：

```
[1]import numpy as np
[2]# 1. 导入 pyplot 模块
[3]import matplotlib.pyplot as plt
[4]plt.rcParams['font.sans-serif'] = ['SimHei']
[5]# 2. 绘制矩形
[6]np.random.seed(0)
[7]arr_random = np.random.randint(0, 256, 50)
[8]# 绘制矩形，矩形的个数是 10，颜色为青色，边框颜色为黑色，透明度为 0.7
[9]plt.hist(arr_random, bins=10, color='c', edgecolor='k', alpha=0.7)
[10]# 3. 完善图表
[11]plt.xlabel('灰度值')
[12]plt.ylabel('像素数（个）')
[13]plt.title('灰度直方图')
[14]# 4. 展示图表
[15]plt.show()
```

上述代码中，第 9 行代码调用 hist() 函数根据随机数绘制了矩形，该函数中 bins 参数用于设置矩形的个数，此处设置的矩形个数是 10；color 参数用于设置矩形的颜色，此处设置的颜色为青色；edgecolor 参数用于设置矩形的边框颜色，此处设置的边框颜色为黑色；alpha 参数用于设置透明度，此处设置的透明度为 0.7。

运行代码，效果如图 6-16 所示。

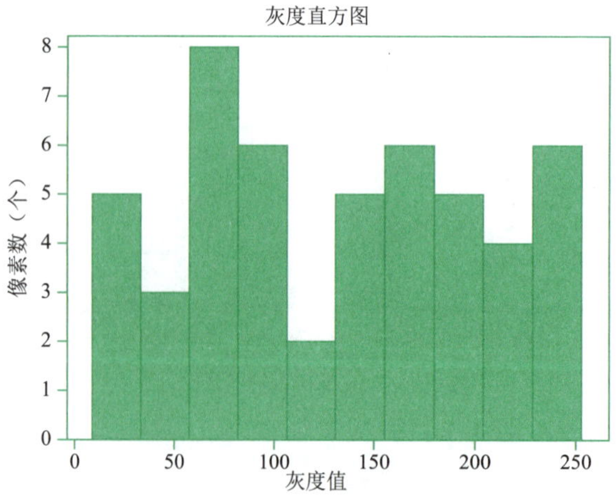

图 6-16　直方图

从图 6-16 中可以看出，绘图区域总共有 10 个矩形，每个矩形的高度代表着不同范围内灰度值出现的频数。不过，x 轴的刻度标签与图形并不是十分匹配，它们无法让用户准确地知道每个矩形对应的数值区间。

为了解决这个问题，需要先获取每个矩形对应的数值区间，再根据这些数值重新设置 x 轴上的刻度标签。如果希望获取每个矩形对应的数值区间，则可以保存 hist() 函数的返回值，hist() 函数会返回三个值，分别是 n、bins 和 patches，其中 n 是包含频数的列表，bins 是包含区间的列表，patches 是包含矩形对象的容器；如果希望设置 x 轴的刻度标签，则可以通过 xticks() 函数实现。

在上个示例的基础上编写代码，给直方图的 x 轴设置刻度标签，具体代码如下：

```
[1]import numpy as np
[2]# 1. 导入 pyplot 模块
[3]import matplotlib.pyplot as plt
[4]plt.rcParams['font.sans-serif'] = ['SimHei']
[5]# 2. 绘制矩形
[6]np.random.seed(0)
[7]# 创建包含 50 个随机整数的数组
[8]arr_random = np.random.randint(0, 256, 50)
[9]# 根据数据绘制矩形，矩形的个数是 10，颜色为青色，边框颜色为黑色，透明度为 0.7
[10]nums, bins, patches = plt.hist(arr_random, bins=10, color='c',
[11]                                   edgecolor='k', alpha=0.7)
[12]# 3. 完善图表
[13]plt.xlabel('灰度值')
[14]plt.ylabel('像素数（个）')
[15]plt.title('灰度直方图')
[16]plt.xticks(bins, bins)   # 设置 x 轴的刻度线位置及刻度标签
[17]# 4. 展示图表
[18]plt.show()
```

上述代码中，第 10 ～ 11 行代码调用 hist() 函数绘制直方图，并使用变量 nums、bins、patches 分别保存了频数、区间和矩形对象，第 16 行代码调用 xticks() 函数设置 x 轴的刻度标签，在该函数中第一个参数用于设置刻度线显示的位置，此处使刻度线与区间的值保持一致；第二个参数用于设置刻度标签的内容，此处使刻度标签与区间的值保持一致。

运行代码，效果如图 6-17 所示。

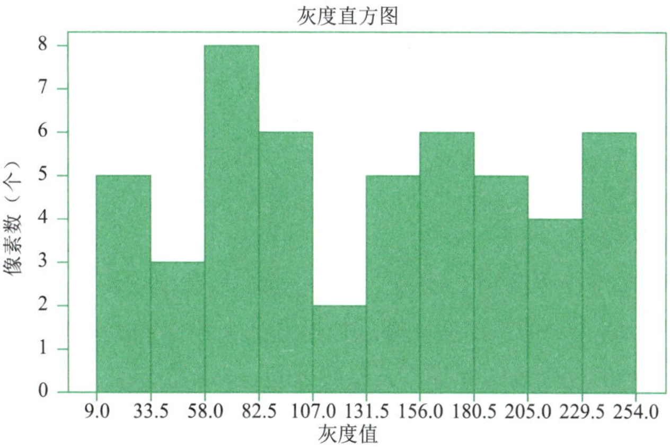

图 6-17　优化后的直方图

6.2.4 绘制散点图

在 pyplot 中，绘制散点图的基本思路如下：

（1）导入 pyplot 模块。

（2）使用 scatter() 函数绘制点。

（3）完善图表，添加辅助元素。

（4）使用 show() 函数展示图表。

为了帮助大家更好地理解绘制散点图的基本思路，接下来，通过一些示例来演示如何使用 pyplot 模块绘制散点图。假设某平台要探究房屋面积和房屋价格的关系，房屋面积和房屋价格具体如下。

房屋面积（单位：平方米）：225.98, 247.07, 253.14, 457.85, 241.58, 301.01, 20.67, 288.64,163.56, 120.06, 207.83, 342.75, 147.9 , 53.06, 224.72, 29.51, 21.61, 483.21, 245.25, 399.25, 343.35

房屋价格（单位：万元）：196.63, 203.88, 210.75, 372.74, 202.41, 247.61, 24.9 , 239.34,140.32, 104.15, 176.84, 288.23, 128.79, 49.64, 191.74, 33.1 ,30.74, 400.02, 205.35, 330.64, 283.45

下面根据房屋面积和房屋价格，通过代码绘制一个散点图，用于反映房屋面积和房屋价格的关系，具体代码如下：

```
[1]import numpy as np
[2]# 1. 导入 pyplot 模块
[3]import matplotlib. pyplot as plt
[4]plt.rcParams['font.sans-serif'] = ['SimHei']
[5]# 2. 绘制点
[6]# 房屋面积
[7]house_area = np.array([225.98, 247.07, 253.14, 457.85, 241.58,
[8]                       301.01, 20.67, 288.64, 163.56, 120.06,
[9]                       207.83, 342.75, 147.9 , 53.06, 224.72,
[10]                       29.51, 21.61, 483.21, 245.25,
[11]                       399.25, 343.35])
[12]# 房屋价格
[13]house_price = np.array([196.63, 203.88, 210.75, 372.74,
[14]                     202.41, 247.61, 24.9 , 239.34, 140.32, 104.15,
[15]                     176.84, 288.23, 128.79, 49.64, 191.74, 33.1,
[16]                     30.74, 400.02, 205.35, 330.64, 283.45])
[17]plt.scatter(house_area, house_price, s=50, c='y', edgecolors='k')
[18]# 3. 完善图表
[19]plt.title('房屋面积和房屋价格的关系')
[20]plt.xlabel('房屋面积（平方米）')
[21]plt.ylabel('房屋价格（万元）')
[22]# 4. 展示图表
[23]plt.show()
```

上述代码中，第 17 行代码调用 scatter() 函数根据一组数据绘制了数据点，在该函数中前两个参数表示数据点的 x 值和 y 值；参数 s 表示数据点的大小，此处设置的大小为 50；参数 c 表示数据点的颜色，此处设置的颜色为黄色；参数 edgecolors 表示数据点的边框颜色，此处设置的颜色为黑色。

运行代码，效果如图 6-18 所示。

从图 6-18 中可以看出，房屋的面积越大，房屋的价格越高。

如果想要知道每个圆点的大体位置，则可以通过 grid() 函数给图表添加网格线，利用网格线便可以看出每个圆点对应的房屋面积及房屋价格。例如，给图 6-18 的散点图添加垂直网格和水平网格，具体代码如下：

```
[1]# 3. 完善图表
[2]plt.title('房屋面积和房屋价格的关系')
[3]plt.xlabel('房屋面积（平方米）')
[4]plt.ylabel('房屋价格（万元）')
[5]plt.grid(visible=True, linewidth=0.5)    # 添加网格
[6]# 设置 x 轴的刻度范围
[7]plt.xlim(house_area.min()-30, house_area.max()+30)
[8]# 4. 展示图表
[9]plt.show()
```

上述代码中，第 5 行代码调用 grid() 函数添加网格，在该函数中参数 visible 表示是否显示网格，此处传入的值为 True，说明显示网格；参数 linewidth 表示网格线的宽度，此处设置网格的宽度为 0.5 点。

运行代码，效果如图 6-19 所示。

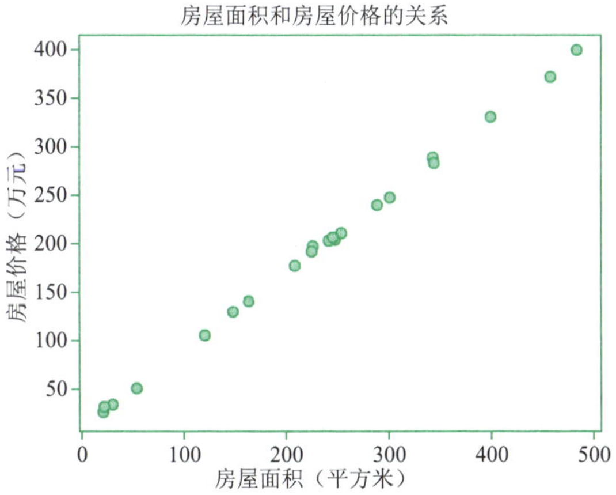

图 6-18　散点图

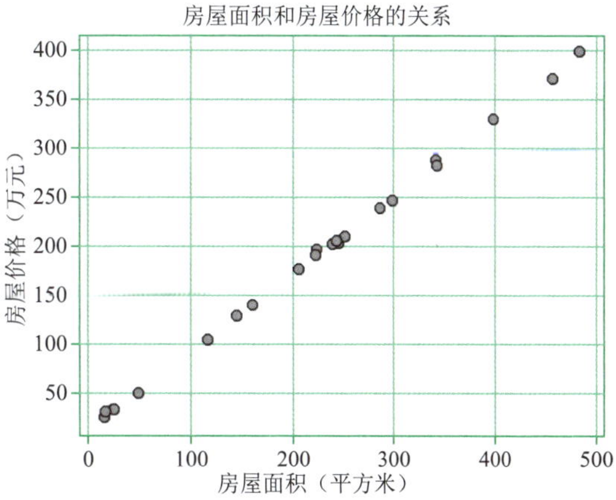

图 6-19　添加网格的散点图

6.3　使用 Seaborn 绘图

Matplotlib 是比较优秀的绘图库，但是 API 使用起来过于复杂，其内部有上千个函数，且每个函数都有非常多的参数。Seaborn 基于 Matplotlib 进行了更高级的封装，它相比 Matplotlib 可以轻松地画出漂亮的图表，使图表的配色更加舒服，以及图表元素的样式更加细腻。本节以一些常见的图表为例，介绍如何使用 Seaborn 库绘制这些图表。

6.3.1 可视化数据的分布

在处理一组数据之前，通常需要提前了解这组数据具体是怎样分布的。对于包含单变量的数据来说，采用直方图或核密度曲线是个不错的选择，对于包含双变量的数据来说，可以通过散点图、二维直方图、核密度估计图形等进行展示。为了帮助用户快速地绘制这些图表，Seaborn 库提供了单变量和双变量分布的绘制函数，如 displot() 函数、jointplot() 函数，下面具体来介绍这些函数的使用，具体内容如下。

1. 单变量数据的分布

直方图是常用的描述数据分布情况的图表，它会先根据数据的范围划分指定一定数量的等宽间隔，这些间隔是连续且不重叠的，并统计每个间隔中有多少个数据。Seaborn 中提供了一个 displot() 函数，该函数默认用于绘制一个直方图。

通过 distplot() 函数绘制直方图的示例如下：

```
[1]import seaborn as sns
[2]# 加载 Seaborn 自带的数据
[3]tips = sns.load_dataset('tips', data_home='data/seaborn-data')
[4]# 绘制直方图
[5]sns.displot(tips['total_bill'], bins=10)
```

上述代码中，第 3 行代码调用 load_dataset() 函数加载了 Seaborn 自带的示例数据集，在该函数中传入的第一个参数表示数据集的名称，此处使用的数据集是 tips；第二个参数 data_home 表示缓存数据的目录，此处指定的目录是 data/seaborn-data，说明 Seaborn 自带的示例数据集被下载到 data/seaborn-data 目录下。

第 5 行代码调用 displot() 函数绘制直方图，在该函数中传入的第一个参数是数据，此处使用的是 tips 数据集中 total_bill 列的数据；第二个参数 bins 表示间隔的数量，此处设置的数量是 10，也就是说直方图中会显示 10 个矩形条。

值得一提的是，如果希望使用其他的数据集，可以通过 get_dataset_names() 函数查看所有可用数据集的列表。

运行代码，效果如图 6-20 所示。

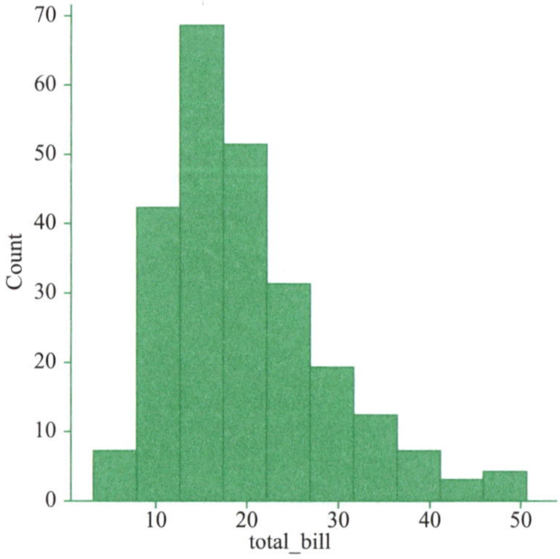

图 6-20 直方图

从图 6-20 中看出，直方图共有 10 个矩形条，每个矩形条有着默认的样式。观察矩形条的高度可知，数值大部分集中在 10 ～ 30 之间，10 以下和 40 以上的数值相对是比较少的。

直方图虽然可以直观地展现数据的分布情况，但是直方图有个弊端，它会因为矩形条数量的不同使图形呈现的效果产生很大的差异。为了避免这个弊端，可以绘制核密度估计曲线来展示数据的分布情况。

核密度估计曲线是一种统计图表，它通过在每个数据点周围放置一个核函数，并通过调整核函数的宽度得到一个平滑的曲线。曲线的高度表示数据点密度的大小，曲线顶部对应着数据点最多的区域，曲线底部对应着数据点最少的区域。

可以直接使用 distplot() 函数绘制核密度估计曲线，只需要在使用该函数时给 kind 参数传入值“kde”，就可以根据数据绘制一条核密度估计曲线，示例代码如下：

```
import seaborn as sns
tips = sns.load_dataset('tips', data_home='data/seaborn-data')
# 绘制核密度估计曲线
sns.displot(tips['total_bill'], kind='kde')
```

运行代码，效果如图 6-21 所示。

从图 6-21 中可以看出，数值 10 ～ 30 对应的曲线较高，说明这个范围内的数值的密度大。

此外，还可以在绘制核密度估计曲线时显示密度观察条，这时需要在调用 distplot() 函数时给 rug 参数传入值 True，示例代码如下：

```
import seaborn as sns
tips = sns.load_dataset('tips', data_home='data/seaborn-data')
# 绘制核密度估计曲线，显示密度观察条
sns.displot(tips['total_bill'], kind='kde', rug=True)
```

运行代码，效果如图 6-22 所示。

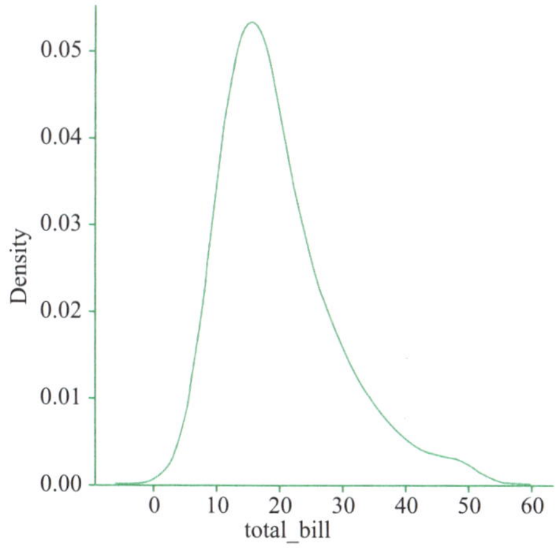

图 6-21　核密度估计曲线

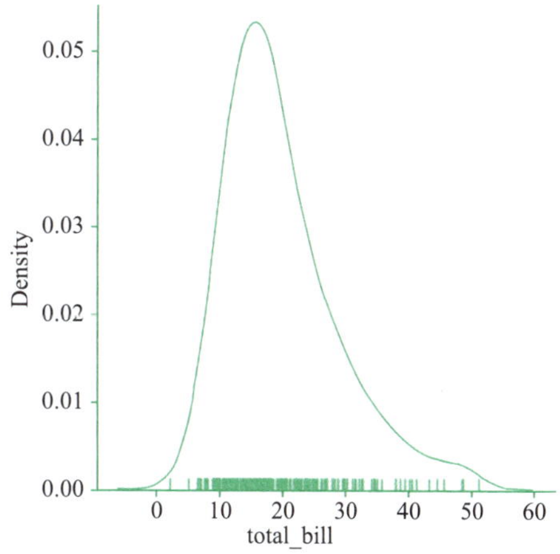

图 6-22　显示观察条的核密度估计曲线

从图 6-22 中看出，在 x 轴的上方生成了观测密度的小细条。

2. 双变量数据的分布

如果希望展示包含双变量数据的分布情况，那么可以通过散点图、二维直方图、二维密度图进行展示。在 Seaborn 中，jointplot() 函数用于绘制散点图、二维直方图、二维密度图，以反映两个变量之间的关系，以及每个变量在单独坐标轴上的分布情况。接下来，介绍如何使用 jointplot() 函数绘制散点图、二维直方图、二维密度图。

（1）绘制散点图。

绘制散点图的示例代码如下：

```
[1]import seaborn as sns
```

```
[2]tips = sns.load_dataset('tips', data_home='data/seaborn-data')
[3]# 绘制散点图
[4]sns.jointplot(x='total_bill', y='tip', data=tips)
```

上述代码中，第 4 行代码调用 jointplot() 函数绘制一个散点图，在该函数中传入的参数 x 和 y 分别用于指定 x 轴和 y 轴上的变量，此处 x 轴和 y 轴的变量分别是 total_bill 和 tip；参数 data 表示数据集，此处使用的是 tips 数据集。

运行代码，效果如图 6-23 所示。

从图 6-23 中看出，散点图的上方和右方显示了直方图，用于展示 *x* 轴和 *y* 轴数据的整体分布情况。

（2）绘制六边形二维直方图。

六边形二维直方图的效果类似于蜂巢的形状，它主要用于显示落在六边形区域内的观察值的计数，适用于数量较大的数据集。可以直接通过 jointplot() 函数绘制六边形二维直方图，此时只需要给 kind 参数传入值 hex，就可以绘制六边形二维直方图，示例代码如下：

```
# 绘制六边形二维直方图
sns.jointplot(x='total_bill', y='tip', data=tips, kind="hex")
```

运行代码，效果如图 6-24 所示。

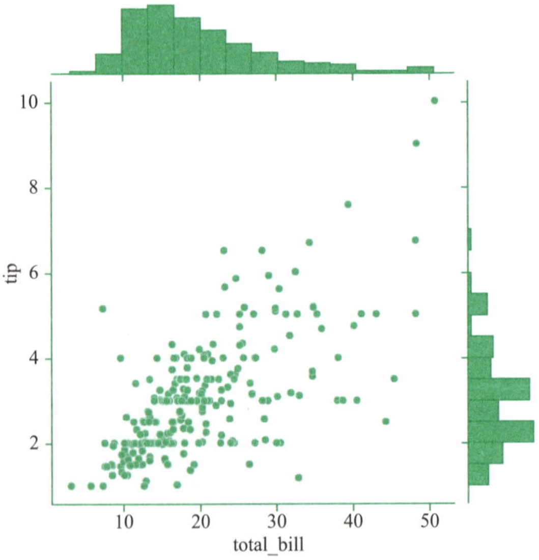

图 6-23　散点图

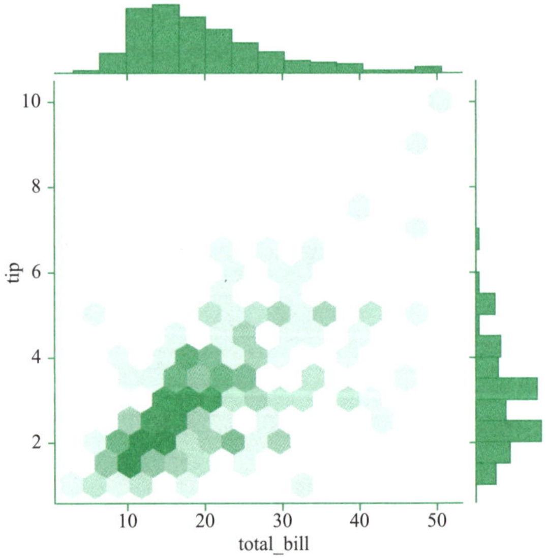

图 6-24　六边形二维直方图

从图 6-24 中可以看出，图表中显示了多个六边形，六边形的颜色深浅表示数据密集的程度，另外图形的上方和右方仍然给出了直方图。注意在绘制六边形二维直方图时，最好使用白色背景。

（3）绘制二维密度图。

当散点图中数据点过多，且重叠程度较大时，若仍然希望查看数据的分布情况，则可以通过二维密度图展示密集程度。可以使用 jointplot() 函数绘制二维密度图，只需要在绘制时给 kind 参数传入值 kde，就可以根据数据绘制二维密度图，示例代码如下：

```
import seaborn as sns
tips = sns.load_dataset('tips', data_home='data/seaborn-data')
# 绘制二维密度图，并画上阴影
sns.jointplot(x ='total_bill', y='tip', data=tips, kind='kde',
              shade=True)
```

运行代码，效果如图 6-25 所示。

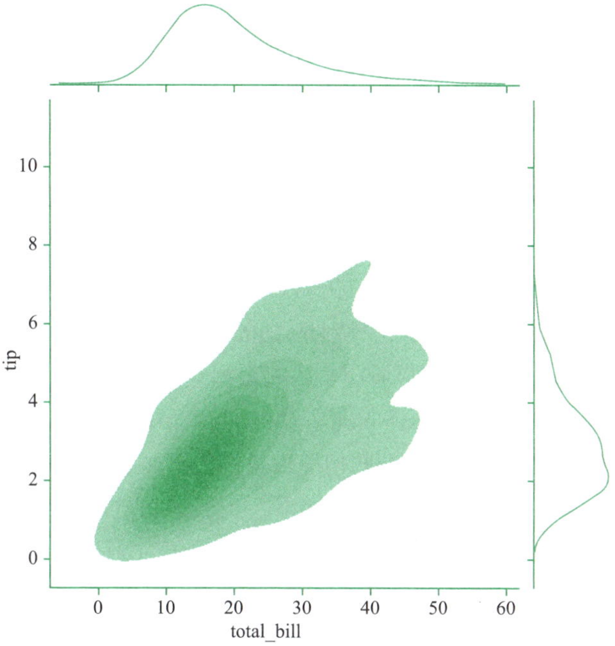

图 6-25 二维密度图

在图 6-25 中，轮廓颜色的深浅可以看出哪个范围的数值分布的最多，哪个范围的数值分布的最少。另外，图表上方和右方显示了核密度曲线图，用于展示 x 轴和 y 轴数据的整体分布情况。

6.3.2 用分类数据绘图

分类数据是比较常见的数据类型，它是按照现象的某种属性进行分类或分组而得到的反映事物类型的数据。例如，企业按照经济性质被分为国有、集体、私营、其他经济这几类，国有、集体、私营和其他经济就是分类数据。Seaborn 库针对分类数据提供了一些绘图功能，下面分别对分类数据可绘制的图表进行介绍，具体内容如下。

1. 分类数据的散点图

在 Seaborn 中，可以通过 stripplot() 函数根据分类数据绘制一个散点图，用于呈现每个分类对应的数据点的分布情况。绘制散点图的示例代码如下：

```
import seaborn as sns
tips = sns.load_dataset('tips', data_home='data/seaborn-data')
# 根据分类数据绘制散点图
sns.stripplot(x="day", y="total_bill", data=tips)
```

运行代码，效果如图 6-26 所示。

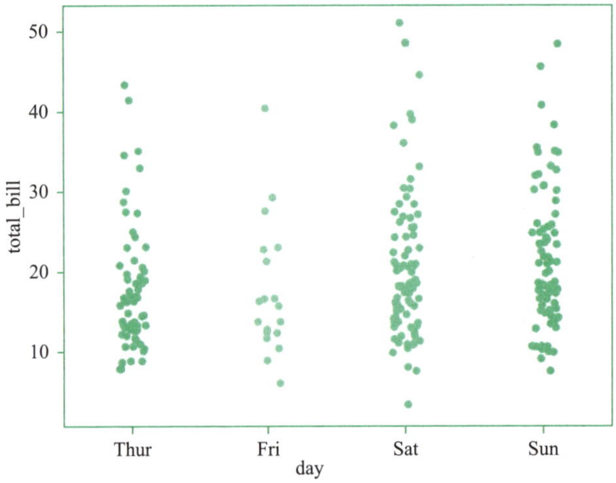

图 6-26　分类数据的散点图（1）

在图 6-26 中，x 轴上共有 4 个分类，分别是 Thur、Fri、Sat、Sun，其中每个分类对应不同颜色的数据点。从图 6-26 的数据点可以看出，一些数据点之间互相重叠，不利于用户观察。

为了解决这个问题，可以使用 swarmplot() 函数绘制一个散点图，这个散点图里面所有的数据点不会重叠，能够清晰地展示数据的分布情况，示例代码如下：

```
# 绘制散点图，所有的数据点不会重叠
sns.swarmplot(x="day", y="total_bill", data=tips)
```

运行代码，效果如图 6-27 所示。

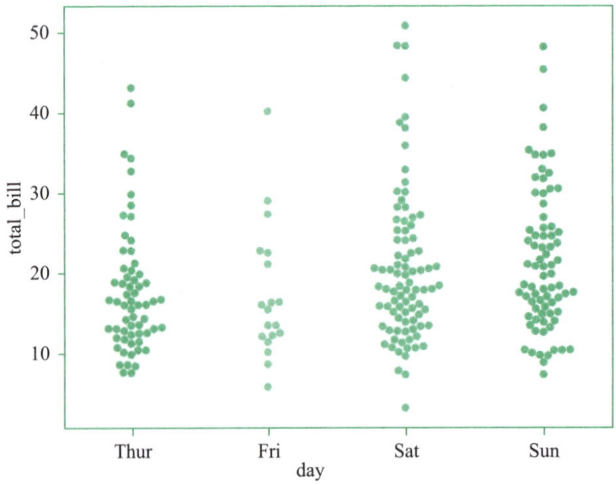

图 6-27　分类数据的散点图（2）

2．分类内的分布

如果希望查看每个分类下数据的分布情况，可以通过箱形图和提琴图进行展示，其中箱形图可以查看数据的四分位的分布情况，小提琴图结合了箱形图与核密度图的特征，用于展示多组数据的分布状态以及概率密度。下面介绍如何使用 Seaborn 库绘制箱形图和小提琴图，具体内容如下。

（1）绘制箱形图。

在 Seaborn 中，可以使用 boxplot() 函数绘制箱形图。以 tips 数据集中 day 列的数据为例，演示如何使用 boxplot() 函数绘制箱形图，具体代码如下：

```
import seaborn as sns
tips = sns.load_dataset('tips', data_home='data/seaborn-data')
# 绘制箱形图
sns.boxplot(x="day", y="total_bill", data=tips)
```

运行代码，效果如图 6-28 所示。

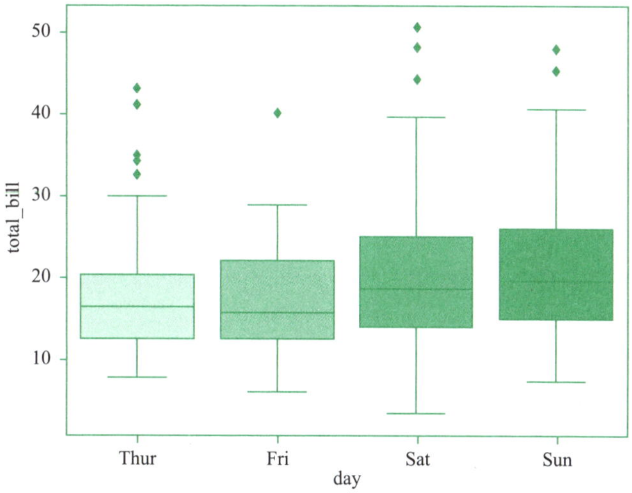

图 6-28　箱型图

在图 6-28 中，绘图区域中显示了 4 个箱形，每个箱形对应一个分类，且显示了使用菱形标识的异常值。从图 6-28 中可以看出，Thur 分类有 5 个大于 30 的异常值，Fri 分类有一个大于 40 的异常值，Sat 分类有 3 个大于 40 的异常值，Sun 分类有两个大于 40 的异常值。

（2）绘制小提琴图。

小提琴图是箱式图与核密度图的结合，它与箱型图相比，能够展示更多的信息。小提琴图不仅能显示一组数据的中位数、上四分位数、下四分位数等信息，还能显示数据在不同数值下的概率密度，这对分析数据是非常有利的。

在 Seaborn 中，使用 violinplot() 函数可以绘制小提琴图。接下来，以 tips 数据集中 day 列的数据为例，演示如何使用 violinplot() 函数绘制小提琴图，具体代码如下：

```
import seaborn as sns
tips = sns.load_dataset('tips', data_home='data/seaborn-data')
# 绘制小提琴图
sns.violinplot(x="day", y="total_bill", data=tips)
```

运行代码，效果如图 6-29 所示。

在图 6-29 中，每个分类对应一个形状类似小提琴的图形，图形中的白点代表中位数，白点下方的条形代表四分位数范围，条形上方或下方的竖线代表较高或较低的相邻值。除此之外，每个图形还显示了数据的分布情况，例如，Thur 分类下位于 10 ～ 20 之间的数值较多。

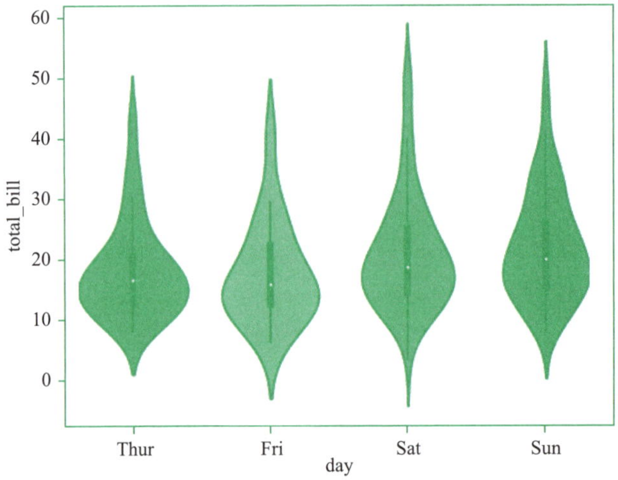

图 6-29　小提琴图

3．分类内的统计

要想查看分类数据中每个分类的集中趋势，可以使用柱形图和点图进行展示。下面介绍如何使用 Seaborn 库绘制柱形图和点图，具体内容如下。

（1）绘制柱形图。

在 Seaborn 中，可以使用 barplot() 函数绘制柱形图。默认情况下，柱形图中每个柱形的上方会显示误差线，这些误差线可以提供关于数据的不确定性或变化的信息。以 tips 数据集中 day 列的数据为例，演示如何使用 barplot() 函数绘制柱形图，具体代码如下：

```
import seaborn as sns
tips = sns.load_dataset('tips', data_home='data/seaborn-data')
# 绘制柱形图
sns.barplot(x="day", y="total_bill", data=tips)
```

运行代码，效果如图 6-30 所示。

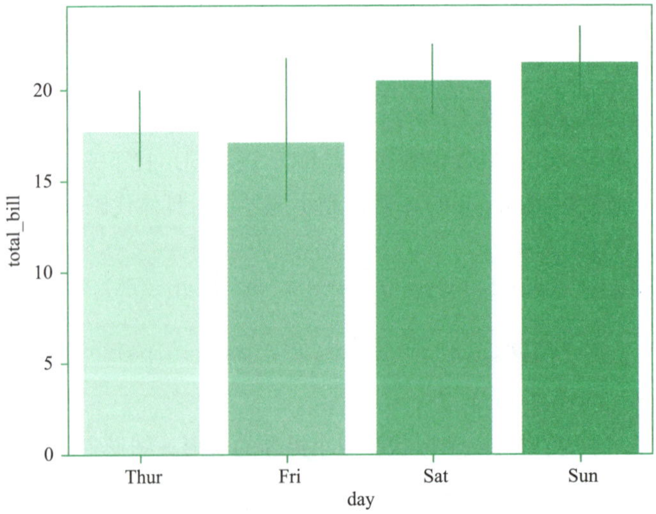

图 6-30　柱形图

（2）绘制点图。

在 Seaborn 中，可以使用 pointplot() 函数绘制点图，点图中没有显示完整的图形，而是显示点和误差线，其中点代表平均值或其他估计值，误差线代表置信区间。以 tips 数据集中 day 列的数据为例，演示如何使用 pointplot() 函数绘制点图，具体代码如下：

```
import seaborn as sns
tips = sns.load_dataset('tips', data_home='data/seaborn-data')
# 绘制点图
sns.pointplot(x="day", y="total_bill", data=tips)
```

运行代码，效果如图 6-31 所示。

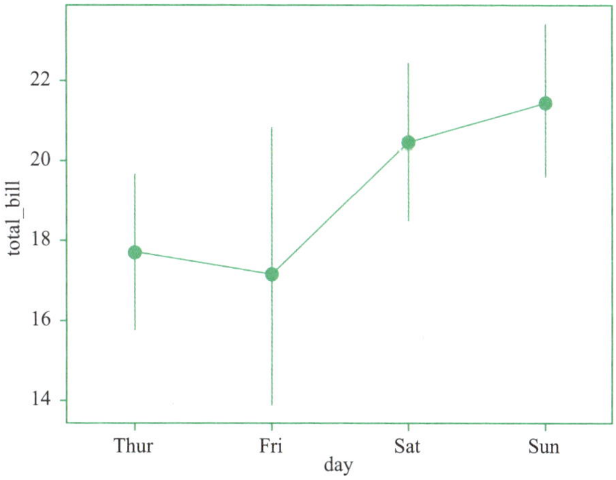

图 6-31　点图

6.4 使用 Pyecharts 绘图

Pyecharts 是一个用于生成 Echarts 图表的开源库，它可以帮助用户在不了解 JavaScript 语言的前提下，通过自身封装的一些方法绘制基于 JavaScript 实现的 Echarts 图表，使图表呈现出炫酷的效果。在使用 Pyecharts 库之前需要确保当前的环境中已经安装了 Pyecharts 库（本书使用的版本是 1.9.1）。本节以一些常见的 Echarts 图表为例，介绍如何使用 Pyecharts 库绘制这些图表。

6.4.1 Pyecharts 简介

Pyecharts 库支持绘制多种图表类型，包括基本图表、直角坐标系图表、树型图表、地理图表、3D 图表、组合图表。其中基本图表包括饼图、雷达图、词云图、漏斗图等；直角坐标系图表包括折线图、柱形图、散点图等。尽管图表的样式千变万化，但是使用 Pyecharts 绘制图表的思路是相同的，具体可以分成以下几步：

（1）创建图表类的对象。

（2）添加图表用到的数据。

（3）添加图表配置项。

（4）渲染图表。

关于它们的介绍具体如下。

1. 创建图表类的对象

Pyecharts 库的 charts 模块中提供了很多封装图表功能的图表类，接下来，通过一张表来列举 pyecharts.charts 模块的常用的图表类，具体如表 6-1 所示。

表 6-1 常用的图表类

类	说 明	类	说 明
Line	折线图	WordCloud	词云图
PictorialBar	象形柱形图	Map	统计地图
Bar	柱形图 / 条形图	HeatMap	热力图
Pie	饼图 / 圆环图	Funnel	漏斗图
Scatter	散点图 / 气泡图	Gauge	仪表盘
Boxplot	箱形图	Sankey	桑基图
Radar	雷达图	Tree	树状图

在表 6-1 中，所有的类都继承自 Base 基类，它们可以使用与类同名的构造方法实例化对象。例如，Bar 类的构造方法的语法格式如下：

```
Bar(init_opts=opts.InitOpts())
```

上述方法中 init_opts 参数表示初始化配置项，该参数需要接收一个 InitOpts 类的对象，该对象用于给图表指定一些通用的属性，比如背景颜色、画布大小等。

例如，创建一个 Bar 类的对象，并使用默认大小的画布，代码如下所示：

```
from pyecharts.charts import Bar
bar = Bar()
```

2. 添加图表用到的数据

每个图表类内部都提供了添加图表用到的数据的方法 add() 或 add_xx() 方法，其中直角坐标系图表类一般可以通过 add_xaxis() 或 add_yaxis() 方法添加 x 轴或 y 轴的数据。

例如，给前面示例中 Bar 类的对象添加 x 轴和 y 轴的数据，具体代码如下：

```
bar.add_xaxis(["衬衫", "羊毛衫", "雪纺衫", "裤子", "高跟鞋", "袜子"])
bar.add_yaxis("商家A", [5000, 2000, 3600, 1000, 7500, 900])
```

3. 添加图表配置项

Pyecharts 库的 options 模块中包含众多关于定制图表组件及样式的配置项，每个配置项都对应一个类。按照配置内容的不同，配置项可以分为全局配置项和系列配置项，关于它们的介绍如下。

（1）全局配置项。

全局配置项是一些针对图表通用属性的配置项，包括初始化属性、标题组件、图例组件、工具箱组件、视觉映射组件、提示框组件、数据区域缩放组件。接下来，通过一张表来列举 options 模块的常用的全局配置项，具体如表 6-2 所示。

表 6-2　常用的全局配置项

类	说　明	类	说　明
InitOpts	初始化配置项	VisualMapOpts	视觉映射配置项
AnimationOpts	Echarts 画图动画配置项	TooltipOpts	提示框配置项
ToolBoxFeatureOpts	工具箱工具配置项	AxisLineOpts	坐标轴轴脊配置项
ToolboxOpts	工具箱配置项	AxisTickOpts	坐标轴刻度配置项
BrushOpts	区域选择组件配置项	AxisPointerOpts	坐标轴指示器配置项
TitleOpts	标题配置项	AxisOpts	坐标轴配置项
DataZoomOpts	数据区域缩放配置项	SingleAxisOpts	单轴配置项
LegendOpts	图例配置项	GraphicGroup	原生图形元素组件

在表 6-2 中，每个类都可以通过与类同名的构造方法实例化对象，例如，通过 TitleOpts 类的构造方法创建 TitleOpts 类的对象，进而生成一个标题配置项，具体代码如下：

```
from pyecharts import options as opts
opts.TitleOpts(title=" 我是柱形图 ", subtitle=" 我是副标题 ")
```

如果想要为图表添加全局配置项（InitOpts 除外），则需要将全局配置项传入 set_global_opts() 方法的相应参数。例如，给前面示例中 Bar 类的对象添加标题配置项，使图表里面添加标题，具体代码如下：

```
bar.set_global_opts(title_opts=opts.TitleOpts(title=" 我是柱形图 ",
                    subtitle=" 我是副标题 "))
```

上述代码中，set_global_opts() 方法中只传入了一个参数 title_opts，title_opts 参数表示标题配置项，它需要接收一个 TitleOpts 类的对象。注意，通过比对参数名和类名可以发现，参数名与类名的单词都是一样的，只不过参数名里面的单词都是小写的，单词之间使用下画线进行连接。可以参照参数名与类名的规律，在设置全局配置项时快速找到相应的参数。

（2）系列配置项。

系列配置项是一些针对图表特定元素属性的配置项，包括图元样式、文本样式、标签、线条样式、标记样式、填充样式等。接下来，通过一张表来列举 options 模块的常用的系列配置项，具体如表 6-3 所示。

表 6-3　常用的系列配置项

类	说　明	类	说　明
ItemStyleOpts	图元样式配置项	MarkLineOpts	标记线配置项
TextStyleOpts	文本样式配置项	MarkAreaOpts	标记区域配置项
LabelOpts	标签配置项	EffectOpts	涟漪特效配置项
LineStyleOpts	线条样式配置项	AreaStyleOpts	区域填充样式配置项
SplitLineOpts	分割线配置项	SplitAreaOpts	分隔区域配置项
MarkPointOpts	标记点配置项	GridOpts	直角坐标系网格配置项

在表 6-3 中，每个类都可以通过与类同名的构造方法实例化对象，例如，通过 LabelOpts

类的构造方法创建 LabelOpts 类的对象，生成一个标签配置项，具体代码如下：

```
opts.LabelOpts(position='inside', color='white', font_size=10)
```

上述代码中，LabelOpts() 方法的参数 position 设为 inside，表示标签会被标注于图形的里面；参数 color 设为 white，表示标签文本的颜色为白色；参数 font_size 设为 10，说明标签文本的字体大小为 10 号。

若需要为图表添加系列配置项，则需要将系列配置项传入 add() 或 add_xx() 方法中。例如，给前面示例中 Bar 类的对象添加系列配置项，使图表的图形里面显示标签文本，改后的代码如下：

```
bar.add_yaxis("商家A", [5000, 2000, 3600, 1000, 7500, 900],
              label_opts = opts.LabelOpts(position='inside',
                                          color='white', font_size=10))
```

4．渲染图表

图表 Base 基类提供了渲染图表的方法，分别是 render() 和 render_notebook()，其中 render() 方法用于将图表渲染到 HTML 文件，默认为位于程序根目录的 render.html 文件；render_notebook() 方法用于将图表渲染到 Jupyter Notebook 工具中。

例如，渲染前面示例中生成的柱形图，具体代码如下：

```
bar.render_notebook()
```

多学一招：链式调用

Pyecharts 在 1.0 版本中增加了链式调用的功能。链式调用是指简化同一对象多次访问属性或调用方法的编码方式，避免多次重复使用同一个对象变量，使代码变得简洁、易懂。

例如，将 6.4.1 的全部示例代码改为链式调用的写法，改后的代码如下：

```
from pyecharts.charts import Bar
from pyecharts import options as opts
bar = (
    Bar()
    .add_xaxis(["衬衫", "羊毛衫", "雪纺衫", "裤子", "高跟鞋", "袜子"])
    .add_yaxis("商家A", [5000, 2000, 3600, 1000, 7500, 900],
               label_opts=opts.LabelOpts(is_show=True,
               position='inside', color='white', font_size=10))
    .set_global_opts(title_opts=opts.TitleOpts(title="我是柱形图",
                     subtitle="我是副标题"))
)
bar.render_notebook()
```

6.4.2 绘制柱形图

在 Pyecharts 库中，绘制柱形图的基本思路如下：

（1）创建 Bar 类的对象。

（2）使用 add_xaxis() 和 add_yaxis() 方法添加数据。

（3）添加图表配置项。

（4）渲染图表。

为了帮助大家更好地理解绘制柱形图的基本思路，接下来，通过一个案例演示如何使用 Pyecharts 库绘制柱形图。已知某平台从招聘网站收集了一周内数据分析师岗位的职位的相关数据，并将这些数据整理到了 data_analysis_job.csv 文件中，打开该文件后可以看到部分数据如图 6-32 所示。

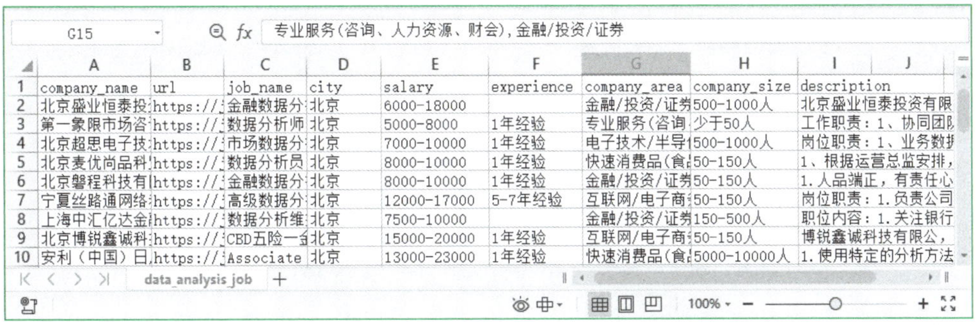

G15 专业服务(咨询、人力资源、财会),金融/投资/证券

	A	B	C	D	E	F	G	H	I
1	company_name	url	job_name	city	salary	experience	company_area	company_size	description
2	北京盛业恒泰投	https://	金融数据分	北京	6000-18000		金融/投资/证券	500-1000人	北京盛业恒泰投资有限
3	第一象限市场咨	https://	数据分析师	北京	5000-8000	1年经验	专业服务(咨询	少于50人	工作职责：1、协同团
4	北京超思电子技	https://	市场数据分	北京	7000-10000	1年经验	电子技术/半导	500-1000人	岗位职责：1、业务数
5	北京麦优尚品科	https://	数据分析员	北京	8000-10000	1年经验	快速消费品(食	50-150人	1、根据运营总监安排，
6	北京磐程科技有	https://	金融数据分	北京	8000-10000	1年经验	金融/投资/证券	50-150人	1. 人品端正，有责任心
7	宁夏丝路通网络	https://	高级数据分	北京	12000-17000	5-7年经验	互联网/电子商	50-150人	岗位职责：1. 负责公司
8	上海中汇亿达金	https://	数据分析维	北京	7500-10000		金融/投资/证券	150-500人	职位内容：1. 关注银行
9	北京博锐鑫诚科	https://	CBD五险一	北京	15000-20000	1年经验	互联网/电子商	50-150人	博锐鑫诚科技有限公，
10	安利（中国）日	https://	Associate	北京	13000-23000	1年经验	快速消费品(食	5000-10000人	1. 使用特定的分析方法

data_analysis_job

图 6-32 data_analysis_job.csv 文件的部分数据

在图 6-32 中，表格一共有 9 列数据，从左到右分别是公司名称、公司网址、职位名称、城市、薪资、工作经验、公司所属行业、公司规模、职位描述。

下面根据图 6-32 表格的数据编写代码绘制一个柱形图，通过柱形图反映一周内数据分析师职位热门城市 TOP10，具体步骤如下。

（1）柱形图中用到的数据是数据分析师职位数量排在前 10 名的城市，可以先按照 city 列对全部数据进行分组，计算每个分组中 company_name 列的数量，这样便得到了所有城市及其对应的职位数量，再根据职位数量按照从大到小的顺序进行排序，最后取出前 10 条数据，具体代码如下：

```
In []: # 准备图表用到的数据
       import pandas as pd
       job = pd.read_csv('data_analysis_job.csv')
       # 按 city 分组，根据 company_name 列计算总数，由大到小排序
       city_job_list = job.groupby(
           by='city')['company_name'].count().sort_
       values(ascending=False)
       city_job_top10 = city_job_list.head(10)
       city_job_top10
Out[]: city
       北京      1608
       上海      1176
       广州      1033
       深圳       820
       杭州       395
       成都       348
       武汉       320
       西安       248
       南京       222
       苏州       150
       Name: company_name, dtype: int64
```

（2）按照前文介绍的绘图思路编写代码，绘制一个柱形图，具体代码如下：

```
[1]from pyecharts.charts import Bar
[2]from pyecharts import options as opts
[3]bar = (
[4]    # 1. 创建 Bar 类的对象
[5]    Bar()
[6]    # 2. 添加 x 轴和 y 轴的数据
[7]    .add_xaxis(city_job_top10.index.tolist())
[8]    .add_yaxis('', city_job_top10.values.tolist())
[9]    # 3. 添加标题配置项、坐标轴配置项
[10]    .set_global_opts(title_opts=opts.TitleOpts(
[11]         title='数据分析师职位热门城市 TOP10'),
[12]         yaxis_opts=opts.AxisOpts(name='职位数量（个）',
[13]         name_location='center', name_gap=35))
[14]    )
[15]# 4. 渲染图表
[16]bar.render_notebook()
```

上述代码中，第 7 行代码调用 add_xaxis() 方法给图表添加 *x* 轴的数据，在该方法中传入的参数是 city_job_top10.index.tolist()，说明 *x* 轴的数据是 city_job_top10 对象的索引列表；第 8 行代码调用 add_yaxis() 方法给图表添加 *y* 轴的数据，在该方法中第一个参数是空字符串，说明不会显示图例项。

第 10 ～ 14 行代码调用 set_global_opts() 方法添加全局配置项，包括标题配置项和坐标轴配置项，在该方法中参数 title_opts 用于设置标题配置项，它的值是一个 TitleOpts 类的对象；参数 yaxis_opts 用于设置 *y* 轴的配置项，它的值是一个 AxisOpts 类的对象。

在创建 TitleOpts 类的对象时，参数 title 用于设置主标题的文本，此处设置的文本是“数据分析师职位热门城市 TOP10”；在创建 AxisOpts 类的对象时，参数 name 用于设置坐标轴的标签，此处标签是“职位数量（个）”；参数 name_location 用于设置坐标轴标签的显示位置，此处是居中显示标签；参数 name_gap 用于设置坐标轴标签与轴线之间的距离，此处距离是 35。

运行代码，效果如图 6-33 所示。

图 6-33　柱形图

从图 6-33 中可以看出，北京、上海、广州、深圳等一些一线城市对数据分析师岗位的需求量是比较大的。

6.4.3 绘制词云图

词云图是由词汇组成类似云朵的彩色图形，它会将文本中出现频率较高的关键词予以视觉上的突出，形成"关键词云层"或"关键词渲染"，从而过滤掉大量低质的文本信息，使读者一眼便能够了解文本的主旨。每个词出现的频率代表的是词的重要性，以字号大小表示，字号越大，说明这个关键词越重要。

在 Pyecharts 库中，绘制词云图的基本思路如下：

（1）创建 WordCloud 类的对象。

（2）使用 add () 方法添加数据。

（3）添加图表配置项。

（4）渲染图表。

下面根据 6.4.2 文件中的数据绘制一个词云图，通过词云图展示招聘数据分析师需求最多的 100 个公司名称，具体步骤如下。

（1）词云图中用到的数据是招聘数据分析师职位的公司名称，可以统计公司名称的数量，数量多的公司名称对应的字号越大，数量少的公司名称对应的字号越小，具体代码如下：

```
In []:# 准备词云图用到的数据
      import pandas as pd
      job = pd.read_csv('data_analysis_job.csv')
      # 根据公司名称分组后计数，并按照从大到小的顺序排列
      company_list = job.groupby(
          'company_name')['url'].count().sort_values(ascending=False)
      company_list = company_list.head(100)
      company_list
Out[]: company_name
      北京宇节跳动科技有限公司          213
      武汉益越商务信息咨询有限公司        85
      ...                             ...
      上海百秋电子商务有限公司            7
      上海艾杰飞人力资源有限公司          7
      Name: url, Length: 100, dtype: int64
```

（2）按照前文介绍的绘图思路编写代码，绘制一个词云图，具体代码如下：

```
[1]from pyecharts.charts import WordCloud
[2]c = (
[3]    # 1. 创建 WordCloud 类的对象
[4]    WordCloud()
[5]    # 2. 添加数据
[6]    .add('', data_pair=list(zip(company_list.index.tolist(),
[7]         company_list.values.tolist())), word_size_range=[6, 40])
[8]    # 3. 添加标题配置项
[9]    .set_global_opts(title_opts=opts.TitleOpts(
```

```
[10]          title='招聘数据分析师的公司',
[11]          title_textstyle_opts=opts.TextStyleOpts(font_size=23)))
[12])
[13]# 4. 渲染图表
[14]c.render_notebook()
```

上述代码中，第 6 ～ 7 行代码调用 add() 方法添加词云图用到的数据，在该方法中传入的第一个参数是空字符串，说明不会在词云图中显示图例项；第二个参数 data_pair 表示数据，此处会将公司名称作为词云图的词汇，公司名称的数量作为词汇的数量；第三个参数 word_size_range 表示词汇字体大小范围，它的值是 [6, 40]，说明词汇字体最小是 6 号，最大是 40 号。

第 9 ～ 11 行代码调用 set_global_opts() 方法添加标题配置项，标题的内容是“招聘数据分析师的公司”，标题的字号大小是 23 号。

运行代码，效果如图 6-34 所示。

图 6-34 词云图

从图 6-34 中可以看出，北京字节跳动科技有限公司是比较突出的，说明该公司对数据分析师的需求是比较大的。

6.4.4 绘制气泡图

气泡图是散点图的一种变体，通常用于展示三个变量之间的关系，其中两个变量通过横轴和纵轴表示，第三个变量一般通过气泡的大小表示。当然，如果气泡使用了不同的颜色，那么此时的气泡图也可以用于展示四个变量之间的关系。

在 Pyecharts 库中，绘制气泡图的基本思路如下：

（1）创建 Scatter 类的对象。

（2）使用 add () 方法添加数据。

（3）添加图表配置项。

（4）渲染图表。

为了帮助大家理解绘制气泡图的基本思路，接下来，通过一个案例演示如何使用 Pyecharts 库绘制气泡图。已知某平台统计了北京、上海、深圳、杭州和广州这几个城市数据分析师职位的平均薪资和招聘信息数量，具体如下。

城市	平均薪资（单位：元）	招聘信息数量（单位：条）
北京	13122	1608
上海	10347	1176
深圳	9803	820
杭州	8971	395
广州	7186	1033

下面根据北京、上海、深圳、杭州和广州这五个城市数据分析师职位的平均薪资和招聘信息数量，编写代码，绘制一个气泡图，通过气泡图展示北京、上海、深圳、杭州和广州这五个城市数据分析师职位的薪资和岗位情况，具体代码如下：

```
import pyecharts.options as opts
from pandas import Series
from pyecharts.charts import Scatter
from pyecharts.commons.utils import JsCode
# 平均薪资
salary_ave = Series([13122, 10347, 9803, 8971, 7186])
# 岗位数量
post_num = Series([1608, 1176, 820, 395, 1033])
# 城市
citys = Series(['北京', '上海', '深圳', '杭州', '广州'])
scatter_demo = (
    # 1. 创建 Scatter 类的对象
    Scatter()
    # 2. 添加的数据
    .add_xaxis(salary_ave)
    .add_yaxis("", [list(z) for z in zip(post_num, citys)],
        label_opts=opts.LabelOpts(
        formatter=JsCode(
            "function(params){return params.value[2]}")
    ))
    # 3. 添加配置项
    .set_global_opts(
       # 标题
       title_opts=opts.TitleOpts(
           title="数据分析师岗位数量与平均薪资"),
       # 视觉映射组件
       visualmap_opts=opts.VisualMapOpts(type_="size", max_=1500,
                        min_=200, dimension=1),
       # 提示框
       tooltip_opts=opts.TooltipOpts(formatter=JsCode(
                 "function (params) {return '平均薪资：'+
                 params.value[0] + '岗位数量：'+
                 params.value[1]}")),
       # x 轴的标签和起始刻度
```

```
[35]        xaxis_opts=opts.AxisOpts(min_=4000, name='平均薪资',
[36]                    name_location='center', name_gap=23),
[37]        # y 轴的标签和起始刻度
[38]        yaxis_opts=opts.AxisOpts(min_=300, max_=1800,
[39]                    name='岗位数量', name_location='center',
[40]                    name_gap=40),
[41]    )
[42])
[43]# 4. 渲染图表
[44]scatter_demo.render_notebook()
```

上述代码中，第 16 ～ 20 行代码调用 add_yaxis() 方法添加 *y* 轴的数据，在该方法中第三个参数表示标签配置项，它的值是 LabelOpts 类的对象，创建该对象时传入了 formatter 参数，用于设置标签内容的格式，该参数的值是一个 JavaScript 代码编写的回调函数，函数返回的结果是城市的名称。

第 30 ～ 33 行代码用于设置提示框的内容，此处设置的内容是“平均薪资：XX 岗位数量：XX”。

运行代码，效果如图 6-35 所示。

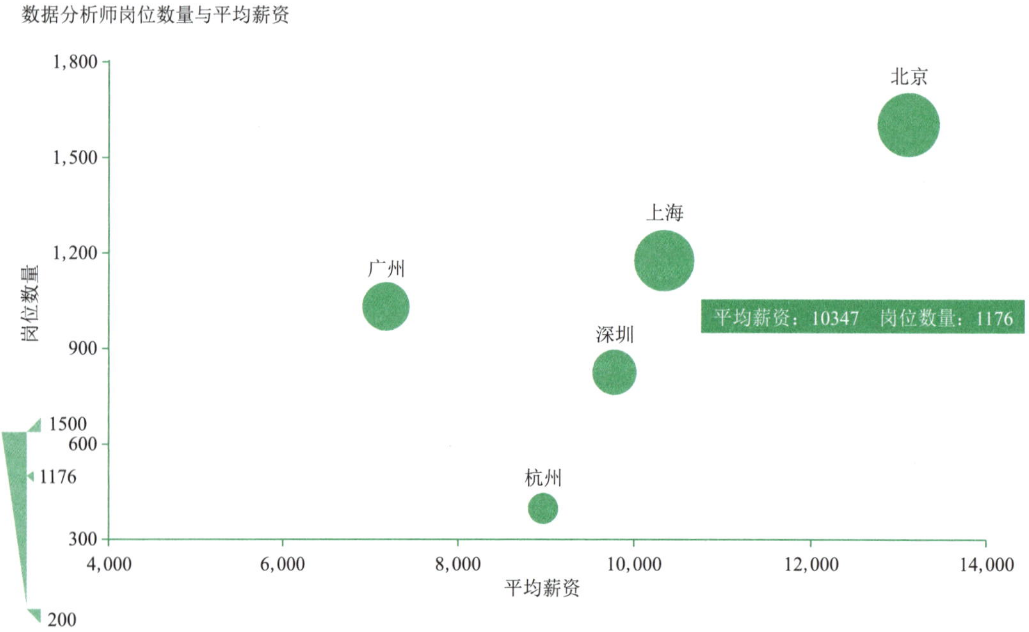

图 6-35 气泡图

在图 6-35 中，绘图区域中显示了 5 个大小不等的圆形，每个圆形对应一个城市的岗位数量和平均薪资，圆形的面积越大，说明该城市招聘的数据分析师岗位的数量越多；圆形的面积越小，说明该城市招聘的数据分析师岗位的数量越少。

从图 6-35 中可以看出，当鼠标悬停在上海对应的圆形上方时，弹出了一个提示框，在提示框中显示了上海市对应的平均薪资和岗位数量。另外，绘图区域的左下角位置显示了一个视觉映射组件，该组件会将数据映射到圆形上，此时通过拖动两端的滑块可以改变圆形的数量。

6.4.5 绘制圆环图

圆环图与饼图的功能相同，用于显示各个部分与整体之间的关系，不过它可以包含多个圆环，每个圆环分别代表一个数据系列，且具有唯一的颜色或图案。

在 Pyecharts 库中，绘制圆环图的基本思路如下：

（1）创建 Pie 类的对象。

（2）使用 add () 方法添加数据。

（3）添加图表配置项。

（4）渲染图表。

为了帮助大家理解绘制圆环图的基本思路，接下来，通过一个案例来演示如何使用 Pyecharts 库绘制圆环图。已知某平台根据一周内的招聘信息统计了数据分析师岗位的工作经验要求，具体如下。

工作经验	公司数量
一年以下 / 应届生 / 经验不限	2966
1-3 年	2028
3-5 年	1720
未知	718
5 年以上	494

下面根据统计的工作经验和公司数量这些数据，编写代码绘制一个圆环图，通过圆环图展示公司对数据分析师岗位的工作经验要求的占比情况，具体代码如下：

```
import pyecharts.options as opts
from pyecharts.charts import Pie
# 工作经验
working_experience = ['一年以下 / 应届生 / 经验不限', '1-3 年',
                      '3-5 年', '未知', '5 年以上']
# 公司数量
company_num = [2966, 2028, 1720, 718, 494]
pie_demo = (
    # 1. 创建 Pie 类的对象
    Pie()
    # 2. 添加圆环图用到的数据
    .add(
        series_name="",                    # 在图例中显示的图例项
        data_pair=[list(z) for z in zip(working_experience,
                                        company_num)],
        radius=["40%", "70%"],             # 内外圆的半径大小
        label_opts=opts.LabelOpts(is_show=False)  # 隐藏标签
    )
    # 3. 添加配置项
    .set_global_opts(
        title_opts=opts.TitleOpts(title="数据分析师的工作经验要求"),
        legend_opts=opts.LegendOpts(pos_left="right",
                                    orient="vertical"),
```

```
[24]        # 设置提示框显示的文本的格式，d 表示岗位数百分比
[25]        tooltip_opts=opts.TooltipOpts(formatter=" 占比 {d}%")
[26]    )
[27])
[28]# 4. 渲染图表
[29]pie_demo.render_notebook()
```

上述代码中，第 12 ～ 18 行代码调用 add() 方法添加圆环图用到的数据，在该方法中参数 series_name 表示系列的名称，用于指定在图例中显示的图例项，此处未设置系列的名称；参数 data_pair 表示圆环图用到的数据；参数 radius 表示饼图的半径，此处内半径是 40%（相对于容器高宽中较小的一项），外半径是 70%；参数 label_opts 表示标签配置项，此处隐藏了默认会显示的标签。

运行代码，效果如图 6-36 所示。

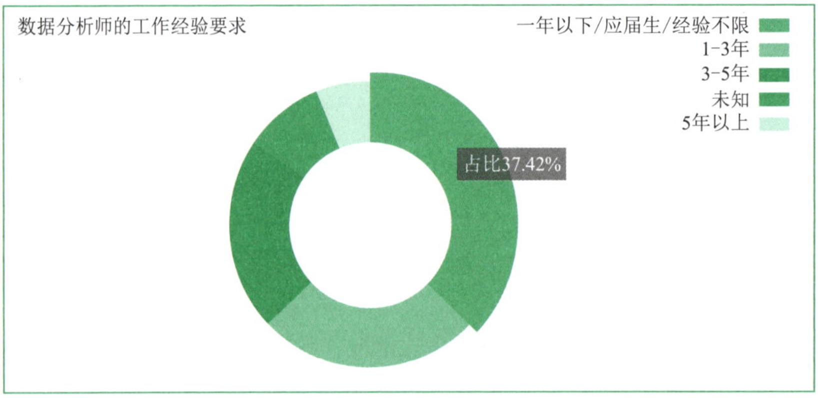

图 6-36　圆环图

在图 6-36 中，整个环被划分成了几块区域，每块区域对应一种类型的工作经验。从图 6-36 中可以看出，当鼠标悬停放在一个区域上时弹出了提示框，提示框上面显示了该区域所占的比例，也就是说一年以下 / 应届生 / 经验不限的占比是 37.42%。

6.5　案例：电影数据分析

现在电影已经越来越普及了，俨然已成为目前主流的一项娱乐方式，这里从某个网站上获取了一组包含 1000 部电影的数据。接下来，本节将运用前面所学的知识，带领大家完成一个电影数据分析的案例，一起从这组电影数据中分析与电影相关的信息。

6.5.1　案例需求

本案例要求对电影数据进行一些操作，完成以下三个目标：

（1）计算电影数据的平均评分、导演人数的信息。

（2）了解电影的评分分布情况和片长分布情况。

（3）了解电影的类型统计情况。

6.5.2 数据准备

在了解了案例的目标之后，需要先获取案例用到的数据，提前对数据整体的情况有个大致了解。电影数据全部保存在 IMDB-Movie-Data.csv 文件中，可以使用 read_csv() 函数从这个文件中读取电影数据，具体代码如下：

```
In []: import pandas as pd
       # 从 IMDB-Movie-Data.csv 文件中读取电影数据
       movies = pd.read_csv(r"C:\Users\itcast\Desktop\IMDB-Movie-Data.csv")
       movies.head()
Out[]:    Rank   Title                    Genre          ...
       0     1     ...      Action,Adventure,Sci-Fi      ...
       1     2     ...     Adventure,Mystery,Sci-Fi      ...
       2     3     ...              Horror,Thriller      ...
       3     4     ...      Animation,Comedy,Family      ...
       4     5     ...     Action,Adventure,Fantasy      ...
```

接着查看 movies 对象的摘要信息，具体代码如下：

```
In []: movies.info()
Out[]: <class 'pandas.core.frame.DataFrame'>
       RangeIndex: 1000 entries, 0 to 999
       Data columns (total 12 columns):
        #   Column              Non-Null Count  Dtype
       ---  ------              --------------  -----
        0   Rank                1000 non-null   int64
        1   Title               1000 non-null   object
        2   Genre               1000 non-null   object
        3   Description         1000 non-null   object
        4   Director            1000 non-null   object
        5   Actors              1000 non-null   object
        6   Year                1000 non-null   int64
        7   Runtime (Minutes)   1000 non-null   int64
        8   Rating              1000 non-null   float64
        9   Votes               1000 non-null   int64
        10  Revenue (Millions)  872 non-null    float64
        11  Metascore           936 non-null    float64
       dtypes: float64(3), int64(4), object(5)
       memory usage: 93.9+ KB
```

从上述结果可以看出，电影数据总共有 12 列，从左至右分别是 Rank（排名）、Title（电影名称）、Genre（电影类型）、Description（描述）、Director（导演）、Actors（主演）、Year（上映日期）、Runtime (Minutes)（电影片长 / 分钟）、Rating（评分）、Votes（投票人数）、Revenue (Millions)（票房收入 / 百万）、Metascore（Metascore 评分）。

前 10 行非空值的数量相等，后两列非空值的数量不等，说明这两列可能存在缺失值。由于案例需求中设定的目标不涉及后两列的数据，所以这里不再对数据进行预处理操作。

6.5.3 案例实现

下面编写代码，逐个完成案例需求设定的三个目标，具体内容如下。

1. 计算电影数据的平均评分、导演人数的信息

要想计算平均评分，需要先从电影数据中获取 Rating 一列的数据，再对这一列数据执行求平均数的操作，具体代码如下：

```
In []: # 计算 Rating 一列的平均值
       rating_mean = movies['Rating'].mean()
       # 保留一位小数
       rating_mean = round(rating_mean, 1)
       rating_mean
Out[]: 6.7
```

从上述结果中可以看出，这组电影的平均评分为 6.7。

要想计算导演人数，需要从电影数据中获取 Director 一列的数据，这样就拥有了所有导演的信息，由于一个导演可能拍了多部电影，所以这里可以利用 unique() 函数筛选唯一的导演信息，具体代码如下：

```
In []: import numpy as np
       # 获取 Director 一列的导演数据，并筛选唯一的导演数据
       np.unique(movies['Director']).shape[0]
Out[]: 644
```

从上述结果中可以看出，这组电影数据中总共有 644 名导演。

2. 了解电影的评分分布情况和片长分布情况

要想了解电影的评分分布情况，可以先从电影数据中获取评分数据，再根据这些评分数据绘制一张直方图，通过直方图来反映电影评分的分布情况，具体代码如下：

```
# 1. 导入模块
import matplotlib.pyplot as plt
# 正常显示中文
plt.rcParams['font.sans-serif'] = ['SimHei']
# 2. 绘制图像
# 创建画布
plt.figure(figsize=(20, 8), dpi=100)
# 在刚刚创建的画布及绘图区域上绘制图像
plt.hist(movies["Rating"].values, bins=20, color='g', alpha=0.8)
# 3. 完善图表
# 3.1 设置标题
plt.title('电影的评分分布情况')
# 3.2 设置 x 轴的刻度
max_ = movies["Rating"].max()
min_ = movies["Rating"].min()
tick_arr = np.linspace(min_, max_, num=21)
plt.xticks(tick_arr)
# 3.3 设置坐标轴的标签
plt.xlabel('评分')
```

```
plt.ylabel('频数')
# 3.4 添加网格
plt.grid()
# 4.展示图表
plt.show()
```

运行代码，效果如图 6-37 所示。

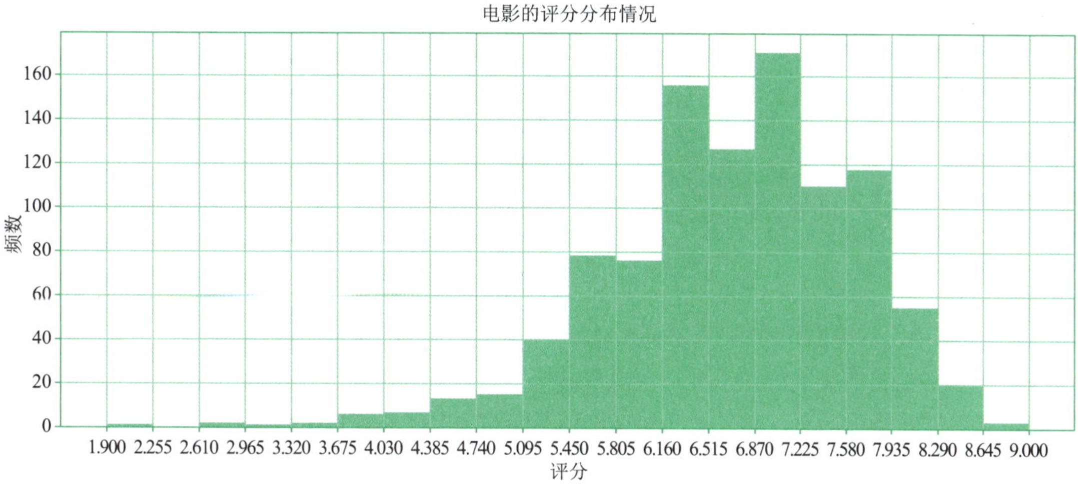

图 6-37　电影评分的分布情况

从图 6-37 中可以看出，这组电影的评分大多数集中在 5.0 ～ 8.0 这个范围内。

要想了解电影的片长分布情况，可以先从电影数据中获取片长数据，再根据这些片长数据绘制一张直方图，通过直方图来反映电影片长的分布情况，具体代码如下：

```
# 1.绘制图像
plt.figure(figsize=(20, 8), dpi=100)
plt.hist(movies["Runtime (Minutes)"].values, bins=20, color='c', alpha=0.7)
# 2.完善图表
# 2.1 设置标题
plt.title('电影的片长分布情况')
# 2.2 设置 x 轴的刻度
max_ = movies["Runtime (Minutes)"].max()
min_ = movies["Runtime (Minutes)"].min()
tick_arr = np.linspace(min_, max_, num=21)
plt.xticks(tick_arr)
# 2.3 设置坐标轴的标签
plt.xlabel('片长')
plt.ylabel('频数')
# 2.4 添加网格
plt.grid()
# 3.展示图表
plt.show()
```

运行代码，效果如图 6-38 所示。

从图 6-38 中可以看出，这组电影的片长大多数集中在 90 ～ 120 分钟之间。

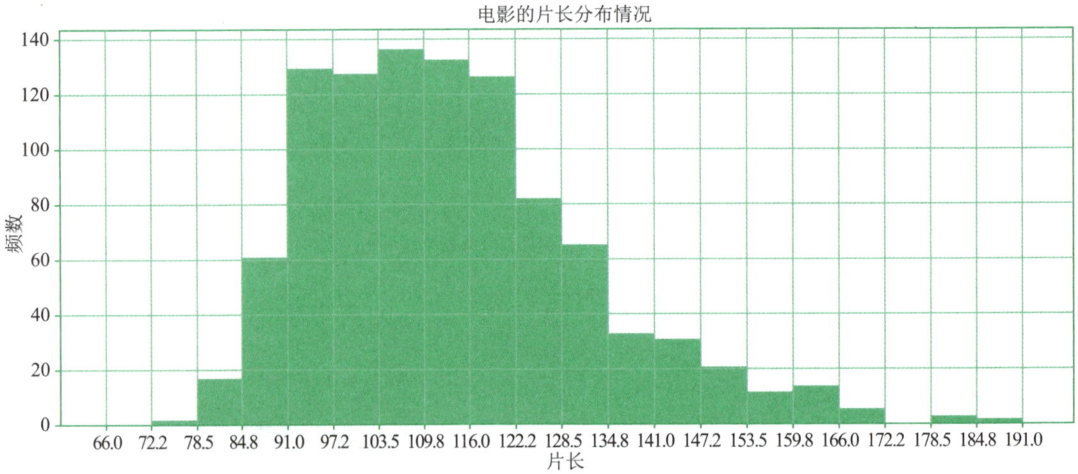

图 6-38　电影片长的分布情况

3. 了解电影的类型统计情况

要想了解电影的类型统计情况，可以先从电影数据中获取所有的类型，再根据所有类型的电影数量绘制一张柱形图，通过柱形图来比较不同类型电影的数量，具体步骤如下。

（1）获取电影数据中的所有电影类型。观察电影数据 Genre 一列的数据可以发现，这一列数据都是一个字符串，字符串中包含了电影所属的一个或多个类型，且这些类型之间使用逗号进行分隔，因此需要取出每个类型，并从这些类型里面获取唯一的类型，具体代码如下：

```
In []: # 获取每部电影对应的类型
       temp_list = [i.split(",") for i in movies["Genre"]]
       temp_list
Out[]: [['Action', 'Adventure', 'Sci-Fi'],
        ['Adventure', 'Mystery', 'Sci-Fi'],
        ['Horror', 'Thriller'],
        ['Animation', 'Comedy', 'Family'],
        ['Action', 'Adventure', 'Fantasy'],
        ['Action', 'Adventure', 'Fantasy'],
        ['Comedy', 'Drama', 'Music'],
        ['Comedy'],
        ['Action', 'Adventure', 'Biography'],
        ['Adventure', 'Drama', 'Romance'],
        ['Adventure', 'Family', 'Fantasy'],
        ['Biography', 'Drama', 'History'],
        ['Action', 'Adventure', 'Sci-Fi'],
In []: # 获取所有的电影类型
       genre_list = np.unique([i for j in temp_list for i in j])
       genre_list
Out[]: array(['Action', 'Adventure', 'Animation', 'Biography', 'Comedy',
       'Crime','Drama', 'Family', 'Fantasy', 'History', 'Horror',
       'Music', 'Musical', 'Mystery', 'Romance', 'Sci-Fi', 'Sport',
       'Thriller', 'War', 'Western'], dtype='<U9')
```

（2）为了能够统计每种电影类型的数量，可以利用一个 DataFrame 类的对象进行统计，该对象的行是一部电影，列是电影类型，起初的数据都是 0，具体代码如下：

```
In []: # 创建元素为 0 的 DataFrame 类的对象，列索引是电影类型
       zeros = np.zeros([movies.shape[0], genre_list.shape[0]])
       temp_movie = pd.DataFrame(zeros, columns=genre_list)
       temp_movie.head()
Out[]: Action  Adventure  Animation  Biography  Comedy  Crime  Drama  ...
       0  0.0        0.0        0.0        0.0     0.0    0.0    0.0  ...
       1  0.0        0.0        0.0        0.0     0.0    0.0    0.0  ...
       2  0.0        0.0        0.0        0.0     0.0    0.0    0.0  ...
       3  0.0        0.0        0.0        0.0     0.0    0.0    0.0  ...
       4  0.0        0.0        0.0        0.0     0.0    0.0    0.0  ...
```

（3）遍历每部电影的类型，将 temp_movie 对象中类型出现列的值重新设置为 1，这样 temp_movie 的每一列都记录了每个电影类型的数量，具体代码如下：

```
In []: # 遍历每一部电影，把分类出现的列的值重置为 1
       for i in range(1000):
           temp_movie.loc[i, temp_list[i]] = 1
       temp_movie.head()
Out[]: Action  Adventure  Animation  Biography  Comedy  Crime  Drama  ...
       0  1.0        1.0        0.0        0.0     0.0    0.0    0.0  ...
       1  0.0        1.0        0.0        0.0     0.0    0.0    0.0  ...
       2  0.0        0.0        0.0        0.0     0.0    0.0    0.0  ...
       3  0.0        0.0        1.0        0.0     1.0    0.0    0.0  ...
       4  1.0        1.0        0.0        0.0     0.0    0.0    0.0  ...
```

（4）计算 temp_movie 对象每列数据的和，并将得到的结果按从大到小的顺序进行排列，具体代码如下：

```
In []: # 计算 temp_movie 每列的和，按从大到小的顺序排列
       genre = temp_movie.sum().sort_values(ascending=False)
       genre
Out[]: Drama        513.0
       Action       303.0
       Comedy       279.0
       Adventure    259.0
       Thriller     195.0
       Crime        150.0
       Romance      141.0
       Sci-Fi       120.0
       Horror       119.0
       Mystery      106.0
       Fantasy      101.0
       Biography     81.0
       Family        51.0
       Animation     49.0
       History       29.0
       Sport         18.0
       Music         16.0
```

```
War          13.0
Western       7.0
Musical       5.0
dtype: float64
```

（5）根据刚刚统计的不同类型的电影数量绘制一张柱形图，具体代码如下：

```
# 1. 绘制图像
plt.figure(figsize=(20, 8), dpi=100)
# 获取所有电影类型的数量
movie_genre_counts = genre.values
# 获取所有的电影类型
movie_genre = genre.index.values
x_data = np.arange(movie_genre.size)
# 根据前面获取的数据，在当前画布的绘图区域上绘制图像
rect_genre = plt.bar(x_data, movie_genre_counts,
                     tick_label=movie_genre, color='deepskyblue')
# 2. 完善图表
# 2.1 设置标题
plt.title(' 电影的类型统计情况 ')
# 2.2 设置坐标轴的标签
plt.ylabel(' 电影数量 ')
# 2.3 添加注释文本
def autolabel(rects):
    """ 在每个柱形上方添加注释文本 """
    for rect in rects:
        rect_height = rect.get_height()        # 获取每个柱形的高度
        rect_x = rect.get_x()                  # 获取每个柱形的 x 值
        rect_width = rect.get_width()          # 获取每个柱形的宽度
        plt.text(rect_x + rect_width / 2, rect_height + 5,
                 s='{}'.format(rect_height),
                 ha='center', va='bottom', fontsize=10)
autolabel(rect_genre)
# 3. 展示图表
plt.show()
```

运行代码，效果如图 6-39 所示。

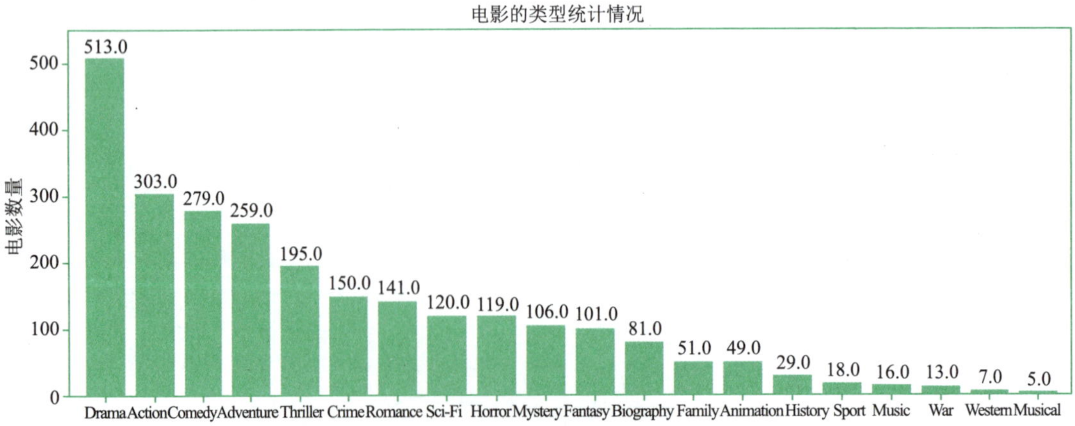

图 6-39　电影的类型统计情况

从图 6-39 中可以看出，Drama（剧情）类型对应的柱形最高，说明这组电影数据中剧情类型的电影数量最多，一共有 513 部。

小　结

本章主要讲解了数据可视化的相关内容，具体包括什么是数据可视化、常见的图表类型、图表的辅助元素以及常见的数据可视化库 Matplotlib、Seaborn、Pyecharts。大家通过本章的学习，能够掌握数据可视化库的基本用法，绘制出想要的图表。

习　题

一、填空题

1. ________由一系列高度不等的矩形条或线段组成，用于反映数据的分布和波动情况。
2. 箱形图利用最小值、第一四分位数、________、第三四分位数和最大值这几个统计量描述一组数据。
3. Matplotlib 的________模块封装了快速绘制图表的函数。
4. ________二维直方图主要用于显示落在六边形区域内的观察值的计数。
5. ________是一个用于生成 Echarts 图表的开源库。

二、判断题

1. Seaborn 是基于 Matplotlib 的绘图库。（　　）
2. 直方图与柱形图没有任何区别。（　　）
3. 饼图在识别异常值方面有一定的优越性。（　　）
4. Matplotlib 默认支持中文显示。（　　）
5. Matplotlib 不能绘制 2D 图表。（　　）

三、选择题

1. 在 Matplotlib 中，用于展示图表的函数是（　　）。

   A. plot()　　B. bar()　　C. hist()　　D. show()

2. 下列关于 Pyecharts 库的描述中正确的是（　　）。

   A. Pyecharts 库生成图表不能与用户交互
   B. Pyecharts 库无需安装便可以直接使用
   C. Pyecharts 库是基于 Seaborn 进行封装的
   D. Pyecharts 库可以绘制柱形图

3. 下列选项中，说法错误的是（　　）。

   A. distplot() 函数用于绘制直方图和核密度估计曲线
   B. distplot() 函数默认不使用密度观察条
   C. stripplot() 函数用于绘制直方图
   D. swarmplot() 函数用于绘制数据点不重叠的散点图

4. 在 Matplotlib 中，用于给图表添加标题的函数是（　　）。

A. xlabel()　　B. title()　　C. legend()　　D. text()

5. 下列关于图表的描述中错误的是（　　）。

A. 气泡图用于展示三个变量之间的关系

B. 核密度曲线图通过线段的倾斜程度显示数据的变化情况

C. 饼图显示一个数据序列中的各项的大小与各项总和的比例

D. 柱形图使用矩形条的高度反映不同分类数据之间的差异情况

四、简答题

1. 简述图表有哪些辅助元素以及这些元素的作用。
2. 列举 6 种图表类型，并简要描述这些图表的特点。

五、编程题

现有如图 6-40 所示的汽车搜索指数信息，请按要求完成以下操作。

汽车品牌	热搜指数
吉利	468951
比亚迪	123749
长城	117961
奇瑞	114965
东风	107619
长安	102628
金杯	97017
一汽	95826
五菱宏光	89102
北汽	86650

图 6-40　汽车搜索指数

（1）根据汽车搜索指数信息创建一个 DataFrame 类的对象。

（2）以汽车品牌为 x 轴，热搜指数为 y 轴，使用 Matplotlib 库绘制一张柱形图。

（3）给 y 轴添加标签，标签名称为“热搜指数”。

（4）给图表添加标题，标题名称为“不同品牌汽车的热搜指数”。

（5）在柱形上方添加注释文本，文本的内容是热搜指数的值。

第7章 时间序列分析

学习目标

◆ 了解时间序列，能够说出时间序列、时间戳、时间差、时期的概念
◆ 掌握时间序列的基本操作，能够创建时间序列并获取其子集
◆ 掌握固定频率的时间序列，能够创建固定频率的时间序列
◆ 掌握时期的相关操作，能够创建带时期索引的对象，并转换时期的频率
◆ 掌握重采样的方法，能够通过 resample() 方法实现降采样和升采样
◆ 掌握滑动窗口，能够使用 rolling() 方法实现滑动窗口

在进行数据分析时，除了前面章节中介绍的数值形式的数据之外，有时还需要对时间序列进行分析。pandas 库作为数据分析的利器，它提供了一套标准的处理时间序列的功能，可以帮助用户非常高效地处理时间序列。本章将针对时间序列的相关内容进行详细地讲解。

7.1 时间序列概述

时间序列是指将同一统计指标的数值按其发生的时间先后顺序排列而成的数列，例如，一天内每隔一小时记录的温度、一天内股票价格的走势等，这些用到的与时间有关的数据都可以看作时间序列。根据观察时间的不同，时间序列中的时间可以是年份、季度、月份或其他任何时间形式。

时间序列可以有着固定频率，也就是说数值是按照一定的规律定期出现的，比如每天出现一次、每小时出现一次。时间序列也可以有着不固定的频率，也就是说数值是不定期出现的。

pandas 中与时间有关的概念主要有三个，具体如下：

（1）时间戳：带时区的特定的日期时间，比如 2023-1-10 15:00:00。

（2）时间差：绝对的持续时间，比如 1 天、3 小时、10 分钟等。

（3）时期：由时间点及其相关频率定义的时间跨度，比如 2023 年、2023 年 1 月等。

pandas 针对时间概念提供了相关的类，具体如下：

（1）Timestamp：表示时间戳，封装了时间戳相关的功能。

（2）Timedelta：表示时间差，封装了时间差相关的功能。

（3）Period：表示时期，封装了时期相关的功能。

（4）DatetimeIndex：表示时间戳索引，由一组 Timestamp 类的对象构成。

（5）TimedeltaIndex：表示时间差索引，由一组 Timedelta 类的对象构成。

（6）PeriodIndex：表示时期索引，由一组 Period 类的对象构成。

7.2 时间序列的基本操作

7.2.1 创建带时间戳的时间序列

时间序列的时间大多数是时间戳。在 pandas 中，如果要创建基于时间戳的时间序列，可以先使用 to_datetime() 函数创建一个 DatetimeIndex 类的对象，该对象中包含一组时间戳，再将该对象作为 Series 类或 DataFrame 类的对象的索引。下面通过一个示例演示如何创建基于时间戳的时间序列，具体步骤如下。

首先创建一个包含 3 个时间戳的 DatetimeIndex 类的对象，示例代码如下：

```
In []: import pandas as pd
       # 创建 DatetimeIndex 类的对象
       date_index = pd.to_datetime(['20230110', '20230115', '20230118'])
       date_index
Out[]: DatetimeIndex(['2023-01-10', '2023-01-15', '2023-01-18'],
       dtype='datetime64[ns]', freq=None)
```

从上述结果中可以看出，程序输出了一个 DatetimeIndex 类的对象，该对象中 ['2023-01-10', '2023-01-15', '2023-01-18'] 表示索引的值，dtype='datetime64[ns]' 表示值的类型为 datetime64[ns]，freq=None 表示没有固定的频率。

然后创建一个 Series 类的对象，并将刚刚创建的 date_index 指定为该对象的索引，进而生成一个基于时间戳的时间序列，示例代码如下：

```
In []: # 创建 Series 类的对象并指定索引
       date_ser = pd.Series([11, 22, 33], index=date_index)
       date_ser
Out[]: 2023-01-10    11
       2023-01-15    22
       2023-01-18    33
       dtype: int64
```

从上述结果中可以看出，程序输出了一个 Series 类的对象，该对象的索引是 DatetimeIndex 对象包含的多个日期，每个日期对应的数据是 11、22、33。

除此之外，还可以在创建 Series 类的对象时将包含多个 datetime 对象的列表传给 index 参数，这样也会生成一个基于时间戳的时间序列，示例代码如下：

```
In []: from datetime import datetime
       import pandas as pd
       date_list = [datetime(2023, 1, 10), datetime(2023, 1, 15),
                    datetime(2023, 1, 18)]
       # 创建 Series 类的对象，并指定该对象的索引是包含日期的列表
       time_ser = pd.Series([11, 22, 33], index=date_list)
       time_ser
Out[]: 2023-01-10    11
       2023-01-15    22
       2023-01-18    33
       dtype: int64
```

当然，还可以在创建 DataFrame 类的对象时，通过给 index 参数传入 DatetimeIndex 类的对象或者包含 datetime 对象的列表，这样也会生成一个基于时间戳的时间序列，示例代码如下：

```
In []: data_demo = [[11, 22, 33], [44, 55, 66], [77, 88, 99], [12, 23, 34]]
       date_list = [datetime(2023, 1, 23), datetime(2023, 2, 15),
                    datetime(2023, 5, 22), datetime(2023, 3, 30)]
       # 创建 DataFrame 类的对象，并指定索引是包含日期的列表
       time_df = pd.DataFrame(data_demo, index=date_list)
       time_df
Out[]:              0   1   2
       2023-01-23  11  22  33
       2023-02-15  44  55  66
       2023-05-22  77  88  99
       2023-03-30  12  23  34
```

7.2.2 获取时间序列子集

在 pandas 中，想要获取时间序列的子集，最简单的方式就是直接通过位置索引进行获取，示例代码如下：

```
In []: import pandas as pd
       import numpy as np
       date_list = ['2020/05/30', '2022/02/01', '2020.6.1',
                    '2021.4.1', '2022.6.1', '2023.1.23']
       # 根据日期字符串生成 DatetimeIndex 类的对象
       date_index = pd.to_datetime(date_list)
       # 创建 Series 类的对象，并指定索引是 DatetimeIndex
       date_ser = pd.Series(np.arange(6), index=date_index)
       date_ser
Out[]: 2020-05-30    0
       2022-02-01    1
       2020-06-01    2
       2021-04-01    3
       2022-06-01    4
       2023-01-23    5
       dtype: int32
```

```
In []: # 通过位置索引获取时间序列的数据
       date_ser[3]
Out[]: 3
```

除了使用位置索引之外，还可以使用 datetime 构建的日期对象获取其对应的数据，示例代码如下：

```
In []: from datetime import datetime
       # 通过 datetime 对象获取时间序列的数据
       date_time = datetime(2020, 6, 1)
       date_ser[date_time]
Out[]: 2
```

还可以使用一个日期字符串获取时间序列的数据，日期字符串的格式必须能被 Python 解释器解析，示例代码如下：

```
In []: date_ser['20200530']
Out[]: 0
In []: date_ser['2020-05-30']
Out[]: 0
In []: date_ser['2020/05/30']
Out[]: 0
In []: date_ser['5/30/2020']
Out[]: 0
```

如果只想要获取某年或某月的数据，则可以通过“对象['年份']”或“对象['月份']”实现。例如，获取 2020 年的所有数据，示例代码如下：

```
In []: date_ser['2020']        # 获取 2020 年的所有数据
Out[]: 2020-05-30    0
       2020-06-01    2
       dtype: int32
```

此外，还可以通过 truncate() 方法截取时间序列中的一部分数据。例如，截取 2022 年 1 月 1 日之后、2020 年 6 月 1 日之前的数据，示例代码分别如下：

```
In []: # 截取 2022 年 1 月 1 日之后的数据
       sorted_ser = date_ser.sort_index()
       sorted_ser.truncate(before='2022-1-1')
Out[]: 2022-02-01    1
       2022-06-01    4
       2023-01-23    5
       dtype: int32
In []: # 截取 2020 年 6 月 1 日之前的数据
       sorted_ser.truncate(after='2020-6-1')
Out[]: 2020-05-30    0
       2020-06-01    2
       dtype: int32
```

7.3　固定频率的时间序列

在 7.2 节创建的时间序列中，所有的时间戳都是随机的日期，没有什么规律，不过在一些场景中，比如每隔一小时记录气温，这时产生的时间序列有着固定频率的。接下来，本节将针对固定频率的时间序列的相关内容进行介绍。

7.3.1　创建固定频率的时间序列

若希望创建固定频率的时间序列，则需要先创建一组固定频率的时间戳，将这些时间戳作为 Series 或 DataFrame 的索引，这时便生成了时间序列，且时间序列的频率是固定的。pandas 中提供了一个 date_range() 函数，date_range() 函数用于生成一组固定频率的时间戳，并返回一个 DatetimeIndex 类的对象。date_range() 函数的语法格式如下：

```
date_range(start=None, end=None, periods=None, freq=None, tz=None,
    normalize=False, name=None, closed=NoDefault.no_default,
    inclusive=None, **kwargs)
```

date_range() 函数中常用参数的含义如下：

（1）start：表示起始日期时间。

（2）end：表示终止日期时间。

（3）periods：表示生成时间戳的个数。若该参数的值为 None，则 start 与 end 参数不能为 None。

（4）freq：用于指定计时单位的字符串，默认值为 D，表示以日历日为单位。当然，字符串中可以包含倍数，如 5D。

（5）tz：表示时区的名称。

（6）normalize：表示在生成日期范围之前是否将 start 和 end 标准化为当日的零点，默认值为 False。

（7）closed：表示 start 和 end 是否包含在区间内，该参数支持 3 种取值，分别是 left、right、None，其中 left 表示左侧包含在区间内，right 表示右侧包含在区间内，None 表示左侧和右侧同时包含在区间内。

例如，使用 date_range() 函数生成一组时间戳，指定起始日期时间和终止日期时间，具体代码如下：

```
In []: import pandas as pd
       # 创建 DatetimeIndex 类的对象，指定起始日期与终止日期
       date_ran = pd.date_range('2023/01/01', '2023/01/10')
       date_ran
Out[]: DatetimeIndex(['2023-01-01', '2023-01-02', '2023-01-03',
                      '2023-01-04', '2023-01-05', '2023-01-06',
                      '2023-01-07', '2023-01-08', '2023-01-09',
                      '2023-01-10'], dtype='datetime64[ns]', freq='D')
```

从上述结果中可以看出，程序输出了一个 DatetimeIndex 类的对象，该对象中包含 10 个时间戳，第一个时间戳是 2023-01-01，最后一个时间戳是 2023-01-10，相邻时间戳之间相差一天。

除了指定的起始日期时间和终止日期时间之外，还可以通过 periods 参数指定时间戳的个数，示例代码如下。

```
In []: import pandas as pd
       # 创建 DatetimeIndex 类的对象，指定起始日期和个数
       date_ran = pd.date_range(start='2023/01/01', periods=5)
       date_ran
Out[]: DatetimeIndex(['2023-01-01', '2023-01-02', '2023-01-03',
                      '2023-01-04', '2023-01-05'],
                     dtype='datetime64[ns]', freq='D')
In []: # 创建 DatetimeIndex 类的对象，指定终止日期和个数
       date_ran = pd.date_range(end='2023/01/10', periods=5)
       date_ran
Out[]: DatetimeIndex(['2023-01-06', '2023-01-07', '2023-01-08',
                      '2023-01-09', '2023-01-10'],
                     dtype='datetime64[ns]', freq='D')
```

如果希望相邻时间戳之间相差五天，则可以在创建 DatetimeIndex 类的对象时给 freq 参数传入值 5D，示例代码如下：

```
In []: dates_index = pd.date_range(start='2023-01-01', periods=5, freq='5D')
       dates_index
Out[]: DatetimeIndex(['2023-01-01', '2023-01-06', '2023-01-11',
                      '2023-01-16', '2023-01-21'],
                     dtype='datetime64[ns]', freq='5D')
```

上述代码中，调用 date_range() 函数创建了一个 DatetimeIndex 对象，在该函数中 start 参数的值是 2023-01-01，说明从 2023 年 1 月 1 日开始；periods 参数的值是 5，说明共有 5 个时间戳；freq 参数的值是 5D，说明时间戳之间相差 5 天。

从上述结果中可以看出，DatetimeIndex 对象的列表中一共有 5 个日期字符串，第 1 个字符串是 2023-01-01，第 2 个字符串是 2023-01-06，它们之间相差 5 天。

默认情况下，如果起始日期时间或终止日期时间带有与时间相关的内容，则生成的时间戳里面会保留时间信息，示例代码如下：

```
In []: dates_index = pd.date_range(start='2023-01-01 12:30:11',
                                   periods=5, freq='5D')
       dates_index
Out[]: DatetimeIndex(['2023-01-01 12:30:11', '2023-01-06 12:30:11',
                      '2023-01-11 12:30:11', '2023-01-16 12:30:11',
                      '2023-01-21 12:30:11'],
                     dtype='datetime64[ns]', freq='5D')
```

不过，标准的一天应该是从零点开始的，要想产生一组被标准化到当天零点的时间戳，可以在创建 DatetimeIndex 类的对象时将 normalize 参数设置为 True，示例代码如下：

```
In []: # 创建 DatetimeIndex 类的对象，指定时区
       pd.date_range(start='2023/1/1 12:30:11', periods=5,
                     tz='Asia/Hong_Kong')
```

```
Out[]: DatetimeIndex(['2023-01-01 12:30:11+08:00',
       '2023-01-02 12:30:11+08:00', '2023-01-03 12:30:11+08:00',
       '2023-01-04 12:30:11+08:00', '2023-01-05 12:30:11+08:00'],
       dtype='datetime64[ns, Asia/Hong_Kong]', freq='D')
In []: # 创建 DatetimeIndex 类的对象，标准化时间
       pd.date_range(start='2023/1/1 12:30:11', periods=5,
                     tz='Asia/Hong_Kong', normalize=True)
Out[]: DatetimeIndex(['2023-01-01 00:00:00+08:00',
       '2023-01-02 00:00:00+08:00', '2023-01-03 00:00:00+08:00',
       '2023-01-04 00:00:00+08:00', '2023-01-05 00:00:00+08:00'],
       dtype='datetime64[ns, Asia/Hong_Kong]', freq='D')
```

通过比较两次结果可以看出，第一次生成的时间戳的时间都是 12:30:11，而第二次生成的时间戳进行了标准化处理，时间都变成了 00:00:00。

若根据前面生成的 DatetimeIndex 创建 Series 类的对象，则会生成固定频率的时间序列，示例代码如下：

```
In []: date_ser = pd.Series([12, 56, 89, 99, 31], index=dates_index)
       date_ser
Out[]: 2023-01-01 12:30:11    12
       2023-01-06 12:30:11    56
       2023-01-11 12:30:11    89
       2023-01-16 12:30:11    99
       2023-01-21 12:30:11    31
       Freq: 5D, dtype: int64
```

7.3.2　时间序列的频率与偏移量

在 pandas 中，频率是由一个基础频率和倍数组成的，比如“5D”，其中“D”属于基础频率。接下来，通过一张表来列举时间序列的基础频率，如表 7-1 所示。

表 7-1　时间序列的基础频率

基础频率	说　明
D	每日历日
B	每工作日
H	每小时
T 或 min	每分
S	每秒
L 或 ms	每毫秒
U	每微秒
M	每月最后一个日历日
BM	每月最后一个工作日
MS	每月第一个日历日
BMS	每月第一个工作日

续表

基础频率	说　明
W-MON、W-TUE…	从指定的星期几（MON、TUE、WED、THU、FRI、SAT、SUN）开始算起，每周几
WOM-1MON、WOM-2MON…	每月第一周、第二周、第三周或第四周的星期几
Q-JAN、Q-FEB…	对于以指定月份（JAN、FEB、MAR、APR、MAY、JUN、JUL、AUG、SEP、OCT、NOV、DEC）结束的年度，每季度最后一月的最后一个日历日
BQ-JAN、BQ-FEB…	对于以指定月份结束的年度，每季度最后一月的最后一个工作日
QS-JAN、QS- FEB…	对于以指定月份结束的年度，每季度最后一月的最后一个日历日
BQS-JAN、BQS- FEB…	对于以指定月份结束的年度，每季度最后一月的第一个工作日
A-JAN、A- FEB…	每年指定月份的最后一个日历日
BA-JAN、BA- FEB…	每年指定月份的最后一个工作日
AS-JAN、AS- FEB…	每年指定月份的第一个日历日
BAS-JAN、BAS - FEB…	每年指定月份的第一个工作日

另外，pd.tseries.offsets 模块提供了一个被称为日期偏移量的 DateOffset 类的对象。如果想要创建一个 DateOffset 类的对象，则可以直接通过 DateOffset 类的构造方法创建。比如，创建 14 天 10 小时的偏移量，具体代码如下：

```
In []: from pandas.tseries.offsets import *
       DateOffset(days=14, hours=10)
Out[]: <DateOffset: days=14, hours=10>
```

还可以使用 offsets 模块中提供的偏移量类型进行创建。例如，创建 14 天 10 小时的偏移量，可以换算为两周零十个小时，其中“周”使用 Week 类型表示的，“小时”使用 Hour 类型表示，它们之间可以使用“+”连接，示例代码如下：

```
In []: Week(2) + Hour(10)
Out[]: Timedelta('14 days 10:00:00')
```

上述代码创建了一个 Timedelta 类对象，该对象用来表示持续时间，两个日期或时间之间的差异。

接下来，通过一个示例来演示如何使用日期偏移量创建 DatetimeIndex 类的对象，示例代码如下：

```
In []: # 生成日期偏移量
       date_offset  = Week(2) + Hour(10)
       pd.date_range('2023/1/1', '2023/1/31', freq=date_offset)
Out[]: DatetimeIndex(['2023-01-01 00:00:00', '2023-01-15 10:00:00',
                      '2023-01-29 20:00:00'],
                      dtype='datetime64[ns]', freq='346H')
```

上述代码中，调用 date_range() 函数创建一个 DatetimeIndex 对象，在该函数中传入的前两个参数分别是起始日期时间 2023-01-01 和结束日期时间 2023-01-31，频率是 date_offset，表示每隔 14 天 10 小时出现一个时间戳。

从上述结果中可以看出，第一个时间戳为 2023-01-01 00:00:00，第二个时间戳为 2023-01-15 10:00:00，它们之间正好相差 14 天 10 个小时，依此类推。

7.3.3　时间序列的移动

移动（shifting）是指沿着时间轴方向将数据进行前移或后移。pandas 对象中提供了一个 shift() 方法，该方法用于前移或后移数据，但索引保持不变。shift() 方法的语法格式如下：

```
shift(periods=1, freq=None, axis=0)
```

shift() 方法中部分参数的含义如下：

（1）periods：表示移动的幅度，该参数的取值可以是正数或负数，正数表示数据整体向后移动，负数表示数据整体向前移动。默认值是 1，代表数据整体向后移动一次。

（2）freq：表示频率。如果明确指定了这个参数，那么会按照参数的值移动时间戳索引，而数据值没有发生变化。

为了让读者更好地理解，下面以 Series 对象为例，通过一张图来描述向前移动与向后移动发生的变化，具体如图 7-1 所示。

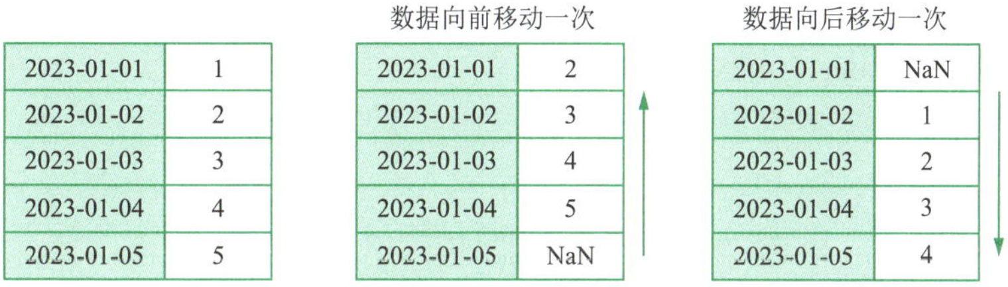

图 7-1　移动数据

在图 7-1 中，时间序列数据经过移动操作后，数据发生了变化，而时间戳索引没有发生任何变化。数据向前移动一次，位于最前面的数据被丢弃，位于末尾一行的数据因原数据向前移动变成了 NaN；数据向后移动一次，位于末尾的数据被丢弃，位于开头一行的数据因原数据向后移动变为 NaN。由此可见，数据由于前后移动出现了边界情况。

接下来，通过一个示例来演示如何让时间序列数据发生前移或后移，实现图 7-1 中展示的效果。

首先，创建一个以 DatetimeIndex 作为索引的 Series 类的对象，生成一个时间序列示例代码如下：

```
In []:  date_index = pd.date_range('2023/01/01', periods=5)
        time_ser = pd.Series(np.arange(5) + 1, index=date_index)
        time_ser
Out[]:  2023-01-01    1
        2023-01-02    2
        2023-01-03    3
        2023-01-04    4
        2023-01-05    5
        Freq: D, dtype: int32
```

然后，调用 shift() 方法时传入一个正数 1，这表明沿着时间轴方向将数据整体向后移动一次，示例代码如下：

```
In []: # 向后移动一次
       time_ser.shift(1)
Out[]: 2023-01-01    NaN
       2023-01-02    1.0
       2023-01-03    2.0
       2023-01-04    3.0
       2023-01-05    4.0
       Freq: D, dtype: float64
```

接着，调用 shift() 方法时传入一个负数 -1，这表明沿着时间轴方向将数据整体朝反方向移动一次，示例代码如下：

```
In []: # 向前移动一次
       time_ser.shift(-1)
Out[]: 2023-01-01    2.0
       2023-01-02    3.0
       2023-01-03    4.0
       2023-01-04    5.0
       2023-01-05    NaN
       Freq: D, dtype: float64
```

7.4 时间周期与计算

7.4.1 创建带时期索引的对象

在 pandas 中，Period 类表示一个标准的时期，比如某年、某月、某日、某小时等。创建 Period 对象的方式比较简单，只需要在 Period 类的构造方法中以字符串或整数的形式传入一个日期即可，示例代码如下：

```
In []: # 创建 Period 对象，表示的是从 2023-01-01 到 2023-12-31 之间的时期
       pd.Period(2023)
Out[]: Period('2023', 'A-DEC')
In []: # 创建 Period 对象，表示的是从 2023-06-01 到 2023-06-30 之间的整月时间
       period = pd.Period('2023/6')
       period
Out[]: Period('2023-06', 'M')
```

从上述结果中可以看出，Period 对象有两个参数，第一个参数是表示日期的字符串，第二个参数是表示时期的单位，它会根据传入的日期自动识别，另外也可以在创建时指定。

Period 对象能够参与数学运算。如果 Period 对象加上或者减去一个整数，则会根据具体的时间单位进行位移操作，示例代码如下：

```
In []:period + 1    # Period 对象加上一个整数
Out[]: Period('2023-07', 'M')
In []:period - 5    # Period 对象减去一个整数
Out[]: Period('2023-01', 'M')
```


如果频率相同的两个 Period 对象进行数学运算，那么计算结果为它们的单位数量，示例代码如下：

```
In []:# 创建一个与 period 频率相同的 Period 对象
      other_period = pd.Period(202301, freq='M' )
      period - other_period
Out[]: <5 * MonthEnds>
```

如果希望创建多个固定频率的 Period 对象，则可以通过 period_range() 函数实现，示例代码如下：

```
In []:period_index = pd.period_range('2023.1.8', '2023.5.31', freq='M')
      period_index
Out[]: PeriodIndex(['2023-01', '2023-02', '2023-03', '2023-04', '2023-
       05'], dtype='period[M]')
```

从上述结果中可以看出，程序返回了一个 PeriodIndex 类的对象，该对象中的 ['2023-01', '2023-02', '2023-03', '2023-04', '2023-05'] 是一个时期序列，序列中的每个元素都是一个 Period 类的对象，dtype= 'period[M]' 代表时期的数据类型为 period[M]。

除了使用上述方式创建 PeriodIndex 外，还可以直接在 PeriodIndex 类的构造方法中传入一组日期字符串，示例代码如下：

```
In []:str_list = ['2021', '2022', '2023']
      pd.PeriodIndex(str_list, freq='A-DEC')
Out[]: PeriodIndex(['2021', '2022', '2023'], dtype='period[A-DEC]')
```

与 DatetimeIndex 类的对象相比，PeriodIndex 类的对象也可以作为 Series 或 DataFrame 的索引，示例代码如下：

```
In []:period_ser = pd.Series(np.arange(5), period_index)
      period_ser
Out[]: 2023-01    0
       2023-02    1
       2023-03    2
       2023-04    3
       2023-05    4
       Freq: M, dtype: int32
```

7.4.2　时期的频率转换

在统计数据时，可能会遇到这样的问题——将年度的数据转换为季度或月度的数据。为了解决这个问题，pandas 的 Period 类中提供了一个 asfreq() 方法，用于转换时期的频率，比如某年转换为某月。asfreq() 方法的语法格式如下：

```
asfreq (freq, method = None, how = None, normalize = False,
       fill_value = None)
```

asfreq() 方法中常用参数的含义如下：

（1）freq：表示所需频率，可以取值为 DateOffset 类的对象或字符串。

（2）how：表示时期的开始或结束，可以取值为 start 或 end，默认值为 end。

接下来，通过代码演示如何将时期的频率由年转换为月，示例代码如下：

```
In []: # 创建时期对象
       period = pd.Period('2022', freq='A-DEC')
       # 转换时期频率
       period.asfreq('M', how='start')
Out[]: Period('2022-01', 'M')
In []: period.asfreq('M', how='end')
Out[]: Period('2022-12', 'M')
```

上述代码中，首先通过 Period 类的构造方法创建了一个 Period 类的对象，在该方法中传入的第一个参数是 2022 年，第二个参数是 A-DEC，然后调用 asfreq() 方法转换该对象的频率为每月，此时该对象所表示的时期范围为 2022-01 ～ 2022-12，并分别获取了时期的开始和结束。

从上述结果看出，时期的起始日期为 2022-01，结束日期为 2022-12

7.5 重 采 样

重采样是指将时间序列从一个频率转换到另一个频率的处理过程。如果是将高频率数据聚合到低频率，比如将每日采集的频率变成每月采集，则称为降采样（downsamling）；如果将低频率数据转换到高频率数据，比如将每月采集的频率变成每日采集，则称为升采样（upsampling）。

并不是所有的重采样都会划分到降采样与升采样两大类中，比如，将采集数据的频率由每周一转换为每周日，类似于这样的转换既不属于降采样，也不属于升采样。接下来，对重采样的相关内容进行介绍。

7.5.1 重采样方法

pandas 中的 resample() 是一个对常规时间序列数据重新采样和频率转换的便捷的方法，可以对原样本重新处理，其语法格式如下：

```
resample(rule, axis=0, closed=None, label=None, convention='start',
         kind=None, loffset=None, base=None, on=None, level=None,
         origin='start_day', offset=None)
```

resample() 方法中常用参数的含义如下：

（1）rule：表示重采样频率的字符串或 DateOffset，比如 M、min 等。

（2）closed：用于控制时间间隔范围的闭合性，即控制时间戳是否包含在重采样时间间隔内。该参数支持的取值有 left 和 right，默认值为 left，表示重采样时间间隔的左端点被包括在内，右端点不包括；若该参数设为 right，则表示重采样时间间隔的右端点被包括在内，左端点不包括。

（3）label：表示降采样时设置聚合值的标签。

（4）convention：重采样日期时，低频转高频采用的约定，可以取值为 start 或 end，默认为 start。

接下来，创建一个包含 30 个时间戳的 DatetimeIndex 类的对象，之后根据该对象创建一个 Series 类的对象，示例代码如下：

```
In []: date_index = pd.date_range('2023.1.8', periods=30)
       time_ser = pd.Series(np.arange(30), index=date_index)
       time_ser
Out[]: 2023-01-08     0
       2023-01-09     1
       2023-01-10     2
       2023-01-11     3
       2023-01-12     4
       ...
       2023-02-02    25
       2023-02-03    26
       2023-02-04    27
       2023-02-05    28
       2023-02-06    29
       Freq: D, dtype: int32
```

从上述结果中可以看出，时间戳是按照每天进行采样的。这时，如果希望改成每周一采样一次，此时可以使用 resample() 方法重新采样，具体代码如下：

```
In []: time_ser.resample('W-MON').mean()
Out[]: 2023-01-09     0.5
       2023-01-16     5.0
       2023-01-23    12.0
       2023-01-30    19.0
       2023-02-06    26.0
       Freq: W-MON, dtype: float64
```

从上述结果中可以看出，每个时间戳对应的都是周一，它对应的数据为一周内所有数据的平均值。其实重采样相当于分组操作，只不过是按周进行分组。

如果重新采样时传入 closed 参数为 left，则表示采样的范围是左闭右开型的，也就是说位于此范围的时间序列中，开头的时间戳包含在内，结尾的时间戳是不包含在内的，示例代码如下：

```
In []: time_ser.resample('W-MON', closed='left').mean()
Out[]: 2023-01-09     0.0
       2023-01-16     4.0
       2023-01-23    11.0
       2023-01-30    18.0
       2023-02-06    25.0
       2023-02-13    29.0
       Freq: W-MON, dtype: float64
```

注意：重采样的对象必须具有与时间相关的索引，比如 DatetimeIndex、PeriodIndex 或 TimedeltaIndex。

7.5.2 降采样

降采样时间颗粒会变大，比如原来是按天统计的数据，现在要变成按周统计。降采样时数据量是减少的，为了避免有些时间戳对应的数据闲置，可以利用统计方法聚合数据。

在金融领域中，股票数据比较常见的是 OHLC 重采样，用于计算四个值：第一个值（open，开盘价）、最后一个值（close，收盘值）、最大值（high，最高值）以及最小值（low，最低价）。为了帮助用户实现 OHLC 重采样，pandas 中专门提供了一个 ohlc() 方法。接下来，通过一个示例演示如何使用 resample() 和 ohlc() 方法实现 OHLC 重采样的效果，示例代码如下：

```
In []: date_index = pd.date_range('2023/02/01', periods=30)
       shares_data = np.random.rand(30)
       time_ser = pd.Series(shares_data, index=date_index)
       time_ser
Out[]: 2023-02-01    0.327132
       2023-02-02    0.530474
       2023-02-03    0.911379
       2023-02-04    0.614087
       2023-02-05    0.369396
       ...
       2023-02-26    0.220046
       2023-02-27    0.688848
       2023-02-28    0.615016
       2023-03-01    0.593345
       2023-03-02    0.249745
       Freq: D, dtype: float64
In []: time_ser.resample('7D').ohlc()   # OHLC 重采样
Out[]:             open      high      low       close
       2023-02-01  0.327132  0.911379  0.327132  0.365604
       2023-02-08  0.729291  0.938456  0.057541  0.578967
       2023-02-15  0.100132  0.940161  0.076872  0.450677
       2023-02-22  0.855182  0.855182  0.053711  0.615016
       2023-03-01  0.593345  0.593345  0.249745  0.249745
```

从上述结果中可以看出，从左到右依次是 2023 年 2 月份每周的开盘价、最高价、最低价、收盘价。注意，这些股票数据都是随机数，只供大家学习使用，并不是真实的数据。

重采样就相当于另外一种形式的分组操作，它会按照日期将时间序列进行分组，之后对每个分组应用统计方法得出一个结果，同样实现了对时间序列数据降采样的效果，示例代码如下：

```
In []: time_ser.groupby(lambda x: x.week).mean()
Out[]: 5    0.550494
       6    0.523846
       7    0.242226
       8    0.518126
       9    0.536738
       dtype: float64
```

7.5.3 升采样

时间序列数据在降采样时，总体的数据量是减少的，只需要从高频向低频转换时，应用聚合函数即可。与降采样不同，升采样的时间颗粒是变小的，比如按周统计的数据要变成按天统计，数据量会增多，这很有可能导致某些时间戳没有相应的数据。

接下来，创建一个时间序列类型的 DataFrame 对象，示例代码如下：

```
In []: data_demo = np.array([['101', '210', '150'], ['330', '460', '580']])
       date_index = pd.date_range('2022/06/10', periods=2, freq='W-SUN')
       time_df = pd.DataFrame(data_demo, index=date_index,
       columns=['A 产品 ', 'B 产品 ', 'C 产品 '])
       time_df
Out[]:             A 产品   B 产品   C 产品
       2022-06-12  101     210     150
       2022-06-19  330     460     580
```

上述样本数据是从 2022 年 6 月 10 日开始采集的，每周的周日统计一次，总共统计了两周。现在有个新的需求，要求重新按天采样，这时需要使用 resample() 和 asfreq() 两个方法实现，asfreq() 方法会将数据转换为指定的频率，示例代码如下：

```
In []: time_df.resample('D').asfreq()
Out[]:             A 产品   B 产品   C 产品
       2022-06-12  101     210     150
       2022-06-13  NaN     NaN     NaN
       2022-06-14  NaN     NaN     NaN
       2022-06-15  NaN     NaN     NaN
       2022-06-16  NaN     NaN     NaN
       2022-06-17  NaN     NaN     NaN
       2022-06-18  NaN     NaN     NaN
       2022-06-19  330     460     580
```

上述代码中，通过 resample() 和 asfreq() 方法将 time_df 中的数据重新按天采样。从上述结果可以看出，没有指定数据的部分都被填充为 NaN 值。

遇到这种情况，常用的解决办法就是插值，具体有如下几种方式：

（1）通过 ffill(limit) 或 bfill(limit) 方法，取缺失值前面或后面的值填充，limit 可以限制填充的个数。

（2）通过 fillna('ffill') 或 fillna('bfill') 进行填充，传入 ffill 则表示用缺失值前面的值填充，传入 bfill 则表示用后面的值填充。

（3）使用 interpolate() 方法根据插值算法补全数据。

例如，通过 ffill() 方法用 NaN 值前面的值填充，示例代码如下：

```
In []: time_df.resample('D').ffill()
Out[]:             A 产品   B 产品   C 产品
       2022-06-12   101    210    150
       2022-06-13   101    210    150
       2022-06-14   101    210    150
       2022-06-15   101    210    150
```

```
2022-06-16    101    210    150
2022-06-17    101    210    150
2022-06-18    101    210    150
2022-06-19    330    460    580
```

7.6 滑 动 窗 口

在时间序列中，还有另外一个比较重要的概念——滑动窗口。滑动窗口指的是根据指定的单位长度来框住时间序列，从而计算框内的统计指标。相当于一个长度指定的滑块在刻度尺上面滑动，每滑动一个单位即可反馈滑块内的数据。

滑动窗口的概念比较抽象，下面我们来举个例子描述一下。某分店按天统计了 2022 年全年（1 月 1 日～ 12 月 31 日）的销售数据，现在总经理想抽查分店 8 月 4 日（七夕）的销售情况，如果只是单独拎出来 8 月 4 日当天的数据，如图 7-2 所示，则这个数据比较片面，无法很好地反映出七夕活动的销售情况。

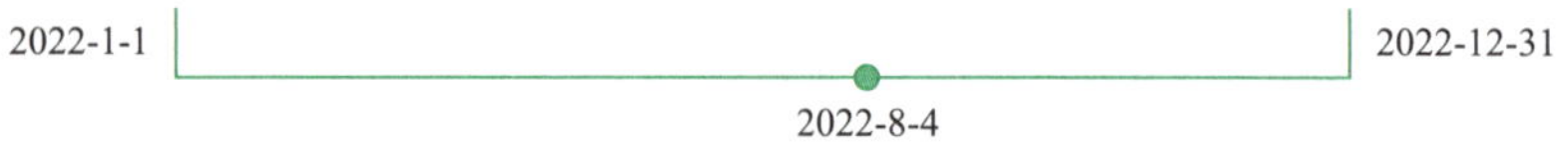

图 7-2 时间序列中取单个值

为了提升数据的准确性，可以将某一天扩大到包含这一天的一段区间，用这个区间内的数据进行判断。例如，将 8 月 4 日到 8 月 13 日的数据拿出来，如图 7-3 所示，把这个区间的平均值作为抽查结果。

图 7-3 时间序列中一段区间

在图 7-3 中，方块表示一个区间，这个区间其实就是窗口，窗口的单位长度为 10，数据是按天统计的，所以统计的是 10 天的平均指标，这种方式显得更加合理，能够比较好地反映七夕活动的销售情况。

移动窗口就是窗口向一端滑行，每次滑行并不是区间整块的滑行，而是一个单位一个单位的滑行。例如，把图 7-3 的窗口向右边滑行一个单位，此时窗口框住的时间区间为 2022-8-5 到 2022-8-14，具体如图 7-4 所示。

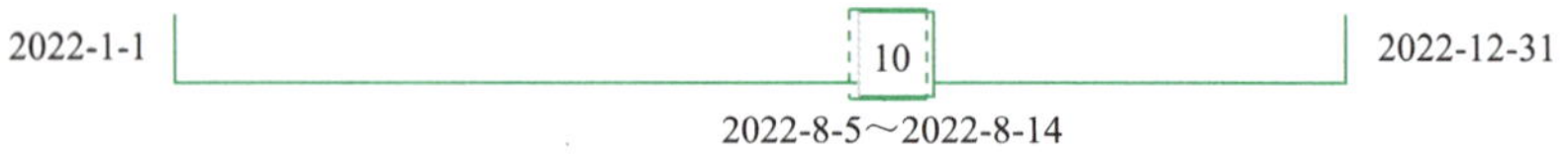

图 7-4 窗口向右滑行一个单位

每次窗口移动，一次只会移动一个单位的长度，并且窗口的长度始终为 10 个单位长度，直至移动到末端。由此可知，通过滑动窗口统计的指标会更加平稳一些，数据上下浮动的范围会比较小。

pandas 中提供了一个滑动窗口方法 rolling()，其语法格式如下：

```
rolling(window, min_periods=None, center=False, win_type=None, on=None,
        axis=0, closed=None)
```

rolling() 方法中常用参数的含义如下：

（1）window：表示窗口的大小，值可以是 int 或 offset 类型。如果取值为 int 类型，则每个窗口是固定的大小，即包含相同数量的观测值。如果取值为 offset 类型，则指定了每个窗口包含的时间段，每个窗口包含的观测值的数量是不一定的。

（2）min_periods：每个窗口最少包含的观测值数量。当值是 int 类型时默认为 None，当值是 offset 类型时默认为 1。

（3）center：是否把窗口的标签设置为居中，默认为 False。

（4）win_type：表示窗口的类型。

（5）on：对于 dataframe 而言，指定要计算滚动窗口的列，值为列名。

（6）axis：指定滑动操作的轴默认为 0，表示对列进行计算。

（7）closed：用于定义区间的开闭。

为了让读者更好地理解，接下来通过一个示例来演示如何在时间窗口上应用 mean() 方法，具体步骤如下。

首先，创建一组时间序列数据，具体代码如下：

```
In []: import numpy as np
       import pandas as pd
       year_data = np.random.randint(low=50, high=100, size=(365,))
       date_index = pd.date_range('2022-01-01', '2022-12-31', freq='D')
       ser = pd.Series(year_data, date_index)
       ser.head()
Out[]: 2022-01-01    90
       2022-01-02    73
       2022-01-03    78
       2022-01-04    66
       2022-01-05    68
       Freq: D, dtype: int32
```

调用 rolling() 方法按指定的单位长度创建一个滑动窗口，示例代码如下：

```
In []: roll_window = ser.rolling(window=10)
       roll_window
Out[]: Rolling [window=10,center=False,axis=0,method=single]
```

上述示例返回了一个 Rolling 类的对象，表示一个滑动窗口，它里面的 window=10 代表窗口的大小为 10，center=False 代表窗口的标签不居中，axis=0 代表对列进行计算，method=single 表示会对单列或单行执行滚动操作。

如果要在窗口中统计一些指标，比如中位数、平均值等，则可以对窗口应用相应的统计方法。例如，在时间窗口中计算这一段数据的平均值，示例代码如下：

```
In []: roll_window.mean()
```

```
Out[]: 2022-01-01      NaN
       2022-01-02      NaN
       2022-01-03      NaN
       2022-01-04      NaN
       2022-01-05      NaN
       2022-01-06      NaN
       2022-01-07      NaN
       2022-01-08      NaN
       2022-01-09      NaN
       2022-01-10     77.3
       2022-01-11     76.1
       2022-01-12     74.0
       ...
       Freq: D, dtype: float64
```

从上述结果中可以看出，由于前 9 个时间戳的单位长度小于 10，所以它们对应的数据都为 NaN，从第 10 个时间戳开始，所有时间戳对应的数据都是每个窗口的平均值。

为了更好地观测使用窗口前和窗口后数据的区别，接下来，绘制一个包含两条线的折线图，从而比较原始数据与所有窗口数据的变化情况，示例代码如下：

```
import matplotlib.pyplot as plt
# 直接通过 Series 类的对象调用 plot() 方法绘制折线图
ser.plot(style='y--')
ser_window = ser.rolling(window=10).mean()
# 直接通过 Rolling 类的对象调用 plot() 方法绘制折线图
ser_window.plot(style='b')
```

上述代码中，根据原始数据绘制了黄色、线型为虚线的折线，根据窗口数据绘制了蓝色、线型为实线的折线。

运行代码，效果如图 7-5 所示。

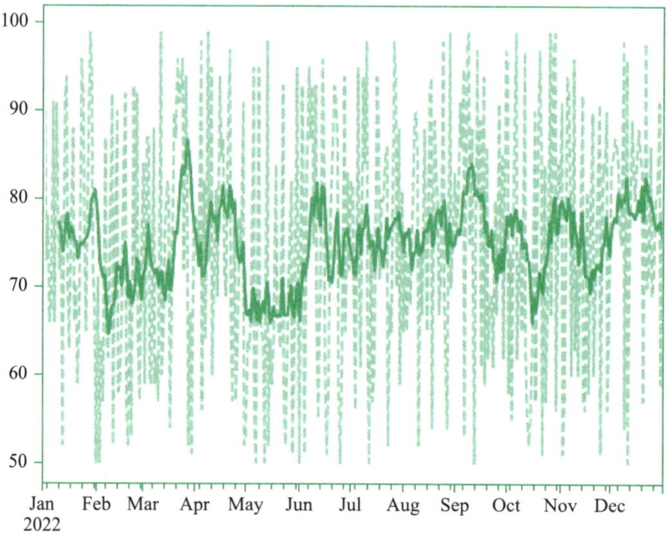

图 7-5　折线图

从图 7-5 中可以看出，由于随机数自身的特点，所以数据整体上下浮动的幅度比较大，而窗口数据的整体动向相对平稳一些。

7.7　案例：某城市报警记录分析

已知某官方网站公布了一组某城市从 2019 年到 2022 年的报警记录数据，数据量是非常庞大的，这里我们从中抽取了 2022 年的报警记录数据。接下来，本节将带领大家完成一个报警记录分析的案例，通过该案例帮助大家在实际应用中灵活运用前面所学的知识。

7.7.1　案例需求

本案例要求对报警记录数据进行分析，完成以下三个目标：

（1）统计 2022 年 3 月到 5 月哪种类别的报警记录最多，哪种类别的报警记录最少。

（2）画图分析 2022 年 1 ～ 10 月每周报警记录的数量。

（3）画图分析 2022 年 1 ～ 10 月周一至周日交通事故和非交通事故的报警记录。

7.7.2　数据准备

在了解了案例的目标之后，需要先获取案例用到的数据，提前对数据整体的情况有个大致了解。报警记录数据全部保存在 alarm.csv 文件中，可以使用 read_csv() 函数从这个文件中读取报警记录数据，具体代码如下：

```
In []: import pandas as pd
       # 从 alarm.csv 文件中读取报警记录数据
       alarm_record = pd.read_csv(r'C:\Users\itcast\Desktop\alarm.csv',
       parse_dates=['REPORTED_DATE'])
       alarm_record.head()
Out[]:   ... REPORTED_DATE        GEO_LON     GEO_LAT IS_CRIME IS_TRAFFIC
       0 ... 2022-05-22 14:41:00  -104.673812  39.849292     0       1
       1 ... 2022-05-17 20:35:00  -105.020053  39.694351     1       0
       2 ... 2022-06-07 07:47:00  -104.981677  39.763597     1       0
       3 ... 2022-05-26 16:46:00  -104.839119  39.769694     1       0
       4 ... 2022-06-07 07:42:00  -104.673812  39.849292     1       0
```

接着查看 alarm_record 对象的摘要信息，具体代码如下：

```
In []: alarm_record.info()
Out[]: <class 'pandas.core.frame.DataFrame'>
       RangeIndex: 65617 entries, 0 to 65616
       Data columns (total 7 columns):
        #   Column               Non-Null Count  Dtype
       ---  ------               --------------  -----
        0   OFFENSE_TYPE_ID      65617 non-null  object
        1   OFFENSE_CATEGORY_ID  65617 non-null  object
        2   REPORTED_DATE        65617 non-null  datetime64[ns]
        3   GEO_LON              65617 non-null  float64
```

```
 3   GEO_LON               65617 non-null  float64
 4   GEO_LAT               65617 non-null  float64
 5   IS_CRIME              65617 non-null  int64
 6   IS_TRAFFIC            65617 non-null  int64
dtypes: datetime64[ns](1), float64(2), int64(2), object(2)
memory usage: 3.5+ MB
```

从上述结果中可以看出，报警记录数据总共有 7 列，从上至下分别是 OFFENSE_TYPE_ID（报警记录类型 ID）、OFFENSE_CATEGORY_ID（报警记录分类 ID）、REPORTED_DATE（报警时间）、GEO_LON（经度）、GEO_LAT（纬度）、IS_CRIME（是否属于犯罪类型）、IS_TRAFFIC（是否属于交通事故）。每列非空值的数量相等，说明整组数据并没有缺失值，因此这里不再对数据进行预处理操作。

由于案例需求的目标都是与日期有关的，为了方便用户根据日期操作报警记录数据，所以这里将 REPORTED_DATE 列的数据作为行的标签索引，具体代码如下：

```
In []: # 把 REPORTED_DATE 列的数据作为行的标签索引
       final_alarm_record = alarm_record.set_index('REPORTED_DATE')
       final_alarm_record.head()
Out[]:                      ...  GEO_LON     GEO_LAT   IS_CRIME IS_TRAFFIC
       REPORTED_DATE
       2022-05-22 14:41:00  ...  -104.673812  39.849292        0          1
       2022-05-17 20:35:00  ...  -105.020053  39.694351        1          0
       2022-06-07 07:47:00  ...  -104.981677  39.763597        1          0
       2022-05-26 16:46:00  ...  -104.839119  39.769694        1          0
       2022-06-07 07:42:00  ...  -104.673812  39.849292        1          0
```

从上述结果中可以看出，程序输出了 final_alarm_record 对象的前 5 行，每行的行索引都是“年 - 月 - 日 时 : 分 : 秒”格式的值。

7.7.3 案例实现

下面编写代码，逐个完成案例需求设定的三个目标，具体内容如下。

1．统计 2022 年 3 月到 5 月哪种类别的报警记录最多，哪种类别的报警记录最少

要想知道 2022 年 3 月到 5 月哪种类别的报警记录最多或最少，我们需要先从报警记录数据中查询 2022 年 3 月到 5 月的全部数据，再将这些数据根据类别一列进行分组后执行求数量的操作，这样便可以得到每种类别报警记录的数量，最后按照从小到大的顺序排列，此时位于第一行的类别便是数量最少的，位于最后一行的类别便是数量最多的，具体步骤如下。

首先，查询 2022 年 3 月到 5 月的数据，具体代码如下：

```
In []: # 查询 2022 年 3 月到 5 月的报警记录
       record_3_5 = final_alarm_record.loc['2022-03-01':
                                           '2022-05-31'].sort_index()
       record_3_5
Out[]:                              OFFENSE_TYPE_ID       ...
       REPORTED_DATE
       2022-03-01 00:07:00                traf-other       ...
```

```
            2022-03-01 00:07:00                  assault-dv    ...
            2022-03-01 00:26:00    traffic-accident-hit-and-run    ...
            ...                                      ...
            2022-05-31 23:31:00   burglary-residence-by-force    ...
            2022-05-31 23:49:00              traffic-accident    ...
            2022-05-31 23:50:00              theft-shoplift    ...
            [21778 rows x 6 columns]
```

从上述结果中可以看出，程序输出了从 3 月 1 日到 5 月 31 日所有的报警记录。

然后，根据 OFFENSE_CATEGORY_ID 列进行分组后统计数量，得到每种类别报警记录的数量，并根据数量的大小进行排序，具体代码如下：

```
In []: # 根据 OFFENSE_CATEGORY_ID 列分组统计数量，得到每种类别报警记录的数量
       result = record_3_5.groupby('OFFENSE_CATEGORY_ID').count()
       new_result = result.sort_values(by='OFFENSE_TYPE_ID')
       new_result
Out[]:                            OFFENSE_TYPE_ID  GEO_LON  GEO_LAT ...
       OFFENSE_CATEGORY_ID
       murder                                  15       15       15 ...
       arson                                   25       25       25 ...
       robbery                                271      271      271 ...
       white-collar-crime                     301      301      301 ...
       drug-alcohol                           318      318      318 ...
       aggravated-assault                     541      541      541 ...
       burglary                              1051     1051     1051 ...
       auto-theft                            1175     1175     1175 ...
       other-crimes-against-persons          1225     1225     1225 ...
       theft-from-motor-vehicle              1842     1842     1842 ...
       larceny                               2060     2060     2060 ...
       public-disorder                       2421     2421     2421 ...
       all-other-crimes                      4605     4605     4605 ...
       traffic-accident                      5928     5928     5928 ...
```

从上述结果中可以看出，程序输出了一个对象，该对象的行索引都是报警记录的类别，每列的数据都是该类别的报警记录的数量，这些数据都按照从小到大的顺序进行排列。

最后，分别获取排序后的第一条和最后一条报警记录，具体代码如下：

```
In []: # 获取排序后的第一条报警记录
       new_result.iloc[0:1]
Out[]:               OFFENSE_TYPE_ID  GEO_LON  GEO_LAT  IS_CRIME  IS_TRAFFIC
       OFFENSE_CATEGORY_ID
       murder                     15       15       15        15          15
In []: # 获取排序后的最后一条报警记录
       new_result.iloc[-1:-2:-1]
Out[]:               OFFENSE_TYPE_ID  GEO_LON  GEO_LAT  IS_CRIME  IS_TRAFFIC
       OFFENSE_CATEGORY_ID
       traffic-accident         5928     5928     5928      5928        5928
```

从上述结果中可以看出，murder 类别的报警记录最少，总共有 15 条；traffic-accident 类别

的报警记录最多，总共有 5928 条。

2. 画图分析 2022 年 1 ～ 10 月每周报警记录的数量

要想画图分析 2022 年 1 ～ 10 月每周报警记录的情况，需要先统计每周的报警记录，再根据这些数据绘制一张折线图，通过折线图来反映 2022 年 1 ～ 10 月报警记录的变化情况，具体代码如下：

```
In []: # 统计每周的报警记录，把周日作为每周的结束
       weekly_alarm = final_alarm_record.resample('W').size()
       weekly_alarm.head()
Out[]: REPORTED_DATE
       2022-01-02     422
       2022-01-09    1487
       2022-01-16    1588
       2022-01-23    1721
       2022-01-30    1679
       Freq: W-SUN, dtype: int64
In []: # 绘制折线图
       import matplotlib.pyplot as plt
       # 设置字体为 SimHei
       plt.rcParams['font.sans-serif'] = ['SimHei']
       plt.plot(weekly_alarm.index.values, weekly_alarm.values)
       plt.title('2022 年 1 ～ 10 月某城市周报警记录的统计情况 ')
       plt.ylabel(' 报警记录数量 ( 条 ) ')
       plt.show()
```

运行代码，效果如图 7-6 所示。

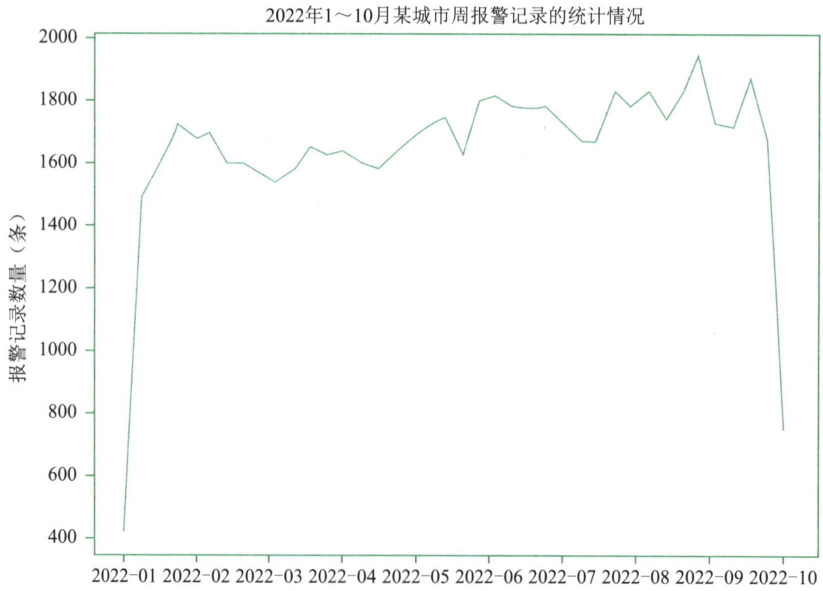

图 7-6　2022 年 1 ～ 10 月某城市周报警记录的统计情况

从图 7-6 中可以看出，2022 年 1 月份第 1 个周的报警记录最少，约为 400 条，随后一个周出现快速增长的趋势，达到了 1500 多条，之后一直在 1500 左右呈现上下波动的趋势，到 9 月

份最后 1 个周出现明显减少的趋势。

3．画图分析 2022 年 1 ～ 10 月周一至周日交通事故和非交通事故的报警记录

要想画图分析 2022 年 1 ～ 10 月周一至周日交通事故和非交通事故记录的情况，可以先从整组数据中分别筛选出交通事故和非交通事故的报警记录，将这些记录按照周日期进行划分后统计数量，再根据这些数量绘制一张包含两组柱形的柱形图，通过柱形图来反映交通事故和非交通事故之间的差异情况，具体步骤如下。

首先，筛选出交通事故的报警记录。由于 IS_TRAFFIC 列标记了每条记录是否属于交通事故，如果该列的值为 1，则说明这条记录属于交通事故的报警记录，所以我们可以把 IS_TRAFFIC 列的值是否为 1 作为条件，从数据中筛选出符合条件记录，之后按照周日期统计数量，具体代码如下：

```
In []: # 筛选出交通事故的记录
       left = alarm_record[alarm_record['IS_TRAFFIC'] == 1][
              'REPORTED_DATE'].dt.weekday.value_counts()
       left = left.sort_index()
       left
Out[]: 0    2670
       1    2831
       2    2986
       3    2983
       4    1984
       5    1691
       6    2655
       Name: REPORTED_DATE, dtype: int64
```

上述代码中，dt.weekday 用于返回一周内的星期几，其中 0 代表星期一，1 代表星期二，…，6 代表星期日。从上述结果可以看出，left 对象总共有 7 行数据，这些数据从上至下依次是星期一到星期日对应的报警记录的数量。

然后，筛选出非交通事故的报警记录。由于 IS_CRIME 列标记了每条记录是否不属于交通事故，如果该列的值为 1，则说明这条记录不属于交通事故，所以可以把 IS_CRIME 列的值是否为 1 作为条件，从数据中筛选出符合条件记录，之后按照周日期统计数量，具体代码如下：

```
In []: # 筛选出非交通事故的记录
       right = alarm_record[alarm_record['IS_CRIME'] == 1][
               'REPORTED_DATE'].dt.weekday.value_counts()
       right = right.sort_index()
       right
Out[]: 0    7294
       1    6993
       2    6916
       3    7040
       4    6066
       5    6082
       6    7426
       Name: REPORTED_DATE, dtype: int64
```

最后，绘制一个柱形图，具体代码如下：

```
import numpy as np
x = np.arange(right.size)
bar_width = 0.3    # 柱形的宽度
rect_blue = plt.bar(x, left.values, tick_label=["星期一", "星期二",
    "星期三", "星期四", "星期五", "星期六", "星期日"], width=bar_width)
rect_orange = plt.bar(x+bar_width, right.values, width=bar_width)
# 添加标题
plt.title('2022年1～10月某城市周一至周日交通事故和非交通事故的报警记录')
# 设置y轴的标签和刻度范围
plt.ylabel('报警记录数量（条）')
plt.ylim(0, 9000)
# 添加注释文本
def autolabel(rects):
    """在每个柱形上方添加注释文本"""
    for rect in rects:
        rect_height = rect.get_height()
        rect_x = rect.get_x()
        rect_width = rect.get_width()
        plt.text(rect_x + rect_width / 2, rect_height + 30,
                 s='{}'.format(rect_height),
                 ha='center', va='bottom', fontsize=8)
autolabel(rect_blue)
autolabel(rect_orange)
# 添加图例
plt.legend([rect_blue, rect_orange], ['交通事故', '非交通事故'])
plt.show()
```

运行代码，效果如图 7-7 所示。

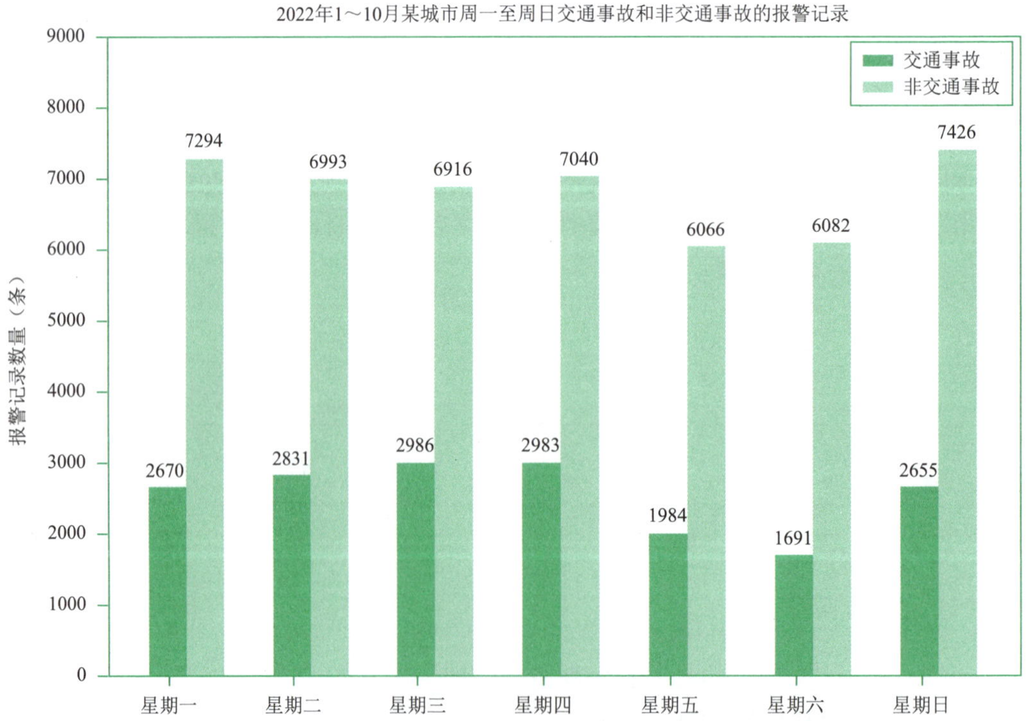

图 7-7　2022 年 1～10 月某城市周一至周日交通事故和非交通事故的报警记录

从图 7-7 中可以看出，周五、周六的报警记录相对较少，其他时间的报警记录相对较多。

通过对报警记录的分析，我们可以了解犯罪率、犯罪类型分布、时间和地点等信息，有助于制定更有效的犯罪预防措施和治安维护策略。作为社会的一员，我们需要承担自己的社会责任，深入研究数据背后的含义和原因，准确了解社会问题，为社会稳定和发展做出积极贡献。

小　结

本章主要介绍了时间序列的相关内容，包括时间序列概述、时间序列的基本操作、固定频率的时间序列、时间周期与计算、重采样、滑动窗口。希望大家在学习知识的同时，能够多加练习，能够熟练地使用 pandas 处理时间序列。

习　题

一、填空题

1. ________是指将同一统计指标的数值按其发生的时间先后顺序排列而成的数列。
2. ________是指带时区的特定的日期时间。
3. pandas 中的频率是由________和倍数组成的。
4. ________是指将时间序列从一个频率转换到另一个频率的处理过程。
5. 在 pandas 中，使用________类表示一个标准的时期。

二、判断题

1. 最基本的时间序列是以时间戳为索引的对象。（　　）
2. 如果相同频率的两个 Period 对象进行数学运算，那么计算结果为它们的单位数量。（　　）
3. 任何类型的 pandas 对象都可以进行重采样。（　　）
4. DatetimeIndex 是由一组时间戳组成的索引。（　　）
5. 降采样时可能会导致一些时间戳没有对应的数据。（　　）

三、选择题

1. 下列选项中，不能用作 pandas 对象索引的是（　　）。

　A. Period　　B. DatetimeIndex　　C. PeriodIndex　　D. MultiIndex

2. 请阅读下面一段程序：

```
import pandas as pd
period1 = pd.Period('2022/6/1')
print(period1 + 50)
```

执行上述程序，最终输出的结果为（　　）。

　A. 2022-07-18　　B. 2022-07-19　　C. 2022-07-20　　D. 2022-07-21

3. 请阅读下面一段程序：

```
import pandas as pd
```

```
import numpy as np
date_index = pd.date_range(start="2022/08/10", periods=5)
date_se = pd.Series(np.arange(5), index=date_index)
sorted_se = date_se.sort_index()
print(sorted_se.truncate(after='2022-8-11'))
```

执行上述程序，最终输出的结果为（　　）。

A. 2022-08-12 2
2022-08-13 3

B. 2022-08-12 2
2022-08-13 3
2022-08-14 4

C. 2022-08-10 0
2022-08-11 1
2022-08-12 2

D. 2022-08-10 0
2022-08-11 1

4. 下列函数中，创建 DatetimeIndex 对象有固定频率的是（　　）。

A. shift()　B. date_range()　C. period_range()　D. asfreq()

5. 下列关于重采样的说法中，描述错误的是（　　）。

A. 重采样是将时间序列从一个频率转到另一个频率

B. 升采样的时间颗粒是变小的

C. 时间序列数据在降采样时，总体的数据量是增加的

D. 时间序列数据在降采样时，总体的数据量是减少的

四、简答题

1. 简述时间戳、时间差和时期。

2. 简述降采样和升采样。

五、程序分析题

阅读下面的程序，分析代码是否能够编译通过。如果能编译成功，请列出运行的结果，否则请说明编译失败的原因。

代码一：

```
import pandas as pd
date_index = pd.date_range('2022/08/10')
ser_obj = pd.Series(11, date_index)
print(ser_obj)
```

代码二：

```
import pandas as pd
period1 = pd.Period('2022/1')
period2 = pd.Period('2022/6')
print(period2-period1)
```

代码三：

```
date_index = pd.date_range('2022/09/10', '2022/09/13')
ser_obj = pd.Series(11, date_index)
ser_obj['2022\09\12']
```

第 8 章 文本数据分析

学习目标

- ◆ 了解 NLTK 与 jieba 库，能够说明 NLTK 与 jieba 库的用途
- ◆ 掌握 NLTK 语料库的安装，能够在计算机中成功安装 NLTK 语料库
- ◆ 熟悉文本预处理的流程，能够归纳出文本预处理的基本流程
- ◆ 掌握分词的方式，能够通过 NLTK 与 jieba 库对文本进行分词
- ◆ 掌握词性标注的方式，能够通过 pos_tag() 函数对英文文本进行分词标注
- ◆ 掌握词形归一化操作，能够通过 nltk.stem 模块实现词性归一化的操作
- ◆ 掌握删除停用词操作，能够通过 stopwords 模块实现删除停用词的操作
- ◆ 熟悉文本情感分析，能够通过多种方式实现简单的文本情感分析
- ◆ 熟悉文本相似度，可以结合 NLTK 与余弦相似度实现简单的文本相似度分析
- ◆ 熟悉文本分类，可以结合 NLTK 与朴素贝叶斯算法实现简单的文本分类分析

自然语言处理（NLP）是人工智能领域的一个重要方向，在这一方向上文本数据占据着很大的市场，由于文本中可能包含中文、英文等内容，所以 Python 针对不同语言的文本提供了相应的库进行处理，常见的有用于处理英文文本的NLTK库，用于处理中文文本的jieba库。接下来，本章主要围绕着 NLTK 和 jieba 库介绍文本预处理的基本流程，以及文本数据分析的经典应用，包括文本情感分析、文本相似度和文本分类。

8.1 文本数据分析工具

8.1.1 认识 NLTK 与 jieba

NLTK 全称为 Natural Language Toolkit，它是一套基于 Python 的自然语言处理工具包，可以方便地完成自然语言处理的任务，包括分词、词性标注、命名实体识别（NER）及句法分析等。

NLTK 是免费开源的，它为超过 50 个语料库和词汇资源提供了易于使用的接口，以及一套用于分类、标记化、词干化、解析和语义推理的模块。接下来，通过一张表来列举 NLTK 中用于语言处理任务的一些常用模块，具体如表 8-1 所示。

表 8-1 NLTK 中用于语言处理任务的常用模块

语言处理任务	模　块	功能描述
获取和处理语料库	nltk.corpus	语料库和词典的标准化接口
字符串处理	nltk.tokenize，nltk.stem	分词、句子分解、提取主干
搭配探究	nltk.collocations	用于识别搭配工具，查找单词之间的关联关系
词性标识符	nltk.tag	用于词性标注的类和接口
分类	nltk.classify，nltk.cluster	nltk.classify 是用类别标签标记的接口；nltk.cluster 包含了许多聚类算法，比如贝叶斯分类算法、EM 算法、K-MEANS 算法等
分块	nltk.chunk	在不受限制的文本识别非重叠语言组的类和接口
解析	nltk.parse	对图表、概率等解析的接口
语义解释	nltk.sem，nltk.inference	一阶逻辑、模型检验
指标评测	nltk.metrics	精度、召回率、协议系数
概率与估计	nltk.probability	计算频率分布、平滑概率分布
应用	nltk.app，nltk.chat	图形化的关键词排序、分析器、WordNet 查看器、聊天机器人
语言学领域的工作	nltk.toolbox	处理 SIL 工具箱格式的数据

jieba 库用于实现中文分词的功能，中文分词指的是将中文语句或语段拆成若干汉语词汇。例如，“我是一个学生”经过分词处理之后，该语句被分成“我”“是”“一个”“学生”这 4 个汉语词汇。Python 官网上有一段描述 jieba 的话，翻译过来的意思是做最好的 Python 中文分词组件。jieba 之所以适合做中文分词，离不开它自身具备的一些特点，具体如下：

（1）支持三种分词模式。jieba 有精确模式、全模式、搜索引擎模式共三种分词模式，其中精确模式会将文本中的句子最精准地切分；全模式会将文本中的所有可以成词的词语全部扫描出来；搜索引擎模式是在精确模式的基础上对长词进行再次切分。

（2）支持繁体分词。

（3）支持自定义词典。

（4）MIT 授权协议。

jieba 库中主要的功能包括分词、添加自定义词典、关键词提取、词性标注、并行分词等等，大家若有兴趣可以到官网进行全面学习，后面在用到 jieba 库的相关功能时会有具体的介绍。

8.1.2 安装 jieba 和 NLTK 语料库

如果希望使用 NLTK 和 jieba 库处理文本数据，则需要在当前的开发环境中安装这两个库。由于 Anaconda 工具中默认已经自动安装了 NLTK，所以这里只需要在 Anaconda 命令行工具中安装 jieba 库，安装命令及运行结果具体如下：

```
>>> pip install jieba
......
```

```
Installing collected packages: jieba
Successfully installed jieba-0.42.1
```

安装完以后，在命令行工具中进入 Python 环境，然后输入导入 jieba 库的语句测试是否安装成功，具体命令如下：

```
>>> import jieba
```

按下回车键，如果命令行工具中没有提示任何错误的信息，则表明 jieba 库安装成功。

NLTK 库中附带了许多语料库（指经科学取样和加工的大规模电子文本库）、玩具语法、训练模型等，Anaconda 工具中虽然已经自动安装了 NLTK，但是并没有安装语料库，因此，如果希望在计算机上安装单独的数据包或者是下载全部的数据包，则需要在 Jupyter Notebook 工具中执行以下操作：

```
import nltk
nltk.download()      # 打开 NLTK 下载器
```

以上代码执行后，打开了一个 NLTK Downloader 窗口，如图 8-1 所示。

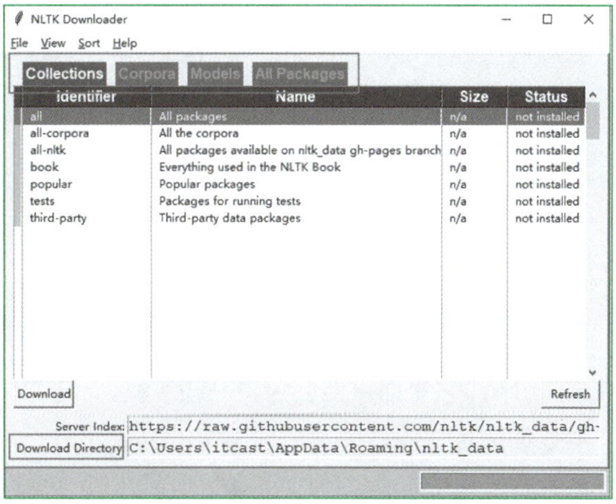

图 8-1　NLTK Downloader 窗口

在图 8-1 中，菜单栏的下方包含以下四个选项，分别是 Collections（集合）、Corpora（语料库）、Models（模型）、All Packages（所有包），单击任意一个选项可以查看数据包或者选择数据包进行安装。

窗口底部有一个 Download Directory 文本框，该文本框中默认显示了下载数据包的目录。单击 File → Change Download Directory 选择更新下载目录，这时图 8-1 中“Download Directory”对应的文本框处于可编辑状态，这里将下载目录更改为 C:\nltk_data。需要注意的是，如果没有将数据包下载到刚刚更改的目录下，则需要设置 NLTK_DATA 环境变量以指定数据包的位置。

如果希望安装所有的选项，则需要单击 File → Download 按钮开始下载，直至所有选项安装完成，这个过程等待的时间稍微有点长。

如果只是想单独安装某个词料库或模型，比如语料库 brown，则可以单击图 8-1 中的“Corpora”选项，从词料库列表中选中“brown”，然后单击窗口左下方的“Download”按钮进行下载。

注意，在使用 NLTK Downloader 下载数据包时，可能会因为网络受限而出现下载失败的问题，此时可以采用手动安装的方式解决，解决思路是，首先到 NLTK 官网找到数据包列表，然后根据需求下载数据包，并将下载后的数据包解压后放到 C:\nltk_data 目录下。

下载完成以后，可以输入导入语料库 brown 的语句测试语料库是否下载成功，具体代码如下：

```
In []: from nltk.corpus import brown          # 导入 brown 库
       brown.words()                          # 查看 brown 库中所有的单词
Out[]: ['The', 'Fulton', 'County', 'Grand', 'Jury', 'said', ...]
```

上述示例中输出了 brown 语料库中所有的单词，表明下载成功。

还可以通过 categories() 函数查看 brown 中包含的类别，示例代码如下：

```
In []: brown.categories()
Out[]: ['adventure', 'belles_lettres', 'editorial', 'fiction', 'government',
        'hobbies', 'humor', 'learned', 'lore', 'mystery', 'news',
        'religion', 'reviews', 'romance', 'science_fiction']
```

此外，还可以查看 brown 语料库中包含的单词或句子的总个数，示例代码如下：

```
In []: 'brown 中一共有 {} 个句子 '.format(len(brown.sents()))
Out[]: 'brown 中一共有 57340 个句子 '
In []: 'brown 中一共有 {} 个单词 '.format(len(brown.words()))
Out[]: 'brown 中一共有 1161192 个单词 '
```

8.2 文本预处理

文本数据不能直接被用来分析，它里面可能会包含一些对数据分析没有任何参考意义的内容，因此在分析之前需要对文本数据进行一系列的预处理操作，包括分词、词形统一化、删除停用词等，这样可以提升文本数据的质量。接下来，本节将对文本预处理的相关内容进行详细地讲解。

8.2.1 基本流程

文本预处理的基本流程如图 8-2 所示。

图 8-2 中列出了文本预处理的每个步骤，其中左侧为示例，右侧为预处理流程。原始文本为“I am looking at the scenery”，它经过分词处理之后，将整个句子划分成多个单词，在这些单词里面有一个使用了将来进行时的单词“looking”，这时可以执行下一步骤到词形归一化，把不影响单词“looking”词性的后缀 ing 去掉，提取词干“look”，然后继续下一步骤到删除停用词，在这一步骤中把诸如 am、the 等停用词进行删除，删除完以后将剩余的单词组合成一个列表进行返回。

下面分别对文本预处理流程的各环节进行具体介绍。

1. 分词

文本分词是预处理过程中必不可少的一个操作，它可以分为两步，第一步是构造词典，第二步是分词算法的操作。其中，构造词典比较流行的实现方式是双数组的 trie 树，分词算法常见的主要有正向最大匹配、反向最大匹配、双向最大匹配、语言模型方法、最短路径算法等。

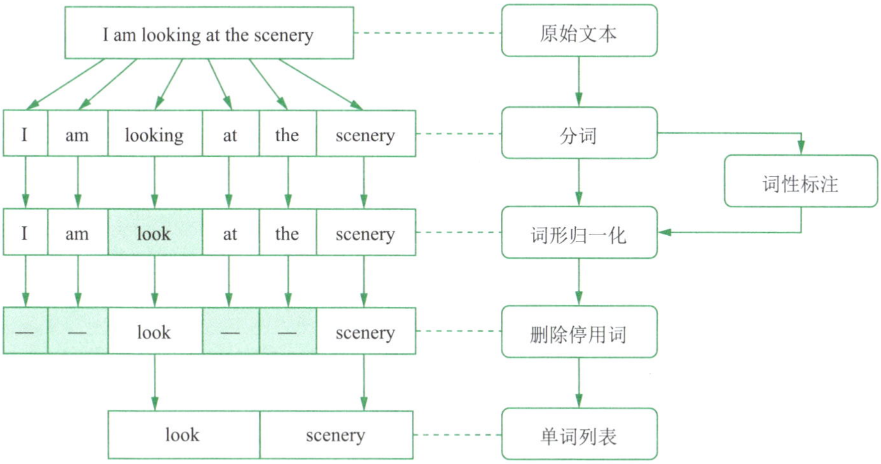

图 8-2　文本预处理的基本流程

2. 词形归一化

词形归一化包括词干提取和词形还原，它们的目的都是为了减少单词曲折变化的形式，将派生词转化为基本形式。基于英文语法的要求，英文文本中经常会用到单词的不同形态，例如，一般现在时的单词 do、现在进行时的 doing 等，另外也有大量意义相近的同源词，比如 able、unable、disability。如果希望只输入一个词，就能够返回它所有的同源词文档，那么这样的搜索是非常有用的。

例如：

am, are, is—be

cars, car's, cars'—car

不过，词干提取和词形还原所代表的意义不同，前者通常是一个很粗略的去除单词两端词缀的过程，而后者是指利用词汇表和词形分析去除曲折的词缀，以返回词典中包含的词的过程。

3. 删除停用词

停用词是指在信息检索中，为节省存储空间和提高搜索效率，在处理文本之前或之后会自动过滤掉的某些字或词。删除停用词是非常有必要的，主要是因为文本中的每个单词或字并不是都能够表明文本的特征，比如“的”“是”“这”“啊”等，这些词应该从文本中删除。可以在网上下载一份中文或英文的停用词表作为删除停用词的参考。

8.2.2　分词

分词是指将由连续词或字组成的语句，按照一定的规则划分成独立词语的过程。不同的语言具有不同的语法结构，以英文和中文举例，英文的句子以空格为分界符，所以可以指定空格为分词的标记，而中文的句子只是字、句和段有明显的分界符，唯独词没有一个形式上的分界符。因此在词这一层面上，中文比英文要困难很多。

为了帮助用户快速地实现英文文本分词的效果，NLTK 中提供了 word_tokenize() 函数，该函数以空格或标点符号为分界符对英文文本进行分词，并返回分词后的单词列表。注意，在使用 NLTK 进行分词操作时需要先确保当前的环境中已经下载了 punkt 分词模型，否则 word_ tokenize() 函数是无法使用的。

假设现在有个英文语句“Python is a structured and powerful object-oriented programming language.”，这里使用 word_tokenize() 函数对这句话进行分词，示例代码如下：

```
In []: # 原始英文文本
       sentence = 'Python is a structured and powerful '
                  'object-oriented programming language.'
       # 将句子切分为单词
       words = nltk.word_tokenize(sentence)
       words
Out[]: ['Python', 'is', 'a', 'structured', 'and', 'powerful',
        'object-oriented', 'programming', 'language', '.']
```

从输出结果中可以看出，列表中包含了多个字符串，每个字符串的内容对应英文文本中的单词或标点符号。

jieba 是国内使用人数最多的中文分词工具，它基于中文分词的原理，将中文语句或段落拆成若干汉语词汇。如果想要使用 jieba 模块进行分词，则可以通过 cut() 函数进行划分，该函数接收的主要参数如下：

（1）sentence 参数表示需要分词的字符串。

（2）cut_all 参数用来控制是否采用全模式。

（3）HMM 参数用来控制是否使用 HMM 模型。

例如，将上述句子换成由汉字组成的字符串“传智专修学院推出颠覆式办学模式”，如果将 cut_all 参数设为 True，则表示按照全模式进行分词，若设为 False，则表示的是按照精确模式进行分词，示例代码如下：

```
In []: import jieba
       # 原始中文文本
       sentence = '传智专修学院推出颠覆式办学模式'
       # 按照全模式对中文文本进行分词操作
       terms_list = jieba.cut(sentence, cut_all=True)
       print('【全模式】：'+ '/'.join(terms_list))
       # 按照精确模式对中文文本进行分词操作
       terms_list = jieba.cut(sentence, cut_all=False)
       print('【精确模式】：'+ '/'.join(terms_list))
Out[]: 【全模式】：传/智/专修/修学/学院/推出/颠覆/式/办学/模式
       【精确模式】：传智/专修/学院/推出/颠覆/式/办学/模式
```

从输出结果中可以看出，整个句子按照某种规则划分成了多个不同的字或词语，不过在全模式下，词语中出现了重复的汉字，这表明全模式会把所有可能的分词全部输出，而在准确模式下，词语中不会再出现重复的汉字，并且划分的词语相对来说是比较精准的。

8.2.3 词性标注

词性是对词语分类的一种方式。现代汉语词汇大致可以分为名词、动词、形容词、数词、量词、代词、介词、副词、连词、感叹词、助词和拟声词 12 种，英文词汇可以分为名词、形容词、动词、代词、数词、副词、介词、连词、冠词和感叹词 10 种。

词性标注，又称词类标注，是指为分词结果中的每个单词标注一个正确的词性，也就是说确定每个单词是名词、动词、形容词或其他词性的过程。比如在“I love itcast”中，“I”为人称代词，“love”为动词，“itcast”为名词。

NLTK 库中使用不同的约定来标记单词，为了帮助大家快速地了解，接下来，通过一张表格来列举通用的词性标注集，具体如表 8-2 所示。

表 8-2　通用词性标注集

标　签	描　述	示　例
JJ	形容词	special，high，good
RB	副词	quickly，simply，hardly
CC	条件连词	and，or
DT	限定词	the，a
MD	情态动词	could，should
NN	单数名词	home，time，year
NNS	复数名词	birds，dogs，flowers
NNP	专有名词单数	Africa，April，Washington
CD	基本数量词	twenty-one，second，1997
PRP	人称代词	I，you，he，she
PRP$	所有格代词	my，your，his，her
IN	介词	on，of，at，by，under
TO	不定词	how to，what to do
UH	感叹词	ah，ha，wow，oh
VB	动词原型	see，listen，speak，run
VBD	动词过去时	did，told，made
VBG	动名词	going，working，making
VBN	动词过去分词	given，taken，begun
WDT	WH 限定词	which，whatever

在 NLTK 中给单词标注词性，则需先下载 averaged_perceptron_tagger 模块，当下载了这个模块后，就可以调用 pos_tag() 函数进行标注，示例代码如下：

```
In []: words = nltk.word_tokenize('Python is a structured and powerful
                object-oriented programming language.')
       # 为列表中的每个单词标注词性
       nltk.pos_tag(words)
Out[]: [('Python', 'NNP'),
         ('is', 'VBZ'),
        ('a', 'DT'),
         ('structured', 'JJ'),
         ('and', 'CC'),
         ('powerful', 'JJ'),
         ('object-oriented', 'JJ'),
         ('programming', 'NN'),
```

```
         ('language', 'NN'),
         ('.', '.')]
```

上述示例输出了一个列表，该列表里面包含了多个元组，其中元组的第一个元素为划分的单词，第二个元素为标注的词性。例如，第一个元组 ('Python', 'NNP') 中，“Python”是一个专有名词，所以词性被标注为“NNP”。

8.2.4 词形归一化

在英文中，一个单词常常是另一个单词的变种，比如 looking 是 look 这个单词的一般进行式，looked 为一般过去式，这些都会影响语料库学习的准确度。一般在信息检索和文本挖掘时，需要对一个词的不同形态进行归一化，以提高文本处理的效率。

词形归一化过程主要包括两种：词干（由词根与词缀构成的，一个词除去词尾的部分）提取和词形还原，它们的相关说明如下：

（1）词干提取（stemming）：是指删除不影响词性的词缀（包括前缀、后缀、中缀、环缀），得到单词词干的过程。例如：

watching ⟶ watch
watched ⟶ watch

（2）词形还原（lemmatization）：与词干提取相关，不同的是能够捕捉基于词根的规范单词形式。例如：

better ⟶ good
went ⟶ go

对于词干提取来说，nltk.stem 模块中提供了多种词干提取器，目前最受欢迎的就是波特词干提取器，它是基于波特词干算法来提取词干的，这些算法都集中在 PorterStemmer 类中。下面是基于 PorterStemmer 类提取词干的示例，具体如下：

```
In []: # 导入 nltk.stem 模块的波特词干提取器
       from nltk.stem.porter import PorterStemmer
       # 按照波特算法提取词干
       porter_stem = PorterStemmer()
       porter_stem.stem('watched')
Out[]: 'watch'
In []: porter_stem.stem('watching')
Out[]: 'watch'
```

还可以用兰卡斯特词干提取器提取，兰卡斯特词干提取器是一个迭代提取器，它具有超过 120 条规则说明如何删除或替换词缀以获得词干。兰卡斯特词干提取器基于兰卡斯特词干算法，这些算法都封装在 LancasterStemmer 类中。LancasterStemmer 类提取词干的示例代码如下：

```
In []: from nltk.stem.lancaster import LancasterStemmer
       lancaster_stem = LancasterStemmer()
       # 按照兰卡斯特算法提取词干
       lancaster_stem.stem('jumped')
Out[]: 'jump'
```

```
In []: lancaster_stem.stem('jumping')
Out[]: 'jump'
```

还有一些其他的词干器，如 SnowballStemmer，这个词干器除了支持英文以外，还支持其他 13 种语言，用法示例如下：


```
In []: from nltk.stem import SnowballStemmer
       snowball_stem = SnowballStemmer('english')
       snowball_stem.stem('listened')
Out[]: 'listen'
In []: snowball_stem.stem('listening')
Out[]: 'listen'
```

需要注意的是，在创建 SnowballStemmer 类的对象时，必须传入一个表示语言的字符串。

词形还原的过程与词干提取非常相似，就是去除词缀以获得单词的基本形式，不过，这个基本形式称为根词，而不是词干。根词始终存在于词典中，词干不一定是标准的单词，它可能不存在于词典中。NLTK 库中使用 WordNetLemmatizer 类封装的功能获得根词，使用前需要确保已经下载了 wordnet 语料库。

WordNetLemmatizer 类里面提供了一个 lemmatize() 方法，该方法通过比对 wordnet 语料库，并采用递归技术删除词缀，直至在词汇网络中找到匹配项，最终返回输入词的基本形式。如果没有找到匹配项，则直接返回输入词，不做任何变化。

下面是一个基于 WordNetLemmatizer 的词形还原示例，代码如下：

```
In []: from nltk.stem import WordNetLemmatizer
       # 创建 WordNetLemmatizer 对象
       wordnet_lem = WordNetLemmatizer()
       # 还原 books 单词的基本形式
       wordnet_lem.lemmatize('books')
Out[]: 'book'
In []: wordnet_lem.lemmatize('went')
Out[]: 'went'
In []: wordnet_lem.lemmatize('did')
Out[]: 'did'
```

从上述结果中可以看出，复数形式的单词 books 已经还原为 book，不过单词 went 与 did 都没有还原，这主要是因为它们有多种词性，例如，went 作为动词使用时，代表单词 go 的过去式，但是作为名词使用的话，它表示的是人名文特。

为了解决这个问题，可以直接在词形还原时指定词性，也就是说在调用 lemmatize() 方法时将词性传入 pos 参数，示例代码如下。

```
In []: # 指定 went 的词性为动词
       wordnet_lem.lemmatize('went', pos='v')
Out[]: 'go'
In []: wordnet_lem.lemmatize('did', pos='v')
Out[]: 'do'
```

从上述结果中可以看出，所有过去式的单词已经被还原为基本形式了。

8.2.5 删除停用词

停用词是指在信息检索中，为节省存储空间和提高搜索效率，在处理自然语言文本之前或之后会自动过滤掉某些没有具体意义的字或词，这些字或词即被称为停用词，比如英文的“I”、“the”和中文的“啊”等。

停用词的存在直接增加了文本的特征难度，提高了文本数据分析过程中的成本，如果直接用包含大量停用词的文本作为分析对象，则还有可能会导致数据分析的结果存在较大偏差，通常在处理过程中会将它们从文本中删除，如图 8-3 所示。

~~The~~ quick brown fox jumps over ~~the~~ lazy dog.

图 8-3　删除停用词的示意图

从图 8-3 中可以看出，即使从整个语句中删除了停用词，句子整体的意思并没有产生很大的影响。

停用词都是人工输入、非自动化生成的，生成后的停用词会形成一个停用词表，但是并没有一个明确的停用词表能够适用于所有的工具。对于中文的停用词，可以参考中文停用词库、哈工大停用词表、百度停用词列表，对于其他语言来说，可以到 Ranks NL 官网进行了解。

删除停用词常用的方法有词表匹配法、词频阈值法和权重阈值法，NLTK 库所采用的就是词表匹配法，它里面有一个标准的停用词列表，在使用之前要确保已经下载了 stopwords 语料库，并且用 import 语句导入 stopwords 模块，示例代码如下：

```
In []: from nltk.corpus import stopwords
       # 原始文本
       sentence = 'Python is a structured and powerful object-oriented
                   programming language.'
       # 将英文语句按空格划分为多个单词
       words = nltk.word_tokenize(sentence)
       words
Out[]: ['Python', 'is', 'a', 'structured', 'and', 'powerful',
        'object-oriented', 'programming', 'language', '.']
In []: # 获取英文停用词列表
       stop_words = stopwords.words('english')
       # 定义一个空列表
       remain_words = []
       # 如果发现单词不包含在停用词列表中，就保存在 remain_words 中
       for word in words:
           if word not in stop_words:
               remain_words.append(word)
       remain_words
Out[]: ['Python', 'structured', 'powerful', 'object-oriented',
        'programming', 'language', '.']
```

通过比较删除前与删除后的结果可以发现，is、a、and 这几个常见的停用词都被删除了。

8.3　文本情感分析

文本情感分析，又称为倾向性分析和意见挖掘，是指对带有情感色彩的主观性文本进行分析、处理、归纳和推理的过程。比如，从电影评论中分析用户对电影的喜恶，或者从商品评价中分析用户对商品的“价格”“易用性”等属性的情感倾向。

情感分析可以细分为情感极性分析、情感程度分析和主客观分析等。其中情感极性分析主要是对文本进行褒义、贬义、中性的判断，比如，“喜爱”和“厌恶”这两个词就属于不同的情感倾向。

目前，情感极性分析主要有两种流行的方法，分别是基于情感词典的情感分析和基于机器学习的情感分析，关于它们的介绍如下。

1．基于情感词典的情感分析

最简单的情感极性分析的方法是情感字典，它主要通过制定一系列的情感词典和规则，对文本进行段落拆解、句法分析，并计算情感值，最终将情感值作为文本的情感倾向依据。基于情感词典的情感分析的基本思路如下。

（1）对文本进行分词操作，从中找出正向情感词、负向情感词、否定词以及程度副词。

（2）判断每个情感词之前是否有否定词及程度副词，将它之前的否定词和程度副词划分为一组。如果存在否定词，则将情感词的情感权值乘以 −1；如果有程度副词，就乘以程度副词的程度值。

（3）将所有组的得分加起来，得分大于 0 的归于正向，小于 0 的归于负向。

为了帮助大家更好地理解基于情感词典的情感分析的基本思路，接下来，结合一个文本示例进行描述。假设现在有如下一条商品评价：

这款蓝牙耳机的款式比较好看，操作也比较简单，不过音质真的太烂了，耳塞戴着也不舒服。

按照前面介绍的思路，首先需要从这条商品评价中找出正向情感词、负向情感词、否定词和程度副词，正向情感词有“好看”“简单”“舒服”；负向情感词是“烂”；否定词是“不”；程度副词有“比较”“太”。正向情感词的分值是 1，负向情感词的分值是 −1。

然后再看情感词前面有没有程度副词进行修饰，并且给不同的程度副词一个权值。“太”这个词表达的情感度更强，它的程度值可以定为 ×4，因此“太烂”的情感分值为 −1×4=−4；“比较”这个词表达的情感度没有“太”这个词强，它的程度值定为 ×2，因此“比较好看”“比较简单”的情感分值都为 1×2=2。

在找到情感词的时候，需要往情感词的前面查找有没有否定词，并且要数一下否定词出现的次数。如果否定词的数量是单数，则情感词的情感权值是 ×（−1）；如果否定词的数量是偶数，则情感词的情感权值变为 ×1。在商品评价中，“舒服”一词的前面有一个否定词“不”，因此“不舒服”的情感分值应该为 1×（−1）。

最后，根据情感分值判断商品评价属于好评还是差评，最终的情感分值是 1×2+1×2−1×4+1×（−1）=−1，由于情感分值是 −1，所以商品评价属于一条差评。

总而言之，基于情感词典的情感分析虽然简单粗暴，但是非常实用，不过一旦遇到一些新词或者特殊词，就无法识别出来，扩展性非常不好。

2．基于机器学习的情感分析

基于机器学习的情感分析是先将目标文本中的情感分为正、负两类，或者是根据不同的情感程度划分为 1 ～ 5，然后对训练文本进行人工标注，进行有监督的机器学习过程。

朴素贝叶斯是经典的机有监督的机器学习算法之一，也是为数不多的基于概率论的分类算法，它的思想是：对于给出的待分类项，求解在此项出现的条件下各个类别出现的概率，哪个概率最大就认为此待分类项属于哪个类别。

nltk.classify 模块是用类别标签标记的接口，它内置的 NaiveBayesClassifier 类封装了朴素贝叶斯分类算法的功能，该类中有一个类方法 train()，用于根据训练集来训练模型。train() 方法的语法格式如下：

```
train(cls, labeled_featuresets, estimator = ELEProbDist)
```

train() 方法中，labeled_featuresets 参数表示分类的特征集列表。

为了能够让读者更好地理解 train() 方法，接下来，通过一个示例演示如何基于 NaiveBayesClassifier 类实现情感分析，识别一段文本中的正向情感词、负向情感词，具体步骤如下。

首先，定义一些变量保存 5 条书籍评论的英文文本，这些文本表达感情倾向的程度都不一样，具体代码如下：

```
# 训练的文本
text_one = 'This is a wonderful book'
text_two = 'I like reading this book very much.'
text_thr = 'This book reads well.'
text_fou = 'This book is not good.'
text_fiv = 'This is a very bad book.'
```

接下来，导入 nltk 模块，定义一个使用 nltk 模块预处理英文文本的函数 pret_text()，以便于处理多个测试文本，具体代码如下：

```
import nltk
from nltk.stem import WordNetLemmatizer
from nltk.corpus import stopwords
from nltk.classify import NaiveBayesClassifier
def pret_text(text):
    # 对文本进行分词
    words = nltk.word_tokenize(text)
    # 词形还原
    wordnet_lematizer = WordNetLemmatizer()
    words = [wordnet_lematizer.lemmatize(word) for word in words]
    # 删除停用词
    remain_words = [word for word in words if word not
in stopwords.words('english')]
    # True 表示该词在文本中
    return {word: True for word in remain_words}
```

上述函数中，首先将文本按照空格划分为多个单词，然后将这些单词还原成基本形式，并根据英文的停用词表删除停用词，最后将剩下的单词以字典的形式进行返回，其中字典的键为单词，字典的值为 True，代表着单词存在于预处理后的文本中。

然后，将待训练的文本经过预处理之后，为正向情感词、负向情感词设定情感分值，其中正向情感词的分值设为 1，负向情感词的分值设为 -1，根据这些训练数据构建一个训练模型，具体代码如下：

```
# 构建训练文本，设定情感分值
train_data = [[pret_text(text_one), 1],
              [pret_text(text_two), 1],
              [pret_text(text_thr), 1],
              [pret_text(text_fou), -1],
              [pret_text(text_fiv), -1]]
# 训练模型
demo_model = NaiveBayesClassifier.train(train_data)
```

在上述代码中，前三个文本中因为有正向情感词，比如“wonderful”“like”“well”，所以它们的情感分值设为 1；后三个文本中因为有负向情感词，比如“bad”“terrible”，所以它们的情感分值设为 -1。

有了训练模型之后，只要一段文本中出现了这个模型中的正向情感词，就将情感分值设为 1，出现了这个模型中的负向情感词，就将情感分值设为 -1。

最后，为了验证刚刚创建的情感模型是否能够准确地区分正向情感词和负向情感词，下面使用几个文本进行测试，具体代码如下：

```
In []:# 测试模型
      test_text1 = 'I like this movie very much'
      demo_model.classify(pret_text(test_text1))
Out[]: 1
In []:test_text2 = 'The film is very bad'
      demo_model.classify(pret_text(test_text2))
Out[]: -1
In []:test_text3 = 'The film is terrible'
      demo_model.classify(pret_text(test_text3))
Out[]: 1
```

从上述的结果中可以看出，根据训练的模型已经能够比较准确地辨识出部分带有情感色彩的固定单词，比如 like、bad，一旦有新的情感单词出现，比如 terrible，就无法辨识出来。

随着学习难度的增加，我们必然会面临各种各样的挑战，这是学习过程中不可避免的。我们要有面对困难的勇气，克服一个又一个问题，通过这个过程不断磨练自己的编程技能，只有这样才能真正提升自己的能力。

8.4 文本相似度

在自然语言处理领域中，经常需要判断两篇文档是否相似、计算两篇文档的相似程度。比如，基于聚类算法发现微博热点话题时，需要度量各篇文本的内容相似度，然后让内容足够相似的微博聚成一个簇；在问答系统中，会准备一些经典问题和对应的答案，当用户的问题和经典问题很相似时，系统直接返回准备好的答案；在对语料进行预处理时，需要基于文本的相似度，把重复的文本给挑出来并删掉。总之，文本相似度是一种非常有用的工具，可以帮助我们解决很多问题。

衡量文本相似度的方法有很多，常见的方法包括以下三种：

（1）基于关键字匹配的传统方法，比如 N-gram 相似度。

（2）将文本映射到向量空间，再利用余弦相似度等方法进行计算。

（3）基于深度学习的方法，比如卷积神经网络的 ConvNet、用户点击数据的深度学习语义匹配模型 DSSM 等。

随着深度学习的发展，文本相似度的方法已经逐渐不再是基于关键词匹配的传统方法，而是转向了深度学习，目前结合向量的深度学习使用较多，因此，这里我们采用第二种方式来计算文本的相似度，这种方式的基本实现思路如下。

（1）通过特征提取的模型或手动实现，找出这两篇文章的关键词。

（2）从每篇文章中各取出若干个关键词（比如 10 个），把这些关键词合并成一个集合，然后计算每篇文章中各个词对于这个集合中的关键词的词频。为了避免文章长度的差异，可以使用相对词频。

（3）生成两篇文章中各自的词频向量。

（4）计算两个向量的余弦相似度，值越大则表示越相似。

我们都知道，文本是一种高维的语义空间，要想计算两个文本的相似度，可以先将它们转化为向量，站在数学角度上去量化其相似性，这样就比较简单了。那么，如何把文本转化成向量呢？一般，我们会使用词频（某一个给定词语在文档中出现的次数）来表示文本特征，若某个词在这些文本中出现的次数最多，则表示这个单词比较具有代表性。

例如，现在有如下两个英文句子：

John likes to watch movies.

John also likes to watch football games.

要想找出上述两个句子中的关键词，则需要先统计一下每个单词出现的次数。为此，NLTK 库中提供了一个 FreqDist 类，主要负责记录每个词出现的次数。FreqDist 类的结构比较简单，可以用一个有序词典实现，所以 dict 的方法在此类中也是适用的。例如，使用 FreqDist 类统计上述英文句子中每个单词的词频，具体代码如下：

```
In []: import nltk
       from nltk import FreqDist
       text1 = 'John likes to watch movies'
       text2 = 'John also likes to watch football games'
       all_text = text1 +" " + text2
       # 分词
       words = nltk.word_tokenize(all_text)
       # 创建 FreqDist 对象，记录每个单词出现的频率
       freq_dist = FreqDist(words)
       freq_dist
Out[]: FreqDist({'John': 2, 'likes': 2, 'to': 2, 'watch': 2, 'movies': 1,
       'also': 1, 'football': 1, 'games': 1})
```

从上述结果中可以看出，程序返回了一个 FreqDist 类的对象，它的里面是一个字典，其中字典的键为分词后的单词，字典的值为单词出现的频率。例如，获取字典里面单词“John”出现的频率，代码如下：

```
In []: freq_dist['John']
Out[]: 2
```

这里将从这些单词中选出出现频率最高的若干个单词，构造成关键词列表。如果希望达到这个目的，则需要调用 FreqDist 类中的 most_common() 方法，返回出现次数比较频繁的词与频率。

例如，从 freq_dist 中取出出现频率最高的五个单词，代码如下：

```
In []: # 取出 n 个常用的单词
       n = 5
       # 返回常用单词列表
       most_common_words = freq_dist.most_common(n)
       most_common_words
Out[]: [('John', 2), ('likes', 2), ('to', 2), ('watch', 2), ('movies', 1)]
```

选出关键词之后，需要记录一下这些单词的位置，为了简单起见，这里采用的是从字典中遍历取出每个单词，第一个单词的位置赋值为 1，第二个单词的位置赋值为 2，依此类推。

例如，查找常用单词的位置的代码如下：

```
In []: # 查找常用单词的位置
       def find_position(common_words):
           result = {}
           pos = 0
           for word in common_words:
               result[word[0]] = pos
               pos += 1
           return result
       # 记录常用单词的位置
       pos_dict = find_position(most_common_words)
       pos_dict
Out[]: {'John': 0, 'likes': 1, 'to': 2, 'watch': 3, 'movies': 4}
```

从上述结果中可以看出，程序返回了一个包含关键词与位置的字典，其中，“John”对应着位置 0，“likes”对应着位置 1……根据这些位置可以确定一个关键词列表，也就是得到一个向量为 ['John', 'likes', 'to', 'watch', 'movies']。

如果句子中的某个单词存在于关键词列表中，就在关键词所在的位置上标记一次，结果为记录总次数，对于没有出现的单词则记为 0 即可，从而构成了一个词频列表。定义一个函数参照着关键词列表统计单词的词频，并以列表的形式进行返回，具体代码如下：

```
def text_to_vector(words):
    # 初始化向量
    freq_vec = [0] * n
    # 在“常用单词列表”上计算词频
    for word in words:
        if word in list(pos_dict.keys()):
            freq_vec[pos_dict[word]] += 1
    return freq_vec
```

将文本 text1 和 text2 转化为词频向量，示例代码如下：

```
In []:# 词频向量
      vector1 = text_to_vector(nltk.word_tokenize(text1))
      vector1
Out[]: [1, 1, 1, 1, 1]
In []:vector2 = text_to_vector(nltk.word_tokenize(text2))
      vector2
Out[]: [1, 1, 1, 1, 0]
```

现在只剩下最后一步，利用余弦相似度来比较两个向量的相似度。余弦相似度，又称为余弦相似性，通过计算两个向量的夹角余弦值来评估它们的相似度。计算两个向量的余弦相似度公式如下：

$$\cos\theta = \frac{A \bullet B}{\|A\| * \|B\|}$$

求得两个向量的夹角，并得出夹角对应的余弦值，此余弦值就可以用来表征这两个向量的相似性，如图 8-4 所示。

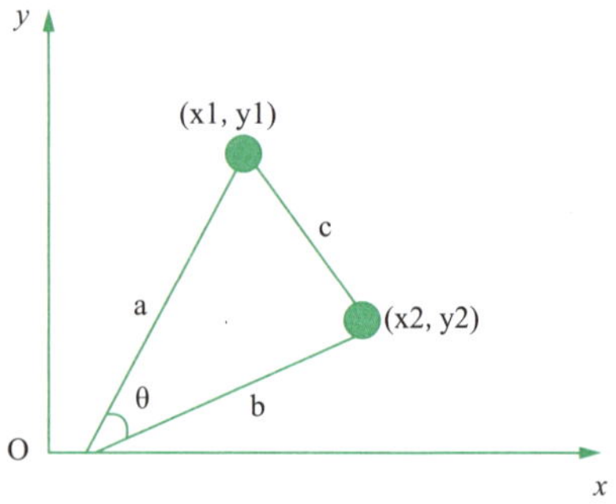

图 8-4　求余弦值图例

余弦取值范围为 [-1,1]。夹角越小，趋近于 0°，余弦值越接近于 1，它们的方向更加吻合，则越相似。当两个向量的方向完全相反，夹角余弦取最小值 -1。当余弦值为 0 时，两向量正交，夹角为 90°。由此可以看出，余弦相似度与向量的幅值无关，只与向量的方向相关。

NLTK 库中其实并没有提供直接计算余弦相似度的函数，但是在 cluster.util 模块中提供了计算余弦距离的函数 cosine_distance()。余弦距离与余弦相似度是相关但不同的概念，余弦距离用于衡量两个向量之间的差异程度或者夹角。有时会将“1- 余弦相似度”的值作为余弦距离，之所以这样是因为这个值可以表示两个向量之间的差异性。因此要计算余弦相似度，可以先通过 cosine_distance() 计算出余弦距离，再通过 1 减去余弦距离得到余弦相似度。

例如，求两个词频向量的余弦相似度，具体代码如下。

```
In []:from nltk.cluster.util import cosine_distance
      1 - cosine_distance(vector1, vector2)
Out[]: 0.8944271909999159
```

从输出结果可以看出，余弦相似度的值约为 0.9，接近 1，说明 text1 和 text2 文本的相似度比较高。

8.5　文本分类

文本分类是指按照一定的分类体系或标准，用计算机对文本集进行自动分类标记，主要的目的是将文本或文档自动地归类为一种或多种预定义的类别。通俗来说，就是拿一篇文章问计算机，这篇文章说的究竟是美食、体育还是政治，示意如图 8-5 所示。

以某新闻网站举例，它通常会把新闻划分为几种类型：体育类、科技类、娱乐类等，即给这

图 8-5　文本分类示意图

些新闻先打上标签，如果某个用户经常阅读科技类的新闻，则可以把科技类的新闻推荐给该用户。

文本分类被广泛应用于解决各种商业领域的问题，常见应用有理解社交媒体用户的情感、识别垃圾邮件与正常邮件、自动标注用户的查询、将新闻按已有的主题分类等。

文本分类属于有监督的机器学习，主要是因为文本分类可以利用一个包含文本 / 文档以及其对应类标的数据集，训练一个分类器。一般文本分类的实现包括以下步骤：

（1）数据集准备：包括数据集以及基本的预处理工作，用于将原始语料格式化为同一格式，便于后续进行统一处理。

（2）特征抽取：从文档中抽取出反映文档主题的特征。

（3）模型训练：分类器模型会在一个有标注数据集上进行训练。

（4）分类结果评价：分类器的测试结果分析。

为了能够让读者更好地理解文本分类，接下来通过一个判断人名性别的示例，按上述步骤使用 NLTK 库进行实现，具体步骤如下。

（1）数据集准备。在 nltk.corpu 语料库的 names 模块中存放着大量的英文人名信息，并且这些人名按照性别分成了两个文件：male.txt 和 female.txt，它们就是收集的样本，收集数据的代码如下：

```
In []: import nltk
       from nltk.corpus import names
       import random
       # 收集数据，用一部分数据来训练，用一部分数据用来测试
       names = [(name,'male') for name in names.words('male.txt')] \
               + [(name,'female') for name in names.words('female.txt')]
       # 将 names 的所有元素随机排序
       random.shuffle(names)
       names
Out[]: [('Deerdre', 'female'), ('Karole', 'female'), ('Bev', 'female'),
        ('Prasun', 'male'), ('Deryl', 'male'), ('Ernaline', 'female'),
        ('Agnese', 'female'), ('Madeline', 'female'), ('Eddy', 'male'),
        ('Anneliese', 'female'), ('Christofer', 'male'),
        ('Tatiania', 'female'), ('Neale', 'male'), ...]
```

从上述结果中可以看出，names 序列中的人名不再是按照性别排序，而是随机排列的，因此每次输出的结果都是不一样的。

（2）抽取区分性别的特征。如何辨别一个人的名字是哪个性别呢？最简单的方式是根据最后两个字母进行判断，这种方式虽然并不是最为可靠的方式，但是可以作为性别区分的一种可能性特征。

定义一个选取特征的函数，接收一个人名，返回这个名字中最后两个字母。然后遍历 names 中的每个姓名和性别，将姓名的后两个字母与性别整合成一个特征集，具体代码如下：

```
In []: # 特征提取器
       def gender_features(word):
           # 特征就是最后一个字母和倒数第二个字母
           return {'最后一个字母':word[-1],'倒数第二个字母':word[-2]}
       features = [(gender_features(n),g) for (n,g) in names]
       features
Out[]: [({'最后一个字母': 'e', '倒数第二个字母': 'r'}, 'female'),
        ({'最后一个字母': 'e', '倒数第二个字母': 'l'}, 'female'),
        ({'最后一个字母': 'v', '倒数第二个字母': 'e'}, 'female'),
        ({'最后一个字母': 'n', '倒数第二个字母': 'u'}, 'male'),
        ({'最后一个字母': 'l', '倒数第二个字母': 'y'}, 'male'),
        ({'最后一个字母': 'e', '倒数第二个字母': 'n'}, 'female'),
        ({'最后一个字母': 'e', '倒数第二个字母': 's'}, 'female'),
        ({'最后一个字母': 'e', '倒数第二个字母': 'n'}, 'female'),
        ({'最后一个字母': 'y', '倒数第二个字母': 'd'}, 'male'),
        ({'最后一个字母': 'e', '倒数第二个字母': 's'}, 'female'),
        ({'最后一个字母': 'r', '倒数第二个字母': 'e'}, 'male'),
        ({'最后一个字母': 'a', '倒数第二个字母': 'i'}, 'female'),
        ...]
```

（3）模型训练。应用模型算法对数据进行训练，以得出相应算法的模型，这里选择的是朴素贝叶斯算法，前面我们也有所介绍，它主要的原理是采用最大可能性进行结果的选取。

数据集一般会分成两部分，一部分用来训练，一部分用来测试，测试的数据用来得出模型的准确率。接下来，从特征数据集 features 中选取后 500 个数据作为训练集，再选择前 500 个数据作为测试集，具体代码如下：

```
train, test = features[500:],features[:500]
# 使用训练集训练模型
classifier = nltk.NaiveBayesClassifier.train(train)
```

（4）分类结果评价。测试模型，判断选取的特征是不是合理有效，具体代码如下：

```
In []: # 通过测试集来估计分类器的准确性
       nltk.classify.accuracy(classifier, test)
Out[]: 0.778
In []: # 如果一个人的名字是Ella，那么这个人是男还是女
       classifier.classify({'last_letter': 'Ella'})
Out[]: 'female'
In []: # 检查分类器，找出最能够区分名字性别的特征值
       classifier.show_most_informative_features(5)
Out[]: Most Informative Features
       最后一个字母 = 'a'          female : male   =     35.6 : 1.0
       最后一个字母 = 'k'            male : female =     32.3 : 1.0
       最后一个字母 = 'v'            male : female =     17.6 : 1.0
       最后一个字母 = 'f'            male : female =     16.7 : 1.0
       最后一个字母 = 'p'            male : female =     10.5 : 1.0
```

多学一招：TF-IDF 算法

如果某个词或短语在一篇文章中出现的频率很高，并且在其他文章中很少出现，则认为此

词或者短语具有很好的类别区分能力，适合用来分类。通过计算词语的权重，可以找出文档中的关键词，从而确定分类的依据。常用的词语权重计算方法为 TF-IDF 算法。

TF-IDF 算法的公式如下：

$$\text{TF-IDF}=\text{TF}(\text{词频})\times\text{IDF}(\text{逆文档频率})$$

词频 TF 的计算公式如下：

$$\text{TF}=\frac{\text{当前词在文档中出现的次数}}{\text{文档中词的总数}}$$

逆文档频率 IDF 的计算公式如下：

$$\text{TF}=\lg\frac{\text{总文档个数}}{\text{当前词出现的文档个数}}$$

例如，一个文档中一共有 100 个单词，其中单词 flower 出现的次数为 5，则 TF=5/100，结果为 0.05。样本中一共有 10 000 000 个文档，其中出现单词 flower 的文档有 1 000 个，则 IDF=lg(10 000 000/1 000)，结果为 4。因此，flower 的 TF-IDF 值为：$\text{TF-IDF}=\text{TF}\times\text{IDF}=0.05\times4=0.2$。

TF-IDF 值越大，说明这个词对这篇文章的区分度就越高，取 TF-IDF 值较大的几个词，就可以当做这篇文章的关键词。

nltk.text 模块中提供了 TextCollection 类来表示一组文本，它可以加载文本列表，或者包含一个或多个文本语料库，并且支持计数、协调、配置等等，例如创建一个 TextCollection 实例，代码如下：

```
import nltk.corpus
from nltk.text import TextCollection
# 根据所有的文档创建一个 TextCollection 类的对象
# 这个类会自动断句，做统计，做计算
corpus = TextCollection(['this is sentence one',
                         'this is sentence two',
                         'this is sentence three'])
```

如果想知道某个单词在文本中的权重，则需要调用 tf_idf() 方法实现，该方法会返回一个 tf_idf 值，示例代码如下：

```
In []: # 直接就能算出 tf_idf
       corpus.tf_idf('this', 'this is sentence four')
Out[]: 0.0
```

8.6　案例：商品评论分析

随着互联网的普及，网络购物成为人们日常消费的一种趋势，不过大家在网购时都会担心这样的问题：实物的质量是否与商品描述相符，通常大家会参考已购用户的评价进行判断。接下来，本节以某网站的商品评论数据为例，运用前面所学的知识，带领大家一起预处理和分析商品评论数据。

8.6.1　案例需求

本案例设计的目的在于，从商品评论数据中筛选出现频率较高的一些词语，并使用词云的方式进行展示，让有意向购买此商品的用户能够快速地了解到其他用户对该商品的感受。

8.6.2 数据准备

在了解了案例的目标之后需要先获取案例用到的数据。商品评论数据全部保存在“商品评价信息 .csv”文件中，使用 Excel 工具打开后文件的内容如图 8-6 所示。

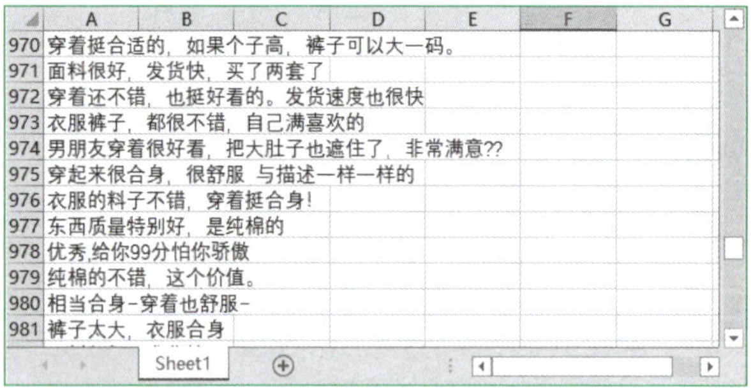

	A	B	C	D	E	F	G
970	穿着挺合适的，如果个子高，裤子可以大一码。						
971	面料很好，发货快，买了两套了						
972	穿着还不错，也挺好看的。发货速度也很快						
973	衣服裤子，都很不错，自己满喜欢的						
974	男朋友穿着很好看，把大肚子也遮住了，非常满意??						
975	穿起来很合身，很舒服 与描述一样一样的						
976	衣服的料子不错，穿着挺合身！						
977	东西质量特别好，是纯棉的						
978	优秀,给你99分怕你骄傲						
979	纯棉的不错，这个价值。						
980	相当合身-穿着也舒服-						
981	裤子太大，衣服合身						

Sheet1

图 8-6 “商品评价信息 .csv”文件

接下来，使用 read_csv() 函数从“商品评价信息 .csv”文件中读取商品评论数据，具体代码如下：

```
In []: import pandas as pd
       from nltk import FreqDist
       import jieba
       file_path = open(r'C:\Users\admin\Desktop\ 商品评价信息 .csv')
       file_data = pd.read_csv(file_path)
       file_data
Out[]:
                                          评价信息
       0     穿上挺舒服的，是我有史以来在网上买的最漂亮最舒服的一件衣服了 ...
       1     衣服上身很舒服、布料也好、就是裤子不是很大，如果裤子能改进点就完美了；
       2     给男朋友买了一套，很好哦。我很喜欢，晒图给大家做一个参考，穿的很帅气 ...
       3     质量很好。就是码子偏大。老公体重 180 身高 175 穿 3XL 的有点大 ...
       4     在网上买东西了，好厉害好东西便宜而且质量好，物美价廉买的放心用的开心 ...
       ...                                                       ...
       1289  此用户没有填写评价。
       1290  此用户没有填写评价。
       1291  此用户没有填写评价。
       1292  此用户没有填写评价。
       1293  此用户没有填写评价。
       [1294 rows x 1 columns]
```

从上述结果中可以看到，商品评论数据中包含一些“此用户没有填写评价。”的信息，这类评价信息是系统在用户交易完成后自动评价的，对后面的分析没有任何意义。

8.6.3 案例实现

下面编写代码，完成案例需求设定的目标，具体步骤如下。

（1）使用 drop_duplicates() 方法删除所有评价属于“此用户没有填写评价”的数据，即删除重复的数据，具体代码如下：

```
In []: # 删除重复的评价信息
       file_data.drop(file_data[file_data['评价信息']=='此用户没有填写评价。'].
                      index,inplace=True)
       file_data
Out[]:                                              评价信息
       0      穿上挺舒服的，是我有史以来在网上买的最漂亮最舒服的一件衣服了 ...
       1      衣服上身很舒服、布料也好、就是裤子不是很大，如果裤子能改进点就完美了 ...
       2      给男朋友买了一套，很好哦。我很喜欢，晒图给大家做一个参考，穿的很帅气 ...
       3      质量很好。就是码子偏大。老公体重 180 身高 175 穿 3XL 的有点大 ...
       4      在网上买东西了，好厉害好东西便宜而且质量好，物美价廉买的放心用的开心 ...
       ...                                                ...
       1199                                                好
       1200                                              很好
       1201                                            还可以
       1202                                            挺好的
       1203                 大小合适，摸着比较薄，还送了我一个小本
       [1194 rows x 1 columns]
```

通过比较两次输出的行数可以看出，这次输出的数据明显比上次减少了 100 多行。

（2）删除完重复的数据后，需要对这些文本进行预处理操作。由于评价文本是中文的，所以使用 jieba 库对评价文本进行处理。使用 lcut() 函数进行分词，该函数需要接收两个参数，第一个参数表示需要分词的字符串，cut_all 参数用来控制是否采用全模式分词，这里采用精确模式即可，具体代码如下：

```
In []: # 使用精确模式划分中文句子
       cut_words = jieba.lcut(str(file_data['评价信息'].values),
                   cut_all = False)
       cut_words
Out[]: ['[', "'", '穿', '上', '挺舒服', '的', '，', '是', '我', '有史以来',
        '在', '网上', '买', '的', '最', '漂亮', '最舒服', '的', '一件',
        '衣服', '了', '，', '面料', '也', '挺不错', '的', '，', '建议',
        '大家', '喜欢', '就', '立即', '购买', '吧', ...'大小', '合适', '，',
        '摸', '着', '比较', '薄', '，', '还', '送', '了', '我', '一个',
        '小', '本', "'", ']']
```

从上述结果中可以看出，程序返回了一个列表，该列表中包含了所有成词的结果，分词的结果中有很多诸如“了”“一个”“是”等字或词，它们对于分析用户的评价来说是没有意义的，需要参考中文停用词表，将这些没有无意义的词进行删除。

注意：由于中文的复杂性，大多数停用词表中的停用词并不是十分的齐全，所以，这里我们针对本案例中的文本稍微进行了一些调整，并整合到了“停用词表.txt”文件中。

（3）使用准备好的停用词表进行过滤。具体的做法就是遍历分词后的结果，如果某个词或字在停用词表中出现，就直接删除，否则就保留下来，具体代码如下：

```
In []: # 加载停用词表
       file_path = open(r'C:\Users\admin\Desktop\停用词表.txt',
                        encoding='utf-8')
```

```
new_data
stop_words = file_path.read()
# 新建一个空列表，用于存储删除停用词后的数据
new_data = []
for word in cut_words:
    if word not in stop_words:
       new_data.append(word)
```

```
Out[]: ['挺舒服', '有史以来', '网上', '买', '漂亮', '最舒服', '衣服', '面料',
 '挺不错', '建议', '喜欢', '立即', '购买', '衣服', '上身', '舒服',
 '布料', '裤子', '很大', '裤子', '改进', '完美', '男朋友', '买',
 '喜欢', '晒图', '做', '参考', '帅气', '满意', '图案', '个性',
 '比较', '符合', '高个子', '气质', '感觉', '物美价廉', '棒棒', '衣服',
 '穿着', '舒适', '掉色', '不会', '闷', '质量', '不错', '适合', '运动',
 '男朋友', '简直', '开心', '还会来', '回购', '不够', '差', '大小',
 '合适', '摸', '比较', '薄', '送']
```

从上述结果中可以看出，删除停用词之后目前的字或词可以大致体现评价的特征信息，不过后期还是需要统计这些词语出现的次数，才能进一步知晓用户对商品的喜恶。

（4）使用 NLTK 库中的 FreqDist 类进行词频统计，获得每个词语出现的次数，具体代码如下：

```
In []: # 词频统计
freq_list = FreqDist(new_data)
# 返回词语列表
most_common_words = freq_list.most_common()
most_common_words
```

```
Out[]: [('衣服', 3), ('买', 2), ('喜欢', 2), ('裤子', 2), ('男朋友', 2),
 ('比较', 2), ('挺舒服', 1), ('有史以来', 1), ('网上', 1), ('漂亮', 1),
 ('最舒服', 1), ('面料', 1), ('挺不错', 1), ('建议', 1), ('立即', 1),
 ('购买', 1), ('上身', 1), ('舒服', 1), ('布料', 1), ('很大', 1),
 ('改进', 1), ('完美', 1), ('晒图', 1), ('做', 1), ('参考', 1),
 ('帅气', 1), ('满意', 1), ('图案', 1), ('个性', 1), ('符合', 1),
 ('高个子', 1), ('气质', 1), ('感觉', 1), ('物美价廉', 1), ('棒棒', 1),
 ('穿着', 1), ('舒适', 1), ('掉色', 1), ('不会', 1), ('闷', 1),
 ('质量', 1), ('不错', 1), ('适合', 1), ('运动', 1), ('简直', 1),
 ('开心', 1), ('还会来', 1), ('回购', 1), ('不够', 1), ('差', 1),
 ('大小', 1), ('合适', 1), ('摸', 1), ('薄', 1), ('送', 1)]
```

从上述结果中可以看出，程序返回了一个列表，该列表中包含了多个元组，每个元组的第一个元素是字或词，第二个元素是字或词的频率，频率越高，元组排列的位置越靠前。观察前几个元组可知，出现频率比较高的词有衣服、喜欢、挺舒服等。

（5）使用 wordcloud 模块将删除停用词后的结果 new_data 进行词云展示。wordcloud 模块会将出现频率高的词语进行放大显示，而出现频率较低的词语进行缩小显示。要想在程序中使用 wordcloud 模块，需要先使用 pip 命令安装这个模块，具体命令如下：

```
!pip install wordcloud==1.8.2.2
```

（6）wordcloud 模块安装完成之后，将分词后的结果 new_data 使用 wordcloud 进行展示，

具体代码如下：

```
# 导入所需要使用的包
from matplotlib import pyplot as plt
from wordcloud import WordCloud
# 词云显示
font = r'C:\Windows\Fonts\STXINGKA.TTF'  # 华文行楷
wc = WordCloud(font_path = font, background_color = 'white',
     width = 1000, height = 800).generate(" ".join(new_data))
plt.imshow(wc)
plt.axis('off')               # 不显示坐标轴
plt.show()                    # 显示图片
```

运行代码，效果如图 8-7 所示。

图 8-7　词云图片

从图 8-7 中可以看出，“衣服”“比较”“喜欢”“挺舒服”这几个词是比较突出的，说明用户对商品的满意度总体是比较高的。

小　结

本章主要介绍了文本数据分析的知识，具体包括文本数据分析的工具、文本预处理、文本情感分析、文本相似度和文本分类。希望大家通过对本章的学习，可以熟悉文本预处理的基本流程，以便后续能更深入地去探索。

习　题

一、填空题

1. 词形归一化包括词干提取和________，它们会将派生词转化为基本形式。
2. ________是指为单词标注一个正确的词性。

3. ________是在处理自然语言文本之前或之后会自动过滤掉的没有具体意义的字或词。
4. ________是一套基于 Python 的自然语言处理工具包。
5. jieba 库支持________模式、全模式、搜索引擎模式共三种分词模式。

二、判断题

1. 在对文本数据进行分析之前不需要进行任何处理。 （ ）
2. 文本分词的目的在于使用单词来表示文本特征。 （ ）
3. 停用词表中可以随意添加任何词。 （ ）
4. 词干提取和词性还原的作用完全相同。 （ ）
5. jieba 库只能用于中文分词。 （ ）

三、选择题

1. 下列关于 NLTK 库的描述中错误的是（ ）。
   A. NLTK 擅长处理英文文本
   B. NLTK 包括分词、词性标注、命名实体识别及句法分析等功能
   C. NLTK 是一个免费的、开源的库
   D. NLTK 库安装完成后会自动下载语料库
2. （多选）下列选项中，属于英文文本预处理流程的是（ ）。
   A. 分词　B. 词性标注　C. 词性归一化　D. 删除停用词
3. 下列选项中，不属于 jieba 库支持的分词模式的是（ ）。
   A. 精确模式　B. 全模式　C. 搜索引擎模式　D. 繁体分词模式
4. 请阅读下面一段程序：

```
from nltk.corpus import stopwords
import nltk
sentence = 'Life is short,you need Python.'
words = nltk.word_tokenize(sentence)
stop_words = stopwords.words('english')
remain_words = []
for word in words:
    if word not in stop_words:
        remain_words.append(word)
print(remain_words)
```

执行上述程序，最终输出的结果为（ ）。
   A. ['Life', 'short', ',', 'need', 'Python', '.']
   B. ['Life', 'short', 'need', 'Python',]
   C. ['Life', 'is', 'short', ',', 'need', 'Python', '.']
   D. ['Life', 'short', ',', 'you' ,'need', 'Python', '.']
5. 阅读下面一段程序：

```
import jieba
sentence = '人生苦短，我用 Pyhton'
terms_list = jieba.cut(sentence, cut_all=True)
print(' '.join(terms_list))
```

执行上述程序，最终输出的结果为（　　）。

A. 人生 苦短， 我用 Pyhton　　B. 人生 苦短， 我 用 Pyhton

C. 人生苦短　我 用 Pyhton　　D. 人 生 苦 短　我 用 Pyhton

四、简答题

1. 简述文本预处理的基本流程。
2. 简述基于情感词典进行情感分析的基本思路。

第 9 章
机器学习入门

学习目标

- ◆ 了解机器学习，能够简述什么是机器学习
- ◆ 熟悉机器学习的基本概念，能够归纳机器学习涉及的基本概念
- ◆ 了解机器学习算法的分类，能够区分监督学习、无监督学习和强化学习
- ◆ 了解机器学习解决问题的流程，能够描述机器学习解决问题的流程
- ◆ 熟悉机器学习库 scikit-learn，能够列举至少 3 个 scikit-learn 的模块和数据集
- ◆ 掌握 KNN 算法，能够使用 scikit-learn 的 API 实现 KNN 算法

在这个数据为王的时代，海量数据已经远远超出了直接计算的可能性，若想要从海量的数据中高效地提取有价值的信息，需要用到专门的学习算法，这就是机器学习的作用所在。本章为大家介绍机器学习的相关内容，相信大家会惊叹机器学习的神奇并为之着迷的。

9.1 机器学习简介

9.1.1 什么是机器学习

学习是人具有的一种重要智能行为，而机器学习（Machine Learning，简称 ML），从字面意思来看，就是让机器（包括计算机、电子计算机、中子计算机、光子计算机、神经计算机等）具备和人类一样的学习能力，包括决策、推理、认知、识别等智能行为。换个说法解释，机器学习研究的是计算机怎么模拟或实现人类的学习行为，它能够通过给定数据和一定的学习规则，从数据中获取新的知识技能，并识别现有知识的学问，如图 9-1 所示。

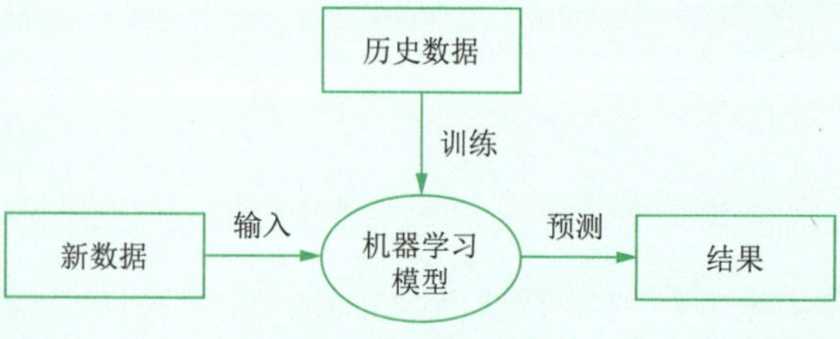

图 9-1　机器学习

机器学习是一种能够从数据中学习的算法，然而我们所谓的“学习”是什么意思呢？汤姆米切尔（Tom Michael Mitchell）于 1997 年提供了一个简洁的定义：对于某类任务 T 和性能目标 P，一个计算机程序被认为可以从经验 E 中学习，通过经验 E 改进后，它在任务 T 上由性能度量衡量的性能有所提升。

汤姆·米切尔定义“学习”时，提到三个概念，分别是任务 T，训练经验 E 和性能目标 P，这三个概念是构建机器学习算法的核心要素，是比较抽象的，这里我们结合中国象棋程序的例子，解释机器学习算法的这三个要素，具体如表 9-1 所示。

表 9-1　中国象棋程序

概　念	中国象棋程序
任务 T	人机对弈
性能目标 P	比赛中击败对手的概率
训练经验 E	和机器对弈

表 9-1 列举的中国象棋程序，如果人机对弈几万甚至几十万次后，象棋程序会通过观察哪些布局容易赢，哪些布局容易输，从而获取丰富的下棋经验，成为下棋高手。这个过程中，人机对弈就是机器学习的任务 T，在比赛中击败对手的概率或者百分比，就是评估机器学习的性能目标 P，而和机器无数次的对弈，则是机器学习的训练经验 E。

9.1.2 机器学习的基本概念

机器学习通过研究给定的数据，从数据中获得某种规则，从而得到某种知识技能。在介绍机器学习的基本概念之前，先认识一下机器学习的数据，再引出本节要介绍的机器学习的基本概念。

在机器学习领域有一个比较著名的鸢尾花数据集，该数据集记录了三类鸢尾花，分别是变色鸢尾花（Iris Versicolour）、山鸢尾花（Iris Setosa）和维吉尼亚鸢尾花（Iris Virginica），如图 9-2 所示。

山鸢尾花（Iris Setosa）　变色鸢尾花（Iris Versicolour）　维吉尼亚鸢尾花（Iris Virginica）

图 9-2　三类鸢尾花

在鸢尾花数据中，每一类鸢尾花收集了 50 条记录，每条记录代表的是一朵花的数据，整个鸢尾花数据集共 150 条记录。每一条记录包括 4 个属性，分别是萼片长度、萼片宽度、花瓣长度和花瓣宽度。表 9-2 罗列的是不同类型鸢尾花属性的部分统计值。

表 9-2 不同类型鸢尾花属性的部分统计值

萼片长度（cm）	萼片宽度（cm）	花瓣长度（cm）	花瓣宽度（cm）	种　类
4.9	3	1.4	0.2	0
6.1	3.2	4.7	1.4	1
5.9	3	5.1	1.8	2

在表 9-2 中，种类一列的数字 0、1、2 分别代表山鸢尾花、变色鸢尾花和维吉尼亚鸢尾花。

下面以表 9-2 所示的鸢尾花数据为例，介绍机器学习中和数据相关的一些基本概念，具体如下。

（1）数据集（dataset）：简单来说，就是数据的集合。例如，鸢尾花数据集就是 150 个鸢尾花不同部分测量结果的集合。大部分机器学习算法的经验就是从数据集上获取的。

（2）样本（sample）：数据集的每一行数据称为一个样本，数据集有多少行，就代表有多少个样本。例如，表 9-2 所示的数据集共有 3 个样本。

（3）特征（feature）：除最后一列外，其余每一列表达的都是样本的一个特征，例如，萼片长度就是鸢尾花样本的一个特征。

在机器学习中，通常使用矩阵表示所有特征，矩阵有多少行，说明有多少个样本，矩阵有多少列，说明有多少个特征。为了后续讲解方便，这里我们约定，使用矩阵 $\boldsymbol{X}$ 表示数据集特征，其中，第 i 个样本记作 $X^{(i)}$，第 i 个样本第 j 个特征记作 $X_j^{(i)}$。

（4）标签（label）：最后一列是标签，表示样本的所属类别，这是机器学习最终要预测的结果。在机器学习中，通常使用向量表示所有标签。这里，我们约定使用向量 $\boldsymbol{y}$ 表示标签，第 i 个样本的标签记作 $y^{(i)}$。

（5）特征空间（feature space）：分别以每个特征作为一个坐标轴，所有特征所在坐标轴组成的一个用于描述不同样本的空间，称为特征空间。例如，鸢尾花萼片长度和萼片宽度两个特征可以组成一个二维的特征空间，如图 9-3 所示。

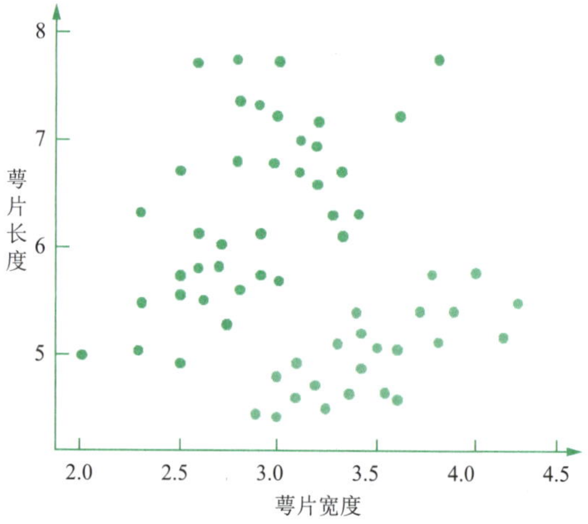

图 9-3 鸢尾花特征空间

（6）特征向量：在特征空间中，每个样本对应空间中的一个点，也称为样本点，每个样本点对应特征空间的一个向量，称为特征向量。通常情况下，特征向量是一个列向量。例如，表 9-2 中第 1 个样本，使用特征向量记作：

$$\boldsymbol{X}^{(1)}=\begin{bmatrix}4.9\\3\\1.4\\0.2\end{bmatrix}$$

当然，机器学习中的概念还有很多，这里只是介绍了一些基本的概念，在后面的学习中会逐步给大家普及其他概念。希望大家通过对这些概念的学习，可以更加全面地了解机器学习。

9.1.3　机器学习算法的分类

根据数据集组成不同，可以把机器学习的算法主要分为监督学习、无监督学习和强化学习，如图 9-4 所示。

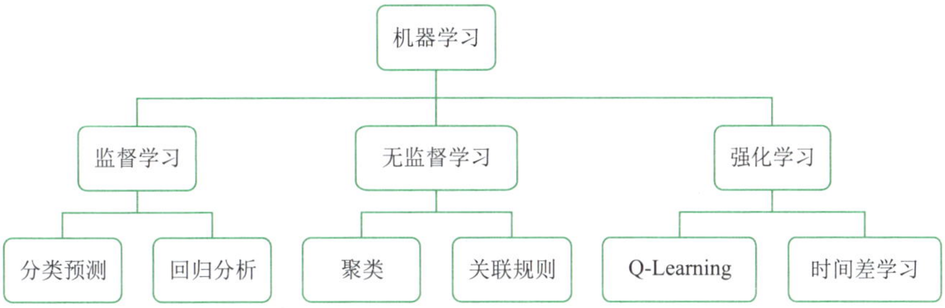

图 9-4　机器学习算法分类

下面针对机器学习的各种算法类型进行讲解。

1. 监督学习

监督学习指的是利用一组已知类别的样本作为训练集，调整分类器的参数，使其达到所要求性能的过程，也称为监督训练。在监督学习中，每个实例都是由一个输入对象和一个期望的输出值组成的，它是通过分析训练数据产生一个推断功能，然后用于映射出新的实例。

监督学习根据输出值的不同主要分为回归和分类两类问题，若输出值是一个连续值，则属于回归问题；若输出值是一个离散值，则属于分类问题。

在回归问题中，我们预测的是一个连续值，也就是说，我们试图将输入和输出用一个连续函数对应起来。例如，通过房地产市场的数据，预测一个给定面积的房屋的价格就是一个回归问题。而在分类问题中会预测一个离散值，我们试图将输入变量和离散的变量对应起来。例如，给定医学数据，通过肿瘤的大小来预测该肿瘤是恶性肿瘤还是良性肿瘤就是一个分类问题。

2. 无监督学习

现实生活中常常有这样的问题，缺乏足够的先验知识，难以人工标注类别或者进行人工类别标注的成本太高，希望计算机能代我们完成这些工作，或者至少提供一些帮助。根据类别未知的训练样本解决模式识别中的各类问题，称为无监督学习。

无监督学习分为聚类和关联规则两类问题，具体介绍如下。

（1）聚类类似于分类，但与分类的目的不同。聚类针对数据的相似性和差异性将一组数据分为几个类别，属于同一个类别的数据间的相似性很大，不是同一类别之间数据的相似性很小，跨类的数据关联性很低。例如，新闻网站根据主题将不同的新闻分为很多主题，然后将同一个主题的新闻放在一起，当单击某一主题的新闻时，打开的链接展示的都是关于该主题的新闻。

（2）关联规则则是隐藏在数据项之间的关联或者相互关系，我们可以通过一个数据项的出现推导出其他数据项的出现。关联规则的挖掘首先需要从海量原始数据中找出所有的高频数据项，然后从这些高频数据项中产生关联规则。例如，现在很多电商 APP 通过客户的搜索信息来改善自身营销方式，使用的就是关联规则。

3．强化学习

强化学习又称再励学习、评价学习，它是从动物学习、参数扰动自适应控制等理论发展而来，其基本原理如图 9-5 所示。

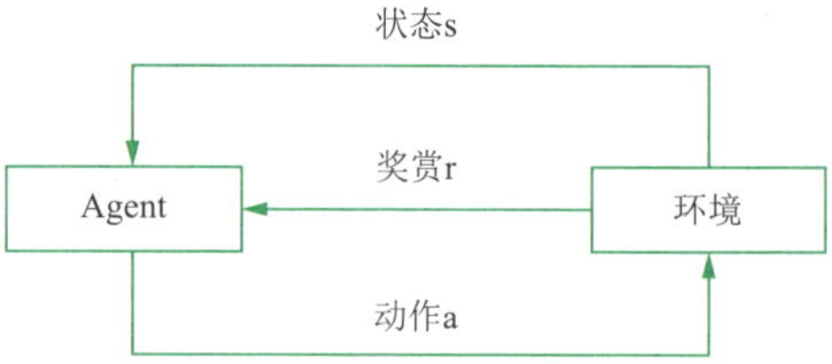

图 9-5 强化学习的基本原理

图 9-5 中涉及五个元素，分别是 Agent、环境、状态、动作、奖赏，其中 Agent 选择一个动作用于环境，环境接收该动作后状态发生变化，同时产生一个强化信号反馈给 Agent，Agent 根据强化信号和环境当前的状态再选择下一个动作，选择的原则是使受到奖励的概率增大。例如，小孩学走路，假设小孩是 Agent，他试图通过采取行动（即行走）来操作环境（行走的表面），并且从一个状态转换为另一个状态（即他走的每一步），当他完成任务的子任务（即走了几步）时，孩子得到奖励（给巧克力吃），并且当他不走路时，就不会给他奖励。

9.1.4 机器学习解决问题的流程

随着大数据时代的到来，机器学习成为解决问题的一种重要而且关键的工具。对于任何一个打算由机器学习来解决的问题，都存在一种“套路”，只要按照这种“套路”执行，必然会得到一个结果。接下来，通过一张图来描述机器学习解决问题的流程，具体如图 9-6 所示。

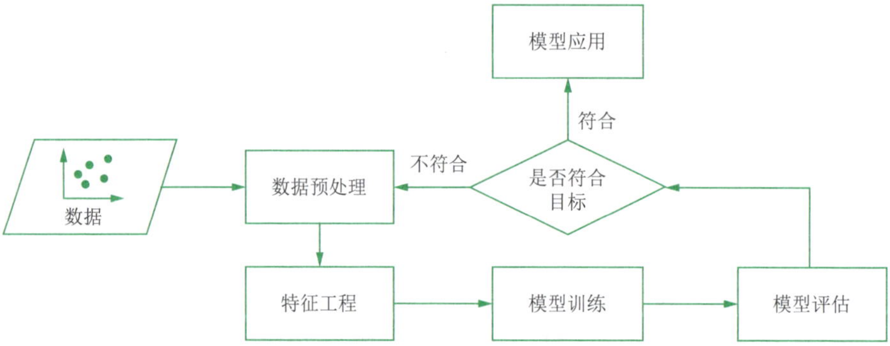

图 9-6 机器学习解决问题的工作流程

下面针对图 9-6 的流程进行具体介绍。

（1）由于机器学习围绕的都是具体的业务，所以围绕业务需求，需要搜集相关的带标签的原始数据，这些数据搜集的数量越多，后期所做出的预测或者判断会更精准。

（2）拿到数据后，先要对数据进行预处理，从而提高数据质量。例如，通过数据重塑的方式将原始数据整理成需要的格式，通过数据清洗策略处理缺失值、重复值以及异常值等。

（3）数据处理后，后期很重要的一步是做特征工程。特征工程是利用数据领域的相关知识来创建能够使机器学习算法达到最佳性能的特征的过程，这个过程包括特征选择、特征构建、特征提取和特征选择等模块。可以说，特征工程是机器学习成功的关键，它的目的就是获取更好的训练数据。

（4）特征处理完后，进行机器学习模型的训练。这里的“模型”可以简单理解为函数，根据已有的数据，通过一些方法来确定函数的参数，参数确定后的函数就是训练的结果，然后将验证数据代入函数求值。

（5）对模型在验证数据集上面的泛化功能进行度量，评估模型性能的好坏。在模型评估过程中，可能会出现各种问题，比如过拟合、欠拟合等。为了使模型的训练结果更优，需要对问题进行分析，同时还要采用一些方法对所选的模型进行调参，最终获得一个模型，这个模型将被应用于后期新数据的预测和分类。

注意：原始数据最好分为两部分，其中 80% 的数据作为训练数据，保留 20% 的数据作为验证数据。

多学一招：过拟合和欠拟合

过拟合和欠拟合主要描述的是模型评估的两种表现，关于它们的介绍如下。

1. 过拟合

当模型设计过于复杂时，由于拟合过程中过度考虑数据中的细节，甚至使用了许多噪声，使得模型过分依赖训练数据，导致模型在新数据集上的表现很差，这种情况称为过拟合现象。换句话解释就是，一个模型在训练数据集上表现很好，但在测试数据集上表现很差。

为了帮助大家更好地理解过拟合，接下来，通过机器识别天鹅图片的例子，形象地描述过拟合现象，具体如图 9-7 所示。

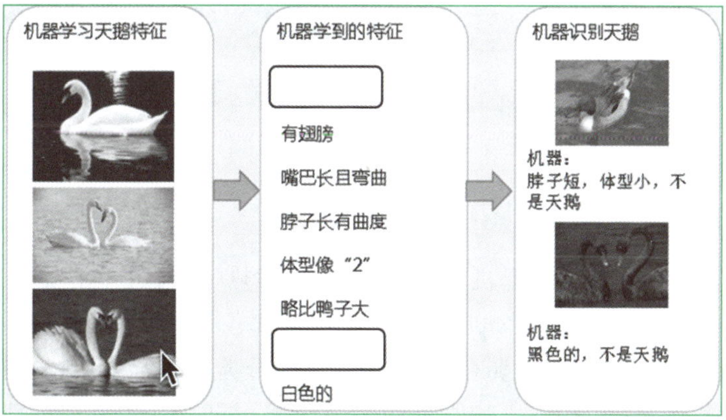

图 9-7　过拟合

在图 9-7 中，首先机器通过一些天鹅的图片学习天鹅的特征，包括“有翅膀”“嘴巴长且弯曲”“脖子长有曲度”“体型像 2”“略比鸭子大”“白色的”，根据这些特征设计了一个天鹅识别模型并识别一些图片。观察机器识别第一张图片的结果可知，机器正确地识别了不是天鹅的图片；观察机器识别第二张图片的结果可知，机器错误地识别了是天鹅的图片。

综上所述，机器基本能够区别天鹅与其他动物，但是由于训练模型时使用的天鹅图片都是白天鹅，模型把“白色的”作为天鹅的一个特征，所以机器会认为天鹅的羽毛必须白色的，之后识别羽毛是黑色的天鹅会认为不是天鹅。

2. 欠拟合

当模型设计过于简单时，由于没有充分考虑数据集中的特征，使得模型的拟合能力不强，导致模型在训练数据集和测试数据集上表现都很差，这种情况称为欠拟合现象。

为了帮助大家更好地理解欠拟合，接下来，通过机器识别天鹅图片的例子，形象地描述欠拟合现象，具体如图 9-8 所示。

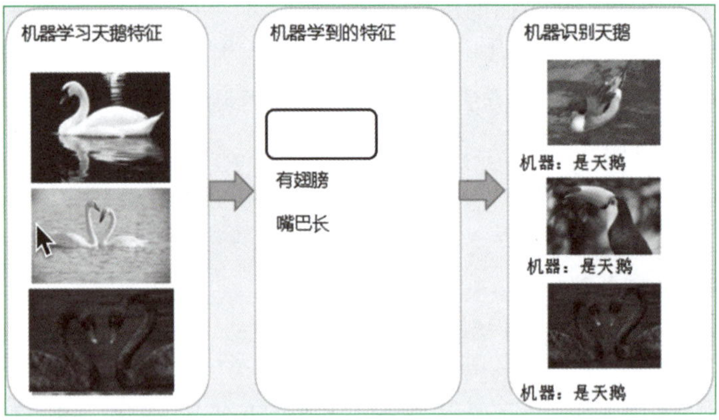

图 9-8　欠拟合

在图 9-8 中，首先机器通过一些天鹅的图片学习天鹅的特征，包括“有翅膀”“嘴巴长”，根据这些特征设计了一个天鹅识别模型并识别一些图片。观察机器识别前两张图片的结果可知，机器错误地识别了不是天鹅的图片；观察机器识别第三张图片的结果可知，机器正确地识别了是天鹅的图片。

综上所述，机器无法准确地区别天鹅与其他动物，这是因为训练模型时机器学到的天鹅特征过少，区分天鹅与其他动物的标准过于粗糙，所以机器会认为只要有翅膀、嘴巴长的动物都是天鹅。

9.1.5　认识机器学习库 scikit-learn

scikit-learn（也称为 sklearn）是机器学习领域中非常热门的基于 Python 语言的开源库，它依赖于 NumPy、pandas、SciPy、Matplotlib 等一些扩展库，不仅涵盖了一些有助于初学者学习机器学习的经典样例数据集，而且拥有很多用于回归、分类、聚类等问题的高效算法，包括支持向量机、随机森林、梯度提升、k 均值和 DBSCAN 等，同时还提供了预处理、模型拟合、模型评估等一些功能。

sklearn 拥有一套设计高效的 API，它包含了大量用于机器学习的模块，接下来，通过表格罗列 sklearn 库的常用模块，具体如表 9-3 所示。

表 9-3　sklearn 库的常用模块

模 块 名	说　明
base	包含所有估计器的基类和常用函数
calibration	包含一些用于预测概率校准的类和函数
cluster	包含常用的无监督聚类算法实现
covariance	包含用于估计给定点集协方差的算法实现
cross_decomposition	主要包含偏最小二乘法和经典相关分析算法的实现
datasets	包含加载常用参考数据集和生成模拟数据的工具

续表

模 块 名	说 明
decomposition	包含矩阵分解算法的实现，比如主成分分析（PCA）、非负矩阵分解（NMF）、独立成分分析（ICA）等
discriminant_analysis	主要包含线型判别分析（LDA）和二次判别分析（QDA）算法
dummy	包含使用简单规则的分类器和回归器，可以作为比较其他真实分类器和回归器好坏的基线，不直接用于实际问题
ensemble	包含用于分类、回归和异常检测的集成方法
feature_selection	包含特征选择算法的实现，目前有单变量过滤选择方法和递归特征消除算法
kernel_approximation	实现了几个基于傅里叶变换的近似核特征映射
kernel_ridge	实现了核岭回归（KRR）
metrics	包含评分函数、性能度量、成对度量和距离计算
model_selection	实现了多个交叉验证器类，以及用于学习曲线、数据集分割的函数
naive_bayes	实现了朴素贝叶斯算法
neighbors	实现了 K 近邻算法
inspection	包含用于模型检测的工具
svm	实现了支持向量机算法
utils	包含一些常用工具，比如查找所有正数中最小值的函数、计算稀疏向量密度的函数

在表 9-3 中，datasets 模块封装了一些专门给初学者学习的数据集，初学者通过这些数据集可以快速搭建机器学习的任务，对比模型的性能。接下来，通过表格罗列 sklearn 库的常用数据集，具体如表 9-4 所示。

表 9-4　sklearn 库的常用数据集

数 据 集	说 明
load_breast_cancer	肿瘤数据集，特征为连续值变量，标签为 0 或 1 的二分类任务
load_iris	鸢尾花数据集，特征为连续值变量，标签为 0、1、2 的三分类任务，且各类样本数量均衡，均为 50 个
load_wine	红酒数据集，与鸢尾花数据集的特点类似，也适用于连续特征的 3 分类任务，不同之处在于各类样本数量轻微不均衡
load_digits	小型手写数字数据集，特征是离散值变量，包含 0 ～ 9 共 10 种标签，各类样本数量均衡
load_boston	波士顿房价数据集，连续特征拟合房价，适用于回归任务

限于篇幅有限，关于 sklearn 库的更多内容，有兴趣的读者可以到官网进行学习，此处不再赘述。

9.2　KNN 算法

KNN（K-NearestNeighbor）算法又称为 K 近邻算法，它思想简单、应用数学知识少，非常适合作为初学者接触机器学习的入门算法，通常被应用在分类或回归的场景中。本节重点介绍 KNN 算法用于分类的情况。

9.2.1 KNN 算法的思想

KNN 属于监督学习算法，它的实现思想是，如果一个样本在特征空间中的 *K* 个最相邻的样本中，大多数属于某个类别，则该样本属于该类别。也就是说，使用 KNN 算法进行分类时，依据的是特征空间中最邻近的样本类别来决定待分类样本的所属类别，这有点类似我们所说的“物以类聚”“近朱者赤”的道理。

为了大家更好理解 KNN 算法，下面我们以诊断肿瘤的场景为例，介绍 KNN 算法是如何进行分类的。假设有一个描述肿瘤类型的特征空间，该特征空间共有 9 个肿瘤样本，如图 9-9 所示。

在图 9-9 中，9 个肿瘤样本代表的是不同性质的肿瘤，其中浅色的数据表示恶性肿瘤，深色的数据表示良性肿瘤。

如果此时有一个未知样本，该如何判断这个样本表示的肿瘤是良性还是恶性呢？ KNN 算法的做法是，先取一个 *K* 值，这里假设 *K*=3，也就是意味着要寻找距离未知样本最近的 3 个样本，具体如图 9-10 所示。

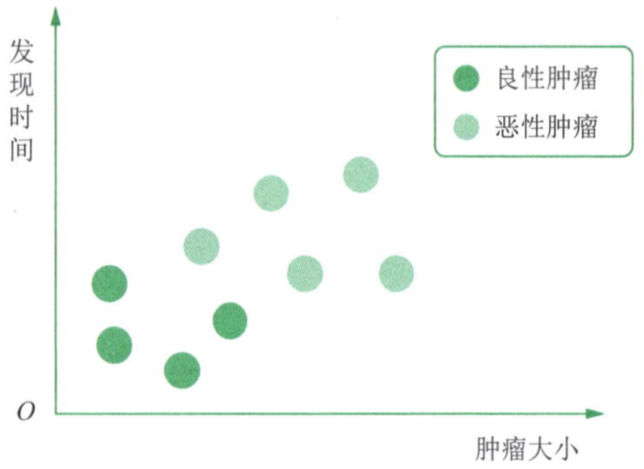

图 9-9　诊断肿瘤类型

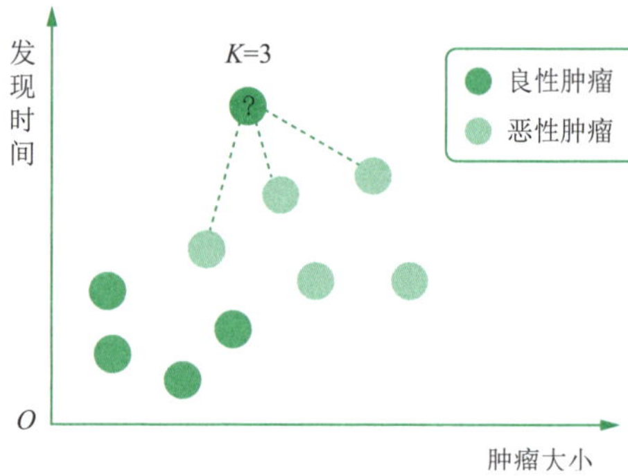

图 9-10　寻找最近的 3 个样本

在图 9-10 中，标记问号的样本是未知样本，与未知样本连线的 3 个样本是距离未知样本最近的 3 个样本。从图 9-10 中可以看出，由于距离未知样本最近的 3 个样本都是恶性肿瘤，所以 KNN 算法会将未知样本划分为恶性肿瘤。

同理，如果再次出现了一个未知样本，同样使 *K*=3，这次离未知样本最近的有 2 个良性肿瘤和 1 个恶性肿瘤，按照 KNN 算法思想，会得出未知样本是良性肿瘤的结论。

9.2.2 使用 sklearn 实现 KNN 算法

sklearn.neighbors 模块中主要提供了 KNeighborsClassifier 类，该类封装了 KNN 算法的相关功能，该类构造方法的语法如下：

```
__init__(self, n_neighbors=5, weights='uniform', algorithm='auto',
         leaf_size=30, p=2, metric='minkowski', metric_params=None,
         n_jobs=1, **kwargs)
```

上述构造方法部分参数的含义如下：

（1）n_neighbors：用于指定 K 值，表示选择多少个距离最小的样本，默认值是 5。

（2）weights：表示距离权重，可能的取值有：

- uniform：默认值，表示每个领域内的所有样本点具有相同的权重。
- distance：使用距离的倒数作为权重，距离越小，权重越大。

除此之外，weights 的值还可以是自定义可调用对象，接收包含距离的数组，返回包含权重的同样形状的数组。

（3）algorithm：计算最近邻使用的算法，可能的取值有：

- brute：计算未知样本与所有样本的距离。
- ball_tree：通过构建球树加速寻找最近邻样本的过程。
- kd_tree：通过构建 KD 树加速寻找最近邻样本的过程。
- auto：自动选择最合适的算法。

（4）leaf_size：球树算法和 KD 树算法中使用的叶子大小，对构造和查询素材以及存储树需要的内存空间有影响。

（5）metric：距离计算公式，默认使用闵可夫斯基距离。

（6）p：对应于闵可夫斯基距离计算公式中的 p，若 p=1 表示曼哈顿距离，若 p=2 表示欧几里得距离。

接下来，以一个训练集为例，通过一个案例演示如何使用 sklearn 提供的 API 实现 KNN 算法，具体步骤如下。

（1）准备训练数据集，具体代码如下：

```
In []: import numpy as np
       data_x = [[3.3423,3.1234], [3.1243,5.1234], [2.5634,4.5672],
                 [2.2123,4.5332], [4.3495,4.4321], [4.4523,4.6712],
                 [3.6323,5.9381], [5.2931,3.4592]]
       data_y = [0, 0, 0, 0, 1, 1, 1, 1]
       X_train = np.array(data_x)
       y_train = np.array(data_y)
```

（2）创建 KNeighborsClassifier 类的对象，通过该对象的 fit() 方法对训练数据集进行拟合，生成预测模型，具体代码如下：

```
In []: from sklearn.neighbors import KNeighborsClassifier
       # 创建 KNeighborsClassifier 类的对象，并指定 K 值为 3
       model = KNeighborsClassifier(n_neighbors=3)
       # 拟合从训练数据集得到的分类器
       model.fit(X_train, y_train)
Out[]: KNeighborsClassifier(n_neighbors=3)
```

（3）准备测试数据，使用预测模型生成预测，具体代码如下：

```
In []: x = np.array([4.1212,4.9342])
       x_test = x.reshape(1, -1)
       # 预测测试数据集的标签
       model.predict(x_test)
Out[]: array([1])
```

从上述结果可以看出，使用 KNN 算法最终预测未知样本的标签是 1。

9.2.3 超参数

大多数机器学习算法都有超参数（Hyperparameters），超参数指的是在模型训练之前要设置的参数，用来控制算法行为。

在 KNN 算法中，常用的超参数有三个，分别是指定 K 值的 n_neighbors、距离权重 weights 以及闵可夫斯基距离计算公式中的 p，这三个参数都在 KNeighborsClassifier 类的构造方法中。

接下来，以 sklearn 库自带的肿瘤分类数据集为例，介绍如何寻找比较好的超参数 n_neighbors、weights 以及 p。为了后续讲解方便，这里先导入例子中用到的数据集，并将数据集分割为训练数据集和测试数据集，具体代码如下：

```
In []: from sklearn.datasets import load_breast_cancer
       from sklearn.model_selection import train_test_split
       from sklearn.neighbors import KNeighborsClassifier
       # 获取肿瘤数据集
       data = load_breast_cancer()
       X = data["data"]
       y = data["target"]
       # 将数据集分割为训练数据集和测试数据集
       X_train, X_test, y_train, y_test = train_test_split(X, y,
                                          test_size=0.2, shuffle=False)
       X_train.shape
Out[]: (455,30)
In []: X_test.shape
Out[]: (114,30)
```

从两次输出的结果可以看出，在 sklearn 库自带的肿瘤数据集中，记录了肿瘤的 30 个特征，其中训练集样本有 455 个，测试集样本有 114 个。

关于超参数 n_neighbors、weights 以及 p 的介绍如下。

1. 超参数 n_neighbors

在 KNN 算法中，K 值会决定最终的预测结果，那么超参数 K 值到底设置为多少合适呢？我们先将 K 设置为 3，看一下模型的准确率，示例代码如下：

```
In []: model = KNeighborsClassifier(n_neighbors= 3)
       model.fit(X_train, y_train)
       model.score(X_test,y_test)
Out[]: 0.9298245614035088
```

从上述结果中可以看出，当将 n_neighbors 的值设置为 3，即 K 值为 3 时，训练模型的准确度大约是 0.93，即模型准确率约为 93%，这个结果看起来还不错，但这是最好的 K 值吗？接下来，我们使用最简单的循环方式，计算 K 值为 1，2，3…10 时的准确率，从而得到 1 ～ 10 范围内最好的 K 值及对应的准确率，示例代码如下：

```
In []: best_score = 0.0        # 最高准确率
       best_k = -1             # 最好大值
       for k in range(1, 11):
```

```
    knn_model = KNeighborsClassifier(n_neighbors=k)
    knn_model.fit(X_train, y_train)
    score = knn_model.score(X_test, y_test)
    if score > best_score:
        best_k = k
        best_score = score
print("best_k=", best_k)
print("best_score=", best_score)
Out[]: best_k= 5
       best_score= 0.9385964912280702
```

从上述结果中可以看出，比较好的 K 值是 5，此时模型的准确率可以高达约 94%。值得一提的是，搜索最佳参数时要考虑边界值，例如上述计算 K 值时，选择的范围是 1 ～ 10，由于不排除 K 取大于 10 的某个值时，模型准确率会更高，所以在实际操作中，会适当扩展 K 值的范围进行再次搜索，比如，针对 K 为 8 ～ 20 的范围再次搜索，看看有没有可能得到更好的超参数 K，这个过程就是调参的一个小技巧。

2．超参数 weights

KNN 算法在对未知样本预测时，会根据周边最相邻样本的数量进行预测，但是这样的预测方式会存在一个问题，比如图 9-11 所示的肿瘤预测，在 K 值为 4 的情况下，最终恶性肿瘤和良性肿瘤的个数都是 2，如何判断未知样本属于恶性肿瘤还是良性肿瘤呢？

再比如图 9-12 所示的肿瘤预测，在 K 值为 3 的情况下，恶性肿瘤的个数是 2 个，良性肿瘤的个数是 1 个，此时未知样本很可能会被划分为恶性肿瘤。但是从距离来说，未知样本显然离良性肿瘤样本更近，属于良性肿瘤的概率更大一些。

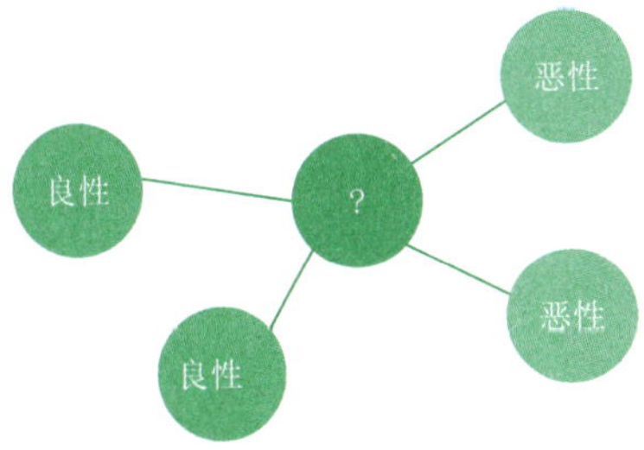

图 9-11　肿瘤预测（1）

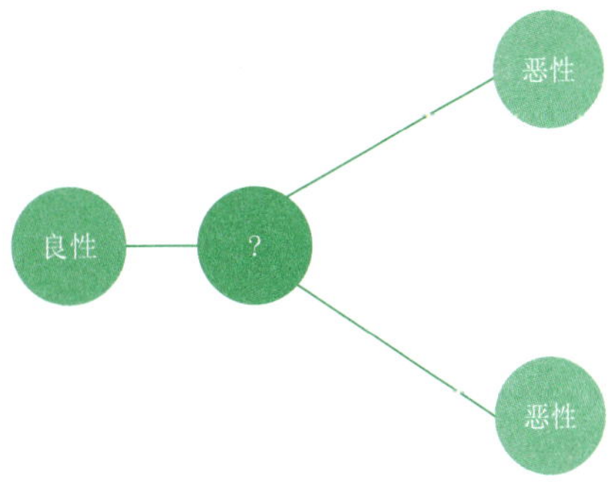

图 9-12　肿瘤预测（2）

之所以出现上述问题，是因为在分类时忽略了样本的距离权重。为了解决这种问题，KNN 算法引入了考虑距离权重的超参数 weights，它有两个选项，分别是 uniform 和 distance，其中 uniform 是默认选项，表示所有样本具有相同的距离权重，distance 使用距离的倒数作为权重，距离越小，权重越大。

以图 9-12 为例，假设未知样本到四个样本点的距离为 1、2、4、5，那么，它们之间的距离权重依次为 1、1/2、1/4、1/5，分别将良性肿瘤和恶性肿瘤的距离权重相加，发现良性肿瘤的距离权重大于恶性肿瘤的距离权重，所以最终未知样本划分为良性肿瘤，具体如图 9-13 所示。

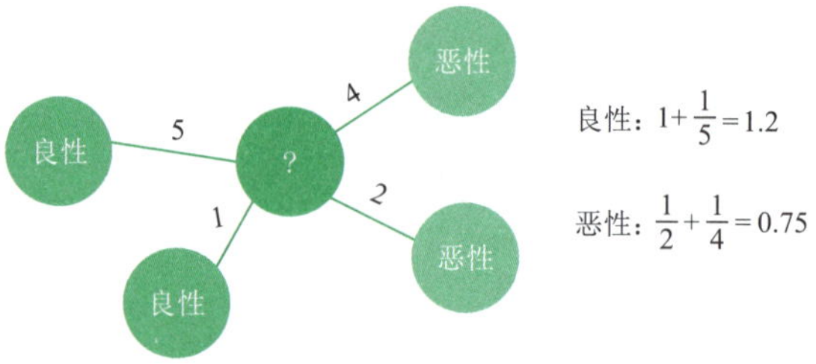

图 9-13 计算距离

既然 KNN 算法提供的超参数 weights 有两个选项，那么到底使用哪个更合适？下面，我们再次使用循环遍历的方式演示一下如何寻找合适的超参数 weights，示例代码如下：

```
In []: best_score = 0.0
       best_k = -1
       best_weight = ""
       for w in ["uniform", "distance"]:
           for k in range(1, 11):
               knn_model=KNeighborsClassifier(n_neighbors=k, weights=w)
               knn_model.fit(X_train, y_train)
               score=knn_model.score(X_test, y_test)
               if score > best_score:
                   best_k = k
                   best_score = score
                   best_weight = w
       print("best_k=", best_k)
       print("best_score=", best_score)
       print("best_weight=", w)
Out[]: best_k= 5
       best_score= 0.9385964912280702
       best_weight= distance
```

从上述结果可以看出，当前训练模型在 K 值为 5，距离权重使用 distance 计算的情况下，模型准确率高达约 94%。

3．超参数 p

考虑到距离，不得不提另外一个概念，那就是距离是如何定义的？至今为止，我们提到的距离多为欧几里得距离。欧几里得距离的公式如下：

$$\sqrt{\sum_{i=1}^{n}(X_i^{(a)}-X_i^{(b)})^2} \tag{9-1}$$

其实，除了欧几里得距离，还有一种常用的距离公式叫曼哈顿距离，公式如下：

$$\sum_{i=1}^{n}\left|X_i^{(a)}-X_i^{(b)}\right| \tag{9-2}$$

欧几里得距离和曼哈顿距离的公式很相似，其实他们有一个更通用的公式，具体如下：

$$\left(\sum_{i=1}^{n}\left|X_i^{(a)}-X_i^{(b)}\right|^p\right)^{\frac{1}{p}} \tag{9-3}$$

这就是闵可夫斯基距离，超参数 p 可以改变我们计算距离的方式。其中，曼哈顿距离和欧几里得距离分别是 p 为 1 和 2 的情况。

同样，我们使用循环遍历的方式继续寻找合适的超参数 p，具体代码如下：

```
In []: best_score = 0.0
       best_k = -1
       best_p = -1
       for k in range(1, 11):
           for p in range(1, 6):
               knn_model = KNeighborsClassifier(n_neighbors=k,
                                    weights="distance", p=p)
               knn_model.fit(X_train, y_train)
               score = knn_model.score(X_test, y_test)
               if score > best_score:
                   best_k = k
                   best_score = score
                   best_p = p
       print("best_k=", best_k)
       print("best_score=", best_score)
       print("best_p=", best_p)
Out[]: best_k= 9
       best_score= 0.956140350877193
       best_p= 1
```

从上述结果在可以看出，当前训练模型在 K 值为 9，p 为 1 的情况下，模型准确率高达约 96%。

9.2.4　网格搜索与交叉验证

KNN 在机器学习中是相对比较简单的算法，但是 KNN 的超参数不少，例如，下面代码中的参数都属于超参数。

```
KNeighborsClassifier(
    n_neighbors=5, *, weights='uniform', algorithm='auto',
    leaf_size=30, p=2, metric='minkowski', metric_params=None,
    n_jobs=None, **kwargs,
)
```

如果使用循环遍历的方式尝试寻找所有超参数的最佳值，每多一个参数，就要多一层循环，越多的循环语句只会让程序的执行效率更慢。网格搜索可以解决这一问题。

网格搜索（Grid Search）是一种穷举搜索方法，它通过遍历给定的参数组合来优化模型，其原理类似在数组里面找最大值的过程。假设现在有两个参数，分别是 k 和 p，其中，参数 k 有 3 种可能性，参数 p 有 4 种可能性，把所有可能性列出来，可以表示成一个 3×4 的表格，如图 9-14 所示。

	k=1	k=2	k=3
p=1	k=1, p=1	k=2, p=1	k=3, p=1
p=2	k=1, p=2	k=2, p=2	k=3, p=2
p=3	k=1, p=3	k=2, p=3	k=3, p=3
p=4	k=1, p=4	k=2, p=4	k=3, p=4

图 9-14　参数所有可能性

在图 9-14 中，每一个格子就是一个网格，网格搜索就是在每个网格里面遍历搜索，尝试了所有参数组合后，返回一个合适的调参器，自动将参数调整至最佳参数组合。

sklearn 提供了一个网格搜索工具类 GridSearchCV，它可以自动调参，只要把所有的参数可能性输入，就会得到一个合适的调参器以及合适参数。GridSearchCV 类的构造方法的语法格式如下：

```
GridSearchCV(estimator, param_grid, *, scoring=None, n_jobs=None,
             refit=True, cv=None, verbose=0, pre_dispatch='2*n_jobs',
             error_score=nan, return_train_score=False)
```

GridSearchCV() 方法中重要参数的含义如下：

（1）estimator：表示使用的分类器。

（2）param_grid：表示需要优化的参数取值，值为字典或者列表。

（3）scoring：模型评价标准，默认是 none，这时需要使用 score() 函数。如果为 none，则使用 estimator 的误差估计函数。

（4）n_jobs：表示并行数，默认为 1，当 n_jobs=-1 时，表示使用所有处理器。

（5）refit：默认值为 true。当设置为 true 时，程序会使用交叉验证训练集获取最佳参数，并在搜索参数结束后重新训练全部数据集，以得到性能评估所使用的最佳模型参数。简而言之，它会对所有可能的训练集与测试集进行再次 fit，获取最佳模型参数并最终进行性能评估。

（6）cv：表示交叉验证参数，默认是 None，使用五折交叉验证。

接下来，在 9.2.3 节案例的基础上进行修改，使用网格搜索的方式寻找合适的超参数，具体步骤如下。

（1）读取数据集并分割数据，代码如下：

```
In []: from sklearn.datasets import load_breast_cancer
       from sklearn.model_selection import train_test_split
       data = load_breast_cancer()
       X = data["data"]
       y = data["target"]
       X_train, X_test, y_train, y_test = train_test_split(X, y,
                                                   test_size= 0.2)
```

（2）创建一个 KNeighborsClassifier 对象，不设置任何超参数，代码如下：

```
In []: from sklearn.neighbors import KNeighborsClassifier
       model = KNeighborsClassifier()
```

至此，创建了一个 KNN 模型，该模型的超参数都是默认值。

（3）设置超参数列表，代码如下：

```
In []: param_grid = [
           {
              "weights": ['uniform'],
              "n_neighbors": [i for i in range(1, 11)]
           },
           {
```

```
        "weights": ['distance'],
        "n_neighbors": [i for i in range(1, 11)],
        'p':[i for i in range(1, 6)]
    }
]
```

（4）将原始模型和参数列表放入 GridSearchCV 进行训练，并获取最佳模型及模型准确率，示例代码如下：

```
In []: from sklearn.model_selection import GridSearchCV
       grid_search = GridSearchCV(model, param_grid)
       grid_search.fit(X_train, y_train)
       grid_search.best_estimator_
Out[]: KNeighborsClassifier(p=1, weights='distance')
In []: grid_search.best_score_
Out[]: 0.945054945054945
```

从上述结果中可以看出，超参数 weights 的取值是 distance，模型的准确率约为 95%。这里最佳超参数的准确率比之前得到的结果还要低是因为使用 GridSearchCV 寻找最佳超参数时，每组超参数都采用了交叉验证的方式对模型进行评估，最终才会选出最优参数组合建立模型。

交叉验证（Cross Validation）是机器学习建立模型和验证模型参数常用的一种方法，常见的是 K 折交叉验证，其做法就是把样本数据分成 K 份，不重复地取其中 1 份做测试集，用其余 k-1 份作为训练集训练模型，之后计算该模型在测试集的准确率，将 K 次准确率的平均准确率作为训练模型的最终准确率，其过程如图 9-15 所示。

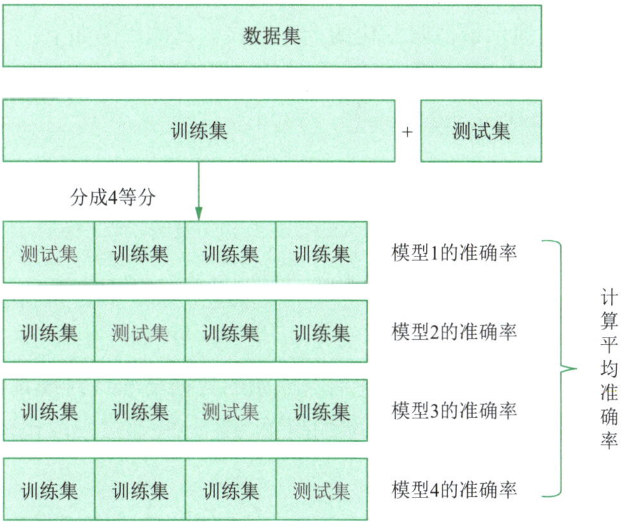

图 9-15　K 折交叉验证

9.2.5　归一化

样本的不同特征具有不同的量纲和量纲单位，这样的情况会影响最终评价结果，为了消除评价指标之间的量纲影响，需要对数据进行归一化处理，以解决数据指标之间的可比性。

例如，现有一份肿瘤样本数据，它有两个特征值，分别是肿瘤大小和发现时间，见表 9-5。

表 9-5 肿瘤大小和发现时间

样 本	肿瘤大小（厘米）	发现时间（天）
样本 1	2	200
样本 2	10	100
样本 3	1	300

根据这份样本数据，评估某个未知样本是恶性肿瘤还是良性肿瘤，按照前面所学的知识，可以通过计算样本之间的距离进行判断。但是这个过程存在一个问题，就是特征之间的数量级差异过大。例如，在计算肿瘤样本的特征距离时，最终结果会被数量级大的“发现时间”这个特征主导，而数量级小的“肿瘤大小”特征就会被忽略。

为了将特征之间的数量级缩放到同一个数量级，就需要对数据进行归一化，常用的数据归一化包括最值归一化和均值方差归一化，关于它们的介绍如下。

1. 最值归一化

最值归一化用于将数据映射到 0 ～ 1 之间，适用于数据有明显边界的情况，比如，学生成绩是 0 ～ 100 分这种情况就是有明显边界的情况。

最值归一化的计算公式如下所示：

$$X_{scale}=\frac{X-X_{min}}{X_{max}-X_{min}} \tag{9-4}$$

上述公式中，X_{scale} 代表最值归一化后的数据，X 代表原始数据，X_{min} 代表的是特征矩阵的最小值，X_{max} 代表的是特征矩阵的最大值。

接下来，通过一段代码演示最值归一化的计算方式，具体代码如下：

```
In []: import numpy as np
       data = np.random.randint(0, 1000, size = 10)
       data
Out[]: array([208,   2, 318, 521, 405, 485, 458, 351, 526, 459])
In []: data_scale = (data - np.min(data)) / (np.max(data) - np.min(data))
       data_scale
Out[]: array([0.39312977, 0.        , 0.60305344, 0.99045802, 0.76908397,
              0.92175573, 0.87022901, 0.66603053, 1.        , 0.8721374 ])
```

从上述代码可以看出，经过最值归一化后，原始的数据集 data 统统都被映射到了 0 ～ 1 区间。最值归一化存在非常容易受到异常值影响的问题。接下来，通过一段代码演示归一化的问题，具体代码如下：

```
In []: import numpy as np
       data = np.array([10000000, 100, 20, 320, 111])
       data
Out[]: array([10000000,      100,       20,      320,      111])
In []: data_scale = (data - np.min(data)) / (np.max(data) - np.min(data))
       data_scale
```

```
Out[]: array([1.0000000e+00, 8.0000160e-06, 0.0000000e+00,
       3.0000060e-05,9.1000182e-06]
```

从上述结果可以看出，当异常值过大时，即使对数据进行了最值归一化，最终的结果是异常的最大值变成了 1，而其他数据变得非常小，小到可以忽略不计了，这种情况需要使用均值方差归一化。

2. 均值方差归一化

均值方差归一化可以将数据映射到均值为 0，方差为 1 的分布，适用于数据分布没有明显边界，有可能存在极端值的情况。例如，中国人均薪资数据没有明显的上限，属于没有明显边界的情况。

均值方差归一化计算公式如下：

$$X_{\text{scale}} = \frac{X - X_{\text{mean}}}{S} \tag{9-5}$$

上述公式中，X_{mean} 代表的是所有样本数据的均值，S 代表的是所有样本数据的标准差。

接下来，通过一个案例演示均值方差归一化，具体代码如下：

```
In []: import numpy as np
       data = np.array( [10000000, 100, 20, 320, 111])
       data
Out[]: array([10000000,      100,       20,      320,       111])
In []: data_scale = (data - np.mean(data)) / (np.std(data))
       data_scale
Out[]: array([ 2.        , -0.50000944, -0.50002944, -0.49995444, -0.50000669])
In []: print(" 原始数据均值: ", np.mean(data))
       print(" 原始数据标准差: ", np.std(data))
       print(" 进行均值方差归一化数据均值: ", np.mean(data_scale))
       print(" 进行均值方差归一化数据标准差: ", np.std(data_scale))
Out[]: 原始数据均值: 2000110.2
       原始数据标准差:  3999944.901230536
       进行均值方差归一化数据均值:  0.0
       进行均值方差归一化数据标准差:  1
```

从上述结果中可以看出，成功将均值转为 0，将标准差转为 1。

9.2.6 使用 sklearn 实现归一化

前面介绍的归一化主要针对训练数据集，归一化后可以得到训练数据集的均值、方差、最大值和最小值。归一化后的训练数据集要进行模型训练，并使用训练好的模型进行数据预测，此时，测试数据集同样要进行归一化。那么，如何对测试数据集进行归一化处理呢？

正常情况下，测试数据集模拟的是真实环境的数据，但是真实环境很有可能无法得到测试数据集的均值、标准差等这些信息。比如，有一个训练好的鸢尾花数据模型，如果要预测一条新数据的类型，那么这个数据是无法得到均值、方差这些信息的。此时，我们可以使用训练数据集的均值、方差、最大值或最小值等信息进行归一化。

sklearn 提供了实现数据归一化的 StandardScaler 类，该类有三个非常重要的方法，具体如下：

（1）fit()：计算训练集的均值和标准差，返回的结果是一个保存了均值、标准差信息的 StandardScaler 对象。

（2）transform()：通过居中和缩放执行数据归一化。

（3）fit_transform()：等同于 fit() 和 transform() 方法结合，先调用 fit() 计算均值和标准差，后调用 transform() 进行归一化。

接下来，通过一个案例演示如何使用 StandardScaler 类实现归一化，具体步骤如下：

（1）导入数据集，并将数据集分为训练数据集和测试数据集，具体代码如下：

```
In []: from sklearn.datasets import load_breast_cancer
       from sklearn.model_selection import train_test_split
       data = load_breast_cancer()
       X = data["data"]
       y = data["target"]
       X_train, X_test, y_train, y_test = train_test_split(X, y, test_size= 0.2)
       print(X_train)
Out[]: [[1.199e+01 2.489e+01 7.761e+01 ... 1.202e-01 2.599e-01 8.251e-02]
        [1.585e+01 2.395e+01 1.037e+02 ... 1.119e-01 2.809e-01 6.287e-02]
        [1.114e+01 1.407e+01 7.124e+01 ... 3.922e-02 2.576e-01 7.018e-02]
        ...
        [1.128e+01 1.339e+01 7.300e+01 ... 8.611e-02 2.102e-01 6.784e-02]
        [1.025e+01 1.618e+01 6.652e+01 ... 9.744e-02 2.608e-01 9.702e-02]
        [1.113e+01 1.662e+01 7.047e+01 ... 4.044e-02 2.383e-01 7.083e-02]]
```

（2）此时可以看到训练数据集的确存在数据量差异，接着导入 sklearn 的标准化工具包，创建 StandardScaler 对象并实现数据归一化，具体代码如下：

```
In []: from sklearn.preprocessing import StandardScaler
       ssc = StandardScaler()
       ssc.fit(X_train)
       X_train_ssc = ssc.transform(X_train)
       print(X_train_ssc)
Out[]: [[-0.61812653  1.33600314 -0.60414544 ...  0.07267722 -0.50891521
          -0.10869358]
        [ 0.51698091  1.1165345   0.5065806  ... -0.05676805 -0.16862222
          -1.15874444]
        [-0.86808542 -1.19022096 -0.87533459 ... -1.1902719  -0.5461854
          -0.76791594]
        ...
        [-0.82691572 -1.3489855  -0.80040634 ... -0.45898412 -1.31427531
          -0.89302383]
        [-1.12980708 -0.69758391 -1.07627851 ... -0.28228354 -0.49433123
           0.66708229]
        [-0.87102611 -0.59485391 -0.90811569 ... -1.17124501 -0.85893087
          -0.73316374]]
```

从上述结果中可以看出，成功将训练数据集进行了归一化。

（3）将测试数据集的特征进行归一化，具体代码如下：

```
In []: X_test_ssc = ssc.fit_transform(X_test)
       print(X_test_ssc)
Out[]: [[ 0.15187827 -0.71909026  0.22067981 ...  1.2855905   1.18332163
          1.67388678]
        [ 1.47946262  1.96190113  1.41828809 ...  0.72694558 -0.45123674
         -1.01975621]
        [-0.83750018  0.36441922 -0.76285967 ...  0.44132261  0.18128733
          0.97312344]
        ...
        [-0.27718891 -0.25836721 -0.24497501 ...  1.37099737  1.6915999
          2.43908813]
        [ 0.17711752 -0.00369618  0.10518564 ... -0.74681293 -0.33183168
         -1.39027476]
        [ 0.3184573   3.19126765  0.40679461 ...  1.26738904  1.06553016
          2.60689544]]
```


到目前为止，我们把需要归一化的数据处理好了，不需要对标签进行归一化主要是因为本案例的标签只有 0、1 两种类型，本身并不存在数量级差异，所以不需要归一化。

（4）将归一化后的数据放入模型，具体代码如下：

```
In []: from sklearn.neighbors import KNeighborsClassifier
       model = KNeighborsClassifier()
       from sklearn.model_selection import GridSearchCV
       param_grid = [ {"weights": ['uniform', 'distance'],
                       "n_neighbors": [i for i in range(1, 11)]},
                    ]
       grid_search = GridSearchCV(model, param_grid)
       grid_search.fit(X_train_ssc, y_train)
       grid_search.best_score_
Out[]: 0.9604395604395604
```

从上述结果中可以看出，经过归一化后的模型的准确率达到了 96%。

9.3　案例：预测签到位置

当我们出门旅行在微信发朋友圈时，有的人会选择附带上自己所在的位置，跟好友分享自己觉得不错的地方。接下来，本节将运用学过的 KNN 算法，完成一个预测签到位置的案例。

9.3.1　案例需求

已知某平台举办了一场人工智能比赛，为了这次比赛，特意创建了一个 100 平方千米（10km × 10km）的虚拟世界，在这个虚拟世界中大约有 10 万个地方。本案例要求根据平台给定的一个用户的数据集，包括用户的签到位置、签到时间、坐标等一些信息，预测该用户下一次的签到位置。

9.3.2 数据准备

在了解了案例的目标之后，我们来看一下案例用到的数据，提前对数据整体的情况有个大致了解。用户的数据集全部保存在 train.csv 文件中，在 Excel 工具中打开该文件，具体如图 9-16 所示。

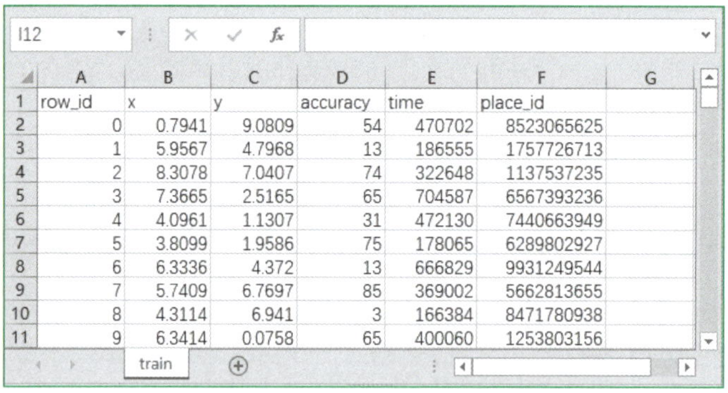

	A	B	C	D	E	F	G
1	row_id	x	y	accuracy	time	place_id	
2	0	0.7941	9.0809	54	470702	8523065625	
3	1	5.9567	4.7968	13	186555	1757726713	
4	2	8.3078	7.0407	74	322648	1137537235	
5	3	7.3665	2.5165	65	704587	6567393236	
6	4	4.0961	1.1307	31	472130	7440663949	
7	5	3.8099	1.9586	75	178065	6289802927	
8	6	6.3336	4.372	13	666829	9931249544	
9	7	5.7409	6.7697	85	369002	5662813655	
10	8	4.3114	6.941	3	166384	8471780938	
11	9	6.3414	0.0758	65	400060	1253803156	

图 9-16　train.csv 文件的内容

由图 9-16 可知，一共有 6 列数据，其中 row_id 表示样本 ID，x 和 y 表示 x 轴和 y 轴的坐标，accuracy 表示定位的准确度，time 表示签到时间，place_id 表示签到的位置，也就是需要预测的内容。值得一提的是，time 列的数据并不是以日期和时间的形式显示的，而是以时间戳的形式显示的。

9.3.3 案例实现

本案例的实现思路一般可以分为以下几步：

（1）获取数据集。

（2）处理数据。

（3）建立特征工程。

（4）建立机器学习模型。

（5）模型评估。

接下来，按照上述思路编写代码完成用户下一次签到位置的预测，具体内容如下。

1. 获取数据集

使用 read_csv() 函数从 train.csv 文件中获取数据集，具体代码如下：

```
In []: import pandas as pd
       import warnings
       warnings.filterwarnings('ignore')    # 过滤警告信息
       all_data = pd.read_csv(r'C:\Users\itcast\Desktop\train.csv')
       all_data.head()
Out[]:    row_id       x       y  accuracy    time    place_id
       0       0  0.7941  9.0809        54  470702  8523065625
       1       1  5.9567  4.7968        13  186555  1757726713
       2       2  8.3078  7.0407        74  322648  1137537235
       3       3  7.3665  2.5165        65  704587  6567393236
       4       4  4.0961  1.1307        31  472130  7440663949
```

使用 info() 方法查看 user_position 对象的摘要信息，具体代码如下：

```
In []: all_data.info()
Out[]: <class 'pandas.core.frame.DataFrame'>
       RangeIndex: 29118021 entries, 0 to 29118020
       Data columns (total 6 columns):
        #   Column     Dtype
       ---  ------     -----
        0   row_id     int64
        1   x         float64
        2   y         float64
        3   accuracy   int64
        4   time       int64
        5   place_id   int64
       dtypes: float64(2), int64(4)
       memory usage: 1.3 GB
```

从上述结果中可以看出，数据集一共有 29 118 021 行 6 列，共占用了 1.3GB 的内存空间，相对是比较大的。

2. 处理数据

（1）缩小数据范围。

由于数据集比较大，如果直接将整个数据集加载到计算机中，一定会耗费大量的时间，所以这里对数据集进行了筛选，从数据集中筛选出 x 和 y 都大于 2.0 小于 2.5 的值，将区域限定在（2.0 ～ 2.5（km））×（2.0 ～ 2.5（km））大小的地方，具体代码如下：

```
In []: # 缩小数据范围，将区域限定在 (2.0-2.5)*(2.0-2.5) 大小的地方
       signin_data = all_data.query('x>2.0 & x<2.5 & y>2.0 & y<2.5')
       signin_data.shape
Out[]: (71664, 6)
```

从上述结果中可以看出，数据集中现在有 71 664 行 6 列的数据。

（2）选取时间特征。

由于 time 列的数据全部是时间戳，不符合人们的认知习惯，所以需要将时间戳转换成相应的日期与时间，并分别获取天、小时、星期，将它们作为与签到时间相关的特征，具体代码如下：

```
In []: # 选取时间特征
       signin_data['time'] = pd.to_datetime(signin_data['time'], unit='s')
       signin_data.info()
Out[]: <class 'pandas.core.frame.DataFrame'>
       Int64Index: 71664 entries, 163 to 29117203
       Data columns (total 6 columns):
        #   Column    Non-Null Count  Dtype
       ---  ------    --------------  -----
        0   row_id    71664 non-null  int64
        1   x         71664 non-null  float64
        2   y         71664 non-null  float64
        3   accuracy  71664 non-null  int64
        4   time      71664 non-null  datetime64[ns]
```

```
 5   place_id  71664 non-null   int64
dtypes: datetime64[ns](1), float64(2), int64(3)
memory usage: 3.8 MB
In []: # 获取天、小时、星期，并给所有样本增加这些特征
signin_data['day'] = signin_data['time'].dt.day
signin_data['hour'] = signin_data['time'].dt.hour
signin_data['weekday'] = signin_data['time'].dt.weekday
signin_data.head()
Out[]:     row_id       x       y  ...              time  day hour weekday
163       163  2.1663  2.3755  ... 1970-01-08 18:02:17   8  18        3
310       310  2.3695  2.2034  ... 1970-01-03 17:11:59   3  17        5
658       658  2.3236  2.1768  ... 1970-01-06 19:32:23   6  19        1
1368     1368  2.2613  2.3392  ... 1970-01-04 16:50:22   4  16        6
1627     1627  2.3331  2.0011  ... 1970-01-07 21:18:04   7  21        2
```

从上述结果中可以看出，signin_data 对象中新增了 day、hour 和 weekday 三列，这三列的值分别表示天、小时和星期。为了避免暴露用户的隐私，把时间信息进行脱敏处理，使时间信息变成 1970 年，其他人就无法从签到时间和位置推断出是哪个用户。

数据脱敏是确保个人隐私信息得到充分保护的一种方式。为了进一步保护个人隐私信息，我们可以采用匿名化、加密和去标识化等方法。在数据的使用过程中，我们应该始终遵守相关法律法规和伦理规范，尊重数据主体的权益，并努力促进数据处理的合法、合规和道德化发展。这样才能更好地保护个人隐私，推动科技与社会的良性发展。

（3）去掉签到少的地方。

大多数社交软件出于盈利的目的，会分析哪些地方用户经常光顾，这样就可以筛选出人流量多的地方。因此，需要把签到次数大于 3 的地方筛选出来，具体代码如下：

```
In []: # 去掉签到比较少的地方
place_count = signin_data.groupby('place_id').count()
place_count = place_count[place_count['x'] > 3]
place_count
Out[]:          row_id     x     y  accuracy  time   day  hour  weekday
place_id
1008823061         4     4     4         4     4     4     4        4
1025585791        21    21    21        21    21    21    21       21
1026507711       220   220   220       220   220   220   220      220
1032417180        10    10    10        10    10    10    10       10
1040557418       123   123   123       123   123   123   123      123
...              ...   ...   ...       ...   ...   ...   ...      ...
9966115681        15    15    15        15    15    15    15       15
9970566102         5     5     5         5     5     5     5        5
9983648790      1056  1056  1056      1056  1056  1056  1056     1056
9995108787        23    23    23        23    23    23    23       23
9998968845        99    99    99        99    99    99    99       99
[929 rows x 8 columns]
```

将 signin_data 的 place_id 列的数据与 place_count 进行比较，如果 place_id 列存在于 place_count 中则保留，反之则直接删除，具体代码如下：

```
In []: signin_data = signin_data[signin_data['place_id'].isin(
                     place_count.index)]
       signin_data
Out[]:        row_id        x         y  accuracy   ...  day  hour  weekday
       163       163   2.1663   2.3755        84   ...    8    18        3
       310       310   2.3695   2.2034         3   ...    3    17        5
       658       658   2.3236   2.1768        66   ...    6    19        1
       1368     1368   2.2613   2.3392        73   ...    4    16        6
       1627     1627   2.3331   2.0011        66   ...    7    21        2
       ...       ...      ...      ...       ...   ...  ...   ...      ...
       [69264 rows x 9 columns]
```

（4）确定特征值和目标值。

确定特征值和目标值，具体代码如下：

```
In []: # 确定特征值和目标值
       x = signin_data[["x", "y", "accuracy", "day", "hour", "weekday"]]
       y = signin_data["place_id"]
```

（5）分割数据集。

使用 model_selection 模块的 train_test_split() 函数分割训练数据集和测试数据集，具体代码如下：

```
In []: # 分割数据集
       from sklearn.model_selection import train_test_split
       x_train, x_test, y_train, y_test = train_test_split(x, y, test_
       size=0.2, random_state=22)
```

3. 建立特征工程

创建一个 StandardScaler 类的对象，使用 fit_transform() 方法将训练数据集和测试数据集的特征进行归一化操作，具体代码如下：

```
In []: from sklearn.preprocessing import StandardScaler
       # 创建一个转换器
       scaler = StandardScaler()
       x_train = scaler.fit_transform(x_train)
       x_test = scaler.transform(x_test)
```

4. 建立机器学习模型

创建一个 KNeighborsClassifier 类的对象，进行网格搜索和交叉验证，并拟合从训练数据集中得到分类器，具体代码如下：

```
In []: from sklearn.neighbors import KNeighborsClassifier
       from sklearn.model_selection import GridSearchCV
       estimator = KNeighborsClassifier()
       # 进行网格搜索和交叉验证
       param_dict ={"n_neighbors": [1,3,5,7,9]}
       estimator = GridSearchCV(estimator, param_grid=param_dict, cv=5)
       # 拟合从训练数据集得到的分类器
       estimator.fit(x_train, y_train)
```

```
Out[]: GridSearchCV(cv=5, estimator=KNeighborsClassifier(),
                    param_grid={'n_neighbors': [1, 3, 5, 7, 9]})
```

5. 模型评估

模型评估的具体代码如下：

```
In []: # 预测结果
       estimator.predict(x_test)
Out[]: array([9983648790, 9216778377, 8914246980, ..., 8980163153,
       6232319657, 7243158436], dtype=int64)
In []: # 准确率输出
       estimator.score(x_test,y_test)
Out[]: 0.4383166101205515
In []: # 最好的结果
       estimator.best_score_
Out[]: 0.436086741795671
```

从上述结果中可以看出，模型评估最好结果是 0.436 086 741 795 671，准确率约为 44%，相对来说不算很高，这是因为本案例只选择了一部分数据集进行训练，并没有选择完整的数据集。

小　结

本章主要围绕着机器学习的内容进行了介绍，包括机器学习简介、KNN 算法。希望大家通过对本章的学习，可以理解 KNN 算法的思想，能够使用 sklearn 的 API 实现 KNN 算法的基本应用。

习　题

一、填空题

1. ________研究的是计算机怎么模拟或实现人类的学习行为。
2. 数据集的每一行数据称为一个________。
3. ________是利用一组已知类别的样本作为训练集，调整分类器的参数，使其达到所要求性能的过程。
4. ________用于将数据映射到 0 ～ 1 之间。
5. ________是一种穷举搜索方法，它通过遍历给定的参数组合来优化模型。

二、判断题

1. 假设数据集有 10 行数据，说明它里面有 10 个样本。（　　）
2. 特征是机器学习最终要预测的结果。（　　）
3. KNeighborsClassifier 类封装了线性回归的相关功能。（　　）
4. 为了消除评价指标之间的量纲影响，需要对数据进行归一化处理。（　　）
5. 超参数的值默认是最好的，无需进行调参处理。（　　）

三、选择题

1. 下列选项中，不属于机器学习分类的是（　　）。

   A. 监督学习　　B. 无监督学习　　C. 强化学习　　D. 自主学习

2. 下列选项中，用于预测数据集的方法是（　　）。

   A. predict()　　B. fit()　　C. score()　　D. best_score_()

3. 下列选项中，用于实现 KNN 算法的是（　　）。

   A. KNeighborsClassifier　　B. StandardScaler

   C. GridSearchCV　　D. LinearRegression

4. 下列选项中，用于实现网格搜索的是（　　）。

   A. KNeighborsClassifier　　B. StandardScaler

   C. GridSearchCV　　D. LinearRegression

5. 下列关于 KNN 算法的描述中错误的是（　　）。

   A. KNN 算法主要是对数值进行预测

   B. KNN 算法属于监督学习的一种方法

   C. KNN 算法通常被应用于分类场景中

   D. 使用 KNN 算法分类时，依据特征空间中最邻近的样本类别决定待分类样本的所属类别

四、问答题

1. 简述机器学习算法的分类。
2. 简述 KNN 算法的基本思想。

第 10 章 实战演练——租房数据统计分析

学习目标

- ◆ 掌握 pandas 读写功能，能够熟练地从文件中读取数据
- ◆ 掌握重复值的检测与处理方式，能够检测与删除重复值
- ◆ 掌握数据类型的转换方式，能够根据需要转换数据的类型
- ◆ 掌握 Matplotlib 的基本使用，能够绘制柱形图、折线图和饼图

随着中国经济的快速发展，北京市的资源和就业机会吸引了很多外来人口，使北京市逐渐成为中国人口密集的城市之一。本章将以北京市某年的租房数据为例，运用前面章节所学知识完整呈现数据处理、分析及可视化的过程。

10.1 数据收集

目前网络上有很多的租房平台，比如自如、房天下、链家等，其中链家是目前市场占有率较高的公司，给用户提供了可靠的房源信息。这里，我们采集了链家网站发布的租房信息，并将数据保存在 lianjia_houses.csv 文件中，在 Excel 工具中打开后看到里面有很多条房源数据，具体如图 10-1 所示。

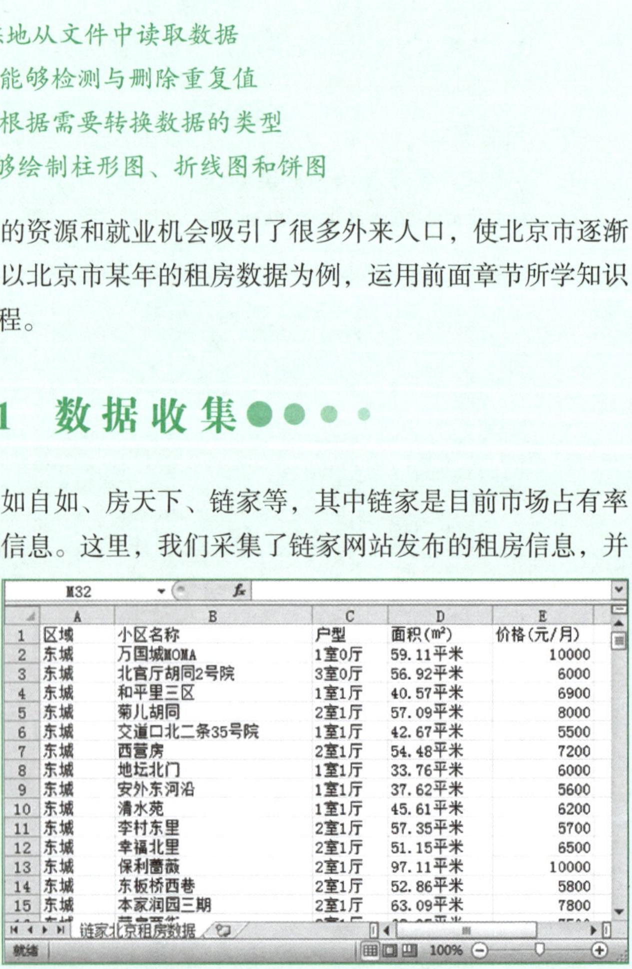

	A	B	C	D	E
1	区域	小区名称	户型	面积(m²)	价格(元/月)
2	东城	万国城MOMA	1室0厅	59.11平米	10000
3	东城	北官厅胡同2号院	3室0厅	56.92平米	6000
4	东城	和平里三区	1室1厅	40.57平米	6900
5	东城	菊儿胡同	2室1厅	57.09平米	8000
6	东城	交道口北二条35号院	1室1厅	42.67平米	5500
7	东城	西营房	2室1厅	54.48平米	7200
8	东城	地坛北门	1室1厅	33.76平米	6000
9	东城	安外东河沿	1室1厅	37.62平米	5600
10	东城	清水苑	1室1厅	45.61平米	6200
11	东城	李村东里	2室1厅	57.35平米	5700
12	东城	幸福北里	2室1厅	51.15平米	6500
13	东城	保利蔷薇	2室1厅	97.11平米	10000
14	东城	东板桥西巷	2室1厅	52.86平米	5800
15	东城	本家润园三期	2室1厅	63.09平米	7800

图 10-1　lianjia_houses.csv 文件

需要说明的是，链家官网上并没有提供平谷、怀柔、密云、延庆地区的租房数据，所以本案例的分析不会涉及到这四个区。

打开 Jupyter Notebook 工具，在该工具中新建一个后缀名为 ipynb 的

文件，并命名为 chapter10，在该文件中编写代码，使用 read_csv() 函数从 lianjia_houses.csv 文件读取房源数据，具体代码如下：

```
In []: import numpy as np
       import pandas as pd
       # 从文件中读取链家网站上采集的北京租房数据
       file_data = pd.read_csv(r'C:\Users\itcast\Desktop\lianjia_houses.
       csv', encoding='gbk')
       file_data.head()
Out[]:    区域          小区名称      户型       面积(m²)    价格(元/月)
       0  东城          万国城MOMA   1室0厅   59.11平方米     10000
       1  东城     北官厅胡同2号院   3室0厅   56.92平方米      6000
       2  东城          和平里三区   1室1厅   40.57平方米      6900
       3  东城            菊儿胡同   2室1厅   57.09平方米      8000
       4  东城   交道口北二条35号院   1室1厅   42.67平方米      5500
```

使用 info() 方法查看 file_data 对象的摘要信息，具体代码如下：

```
In []: file_data.info()
Out[]: <class 'pandas.core.frame.DataFrame'>
       RangeIndex: 8223 entries, 0 to 8222
       Data columns (total 5 columns):
        #    Column      Non-Null  Count     Dtype
       ---   ------      --------------     -----
        0    区域           8223   non-null object
        1    小区名称        8223   non-null object
        2    户型           8223   non-null object
        3    面积(m²)       8223   non-null object
        4    价格(元/月)     8223   non-null int64
       dtypes: int64(1), object(4)
       memory usage: 321.3+ KB
```

从上述结果中可以看出，租房数据中总共有 8 223 行，每行包含 5 列，其中价格一列数据的类型是 int64，其他列数据的类型是 object。由于所有列非空值的数量相等，都是 8 223 个，说明租房数据中没有缺失值，无需再进行缺失值处理。

10.2　数据处理

尽管租房数据整体是比较规整的，但或多或少会存在一些问题，不能直接用做数据分析。为此，在进行分析前需要对租房数据进行一系列的检测与处理，提高数据的质量。接下来，本节将针对数据处理的内容进行介绍，包括重复值检测与处理、数据类型转换。

10.2.1　重复值检测与处理

如果希望知道租房数据中是否存在重复值，则可以通过 duplicated () 方法检测。使用 duplicated () 方法对租房数据进行检测，只要有重复值，就会把它所在行的值映射为 True，具体代码如下：

```
In []: # 检测租房数据是否有重复值
       dup_value = file_data.duplicated()
       file_data[dup_value==True]
Out[]:      区域      小区名称        户型        面积(m²)     价格(元/月)
       65   东城      金鱼池东区    2室1厅     66.46平方米     6000
       66   东城        凯德华玺  2房间1卫    73.86平方米    13000
       67   东城        沙井胡同    2室1厅    25.15平方米     7900
       ...  ...         ...   ...       ...      ...
       8198 顺义        裕龙三区    1室1厅    69.04平方米     3800
       8199 顺义        建新北区    2室1厅    50.04平方米     3600
       8213 顺义          江山赋    2室1厅    74.62平方米     5200
       [2450 rows x 5 columns]
```

从上述结果可以看出，租房数据中总共有 2450 条重复值。

删除租房数据中的重复值，具体代码如下：

```
In []: # 删除重复值，重新分配行索引
       file_data = file_data.drop_duplicates(ignore_index=True)
       file_data
Out[]:      区域          小区名称      户型      面积(m²)    价格(元/月)
       0    东城      万国城MOMA    1室0厅    59.11平方米      10000
       1    东城   北官厅胡同2号院    3室0厅    56.92平方米       6000
       2    东城        和平里三区    1室1厅    40.57平方米       6900
       ...  ...           ...   ...       ...      ...
       5770 顺义      前进花园玉兰苑    3室1厅    92.41平方米       5800
       5771 顺义          双裕小区    2室1厅    71.81平方米       4200
       5772 顺义        樱花园二区    1室1厅    35.43平方米       2700
       [5773 rows x 5 columns]
```

与上次输出结果的行数相比，可以非常明显地看到减少了很多条数据，只剩下了 5 773 条数据。

10.2.2 数据类型转换

在这套租房数据中，“面积 (m^2)”一列的数据里面有中文字符“平方米”，不能直接参与计算。为了方便后续对“面积 (m^2)”一列的数据进行数学运算，需要将“面积 (m^2)”一列数据的类型转换为数字类型，具体代码如下：

```
In []: new_arr = np.array([])
       # 取出面积一列数据，去掉末尾的中文字符“”
       area_data = file_data['面积(m²)'].values
       for i in area_data:
           new_arr = np.append(new_arr, i[:-2])
       # 通过astype()方法将值转换为float64类型
       new_arr = new_arr.astype(np.float64)
       file_data.loc[:, '面积(m²)'] = new_arr
       file_data.tail()
Out[]:      区域   小区名称    户型     面积(m²)   价格(元/月)
       5768 顺义   怡馨家园   3室1厅   114.03    5500
```

```
5769  顺义    旭辉26街区  4房间2卫   59.00     5000
5770  顺义  前进花园玉兰苑   3室1厅   92.41     5800
5771  顺义      双裕小区   2室1厅   71.81     4200
5772  顺义    樱花园二区   1室1厅   35.43     2700
```

从上述结果中可以看出，“面积 (m^2)”一列的数据去掉了中文字符，变成了浮点数。

除此之外，“户型”一列数据显示的格式不是十分统一，大部分数据显示的是“* 室 * 厅”“* 室 * 卫”，个别数据显示的是“* 房间 * 卫”。例如，行索引 5769 对应的一行户型是“4 房间 2 卫”。为了方便用户后期统计户型的数量，将“房间”替换成“室”，以保证数据的一致性。

使用 replace() 方法将“户型”一列的“房间”替换为“室”，具体代码如下：

```
In []: # 获取“户型”一列数据
       housetype_data = file_data['户型']
       temp_list = []
       for i in housetype_data:
           # 把“房间”替换为“室”
           new_info = i.replace('房间', '室')
           temp_list.append(new_info)
       file_data.loc[:, '户型'] = temp_list
       file_data.tail()
Out[]:       区域        小区名称     户型    面积(m²)    价格(元/月)
       5768  顺义        怡馨家园    3室1厅    114.03     5500
       5769  顺义      旭辉26街区    4室2卫     59.00     5000
       5770  顺义    前进花园玉兰苑   3室1厅     92.41     5800
       5771  顺义        双裕小区    2室1厅     71.81     4200
       5772  顺义      樱花园二区    1室1厅     35.43     2700
```

通过比较替换前后的数据可以发现，行索引为 5 769 的户型已经由“4 房间 2 卫”变成了“4 室 2 卫”，说明成功完成了数据替换的操作。

10.3 数据分析与展示

租房数据经过处理以后，便可以进行分析了。为了能够直观地展示数据，本节将采用图表的形式呈现效果，辅助用户进行分析。

10.3.1 房源数量分析

如果希望统计北京市各区在租房源的数量，则需要先将租房数据按照“区域”一列进行分组，再统计每个分组包含数据的总数量，具体步骤如下。

首先，为了便于用户只查看和“区域”与“数量”有关的数据，这里创建一个 DataFrame 对象，通过该对象保存后面计算的各区的总数量，具体代码如下：

```
In []: new_df = pd.DataFrame({'区域':file_data['区域'].unique(),
                              '数量':[0]*13})
       new_df
```

```
Out[]:        区域  数量
      0       东城   0
      1       丰台   0
      2  亦庄开发区   0
      3       大兴   0
      4       房山   0
      5       昌平   0
      6       朝阳   0
      7       海淀   0
      8     石景山   0
      9       西城   0
      10      通州   0
      11    门头沟   0
      12      顺义   0
```

然后，通过 groupby() 方法将 file_data 对象按照“区域”一列进行分组，使用 count() 方法统计每个分组包含数据的总数量，并将数量按照从大到小的顺序进行排列，具体代码如下：

```
In []: # 按“区域”列分组，并统计每个分组的数量
       groupy_area = file_data.groupby(by=' 区域 ').count()
       new_df[' 数量 '] = groupy_area.values
       new_df = new_df.sort_values(by=[' 数量 '], ascending=False)
       new_df
Out[]:        区域        数量
      6       朝阳        1597
      7       海淀        605
      1       丰台        577
      10      通州        477
      9       西城        442
      3       大兴        362
      5       昌平        347
      12      顺义        297
      11    门头沟        285
      0       东城        282
      4       房山        180
      8     石景山        175
      2  亦庄开发区        147
```

最后，使用 Matplotlib 绘制一张柱形图，通过柱形图反映北京市各区在租房源的数量，具体代码如下：

```
In []: import matplotlib.pyplot as plt
       plt.rcParams['font.sans-serif'] = ['SimHei']
       house_region = new_df[' 区域 ']
       house_count = new_df[' 数量 ']
       x = np.arange(house_region.values.size)
       bar_rect = plt.bar(x, house_count,
                          tick_label=house_region.values.tolist(),
                          width=0.5, color='lightcoral')
       plt.title(" 北京市各区在租房源的数量 ")
       plt.ylim(0, 1800)
```

```
plt.ylabel("数量(套)")
# 添加注释文本
def autolabel(rects):
    """在每个柱形上方添加注释文本"""
    for rect in rects:
        rect_height = rect.get_height()      # 获取每个柱形的高度
        rect_x = rect.get_x()                # 获取每个柱形的 x 值
        rect_width = rect.get_width()        # 获取每个柱形的宽度
        plt.text(rect_x + rect_width / 2, rect_height + 5,
                 s='{}'.format(rect_height),
                 ha='center', va='bottom', fontsize=8)
autolabel(bar_rect)
# 旋转 x 轴刻度标签的角度
plt.xticks(rotation=30)
plt.show()
```

运行代码，效果如图 10-2 所示。

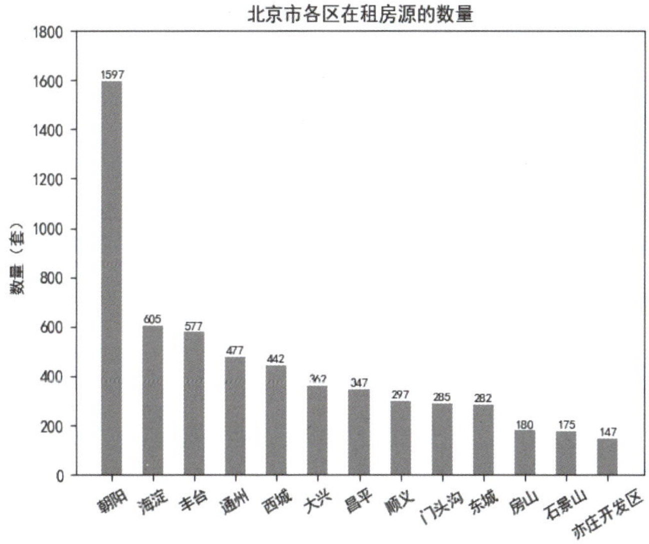

图 10-2　柱形图

从图 10-2 中可以看出，房源数量位于前三的区分别是朝阳区、海淀区、丰台区，这三个区在租房源的数量分别是 1 597 套、605 套、577 套。

10.3.2　户型数量分析

为了满足人们的生活需求，房地产开发商设计出了各种各样的户型供人们居住。下面对户型进行简单的分析，统计租房市场中哪种户型的房源数量偏多。

如果希望统计北京市各种户型在租房源的数量，则需要先将租房数据按照“户型”一列进行分组，再统计每个分组包含数据的总数量，具体步骤如下。

首先，定义一个函数来计算各种户型房源的数量，具体代码如下：

```
In []: # 定义函数，用于计算各户型的数量
def all_house(arr):
    arr = np.array(arr)
    key = np.unique(arr)
    result = {}
    for k in key:
        mask = (arr == k)
        arr_new = arr[mask]
        v = arr_new.size
        result[k] = v
    return result
house_array = file_data['户型']
house_info = all_house(house_array)
house_info
Out[]: {'0室0厅': 1, '1室0卫': 10, '1室0厅': 244, '1室1卫': 126,
 '1室1厅': 844, '1室2厅': 13, '2室0卫': 1, '2室0厅': 23,
 '2室1卫': 120, '2室1厅': 2249, '2室2卫': 22, '2室2厅': 265,
 '2室3厅': 1, '3室0卫': 3, '3室0厅': 12, '3室1卫': 92,
 '3室1厅': 766, '3室2卫': 48, '3室2厅': 489, '3室3卫': 1,
 '3室3厅': 10, '4室1卫': 15, '4室1厅': 58, '4室2卫': 24,
 '4室2厅': 191, '4室3卫': 5, '4室3厅': 9, '4室5厅': 2,
 '5室0卫': 1, '5室0厅': 1, '5室1卫': 3, '5室1厅': 7,
 '5室2卫': 7, '5室2厅': 49, '5室3卫': 3, '5室3厅': 24,
 '5室4厅': 1, '5室5厅': 1, '6室0厅': 1, '6室1卫': 1,
 '6室1厅': 1, '6室2厅': 5, '6室3卫': 2, '6室3厅': 6,
 '6室4卫': 2, '7室1厅': 1, '7室2厅': 2, '7室3厅': 3, '7室4厅': 1,
 '8室4厅': 2, '9室1厅': 2, '9室2厅': 1, '9室5厅': 2}
```

从上述结果可以看出，程序输出了一个字典，其中字典的键表示户型的种类，值表示该户型的数量。

然后，由于个别户型的房源需求量比较少，所以这里可以筛选出数量大于 50 的房源。使用字典推导式将户型数量大于 50 的元素筛选出来，并将筛选后的结果转换成 DataFrame 类的对象，具体代码如下：

```
In []: # 使用列表推导式筛选数量大于 50 的户型
house_type = dict((key, value) for key, value in house_info.items()
                  if value > 50)
show_houses = pd.DataFrame({'户型':[x for x in  house_type.keys()],
                  '数量':[x for x in house_type.values()]})
show_houses
Out[]:      户型     数量
       0    1室0厅   244
       1    1室1卫   126
       2    1室1厅   844
       3    2室1卫   120
       4    2室1厅  2249
       5    2室2厅   265
       6    3室1卫    92
       7    3室1厅   766
```

```
8    3室2厅    489
9    4室1厅     58
10   4室2厅    191
```

为了能够直观地看到不同户型之间的数量差异，这里可以使用条形图进行展示，其中条形图的纵轴坐标代表户型种类，横轴坐标代表数量，具体代码如下：


```
In []: import matplotlib.pyplot as plt
       plt.rcParams['font.sans-serif'] = ['SimHei']
       house_type = show_houses['户型']
       house_type_num = show_houses['数量']
       y = np.arange(house_type.values.size)
       plt.barh(y, house_type_num, height=0.7, color='darkcyan',
       alpha=0.8)
       plt.yticks(y, house_type)
       plt.xlim(0, 2500)
       plt.xlabel("数量（套）")
       plt.title("北京市部分户型在租房源的数量")
       for x, y in enumerate(house_type_num):
           plt.text(y + 0.2, x - 0.1, '%s' % y)
       plt.show()
```

运行代码，效果如图 10-3 所示。

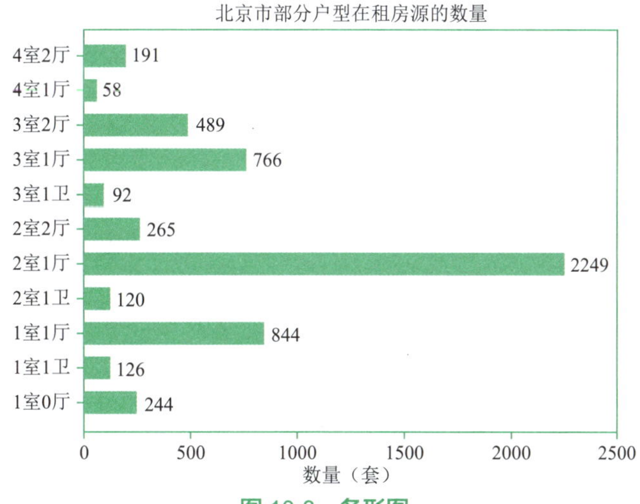

图 10-3　条形图

从图 10-3 中可以看出，整个租房市场中数量较多的户型分别为“2 室 1 厅”“1 室 1 厅”和“3 室 1 厅”，其中“2 室 1 厅”户型的房屋在整个租房市场中是数量最多的，总共有 2 249 套。

10.3.3　房源平均租金分析

为了能够进一步了解在租房源的情况，接下来分析北京市各区目前在租房源的平均租金情况。平均租金的计算方式各不相同，这里我们说的平均租金是各区房租的总金额（按月计算）除以房屋的总面积。

如果希望统计北京市各区在房源的平均租金，则需要先将“价格 (元 / 月)”和“面积 (m^2)”这两列数据分别按照“区域”一列进行分组，再统计每个分组包含房源的总数量，具体步骤如下。

首先，创建一个 DataFrame 类的对象，该对象有“区域”“房租总金额”“总面积 (m^2)”这三列，每列的初始值均为 0，具体代码如下：

```
In []: # 新建一个 DataFrame 对象，房租总金额和总面积列的初始值为 0
       df_all = pd.DataFrame({'区域':file_data['区域'].unique(),
                              '房租总金额':[0]*13, '总面积(m²)':[0]*13})
       df_all
Out[]:        区域   房租总金额  总面积(m²)
       0      东城       0         0
       1      丰台       0         0
       2   亦庄开发区     0         0
       3      大兴       0         0
       4      房山       0         0
       5      昌平       0         0
       6      朝阳       0         0
       7      海淀       0         0
       8    石景山       0         0
       9      西城       0         0
       10     通州       0         0
       11   门头沟       0         0
       12     顺义       0         0
```

然后，按照“区域”一列分别对“价格 (元 / 月)”一列和“面积 (m^2)”一列的数据进行分组，使用 sum() 方法计算每个分组的和，得到房租总金额和房屋总面积，之后将它们赋值给 df_all 对象的相应列，具体代码如下：

```
In []: # 求总金额和总面积
       sum_price = file_data['价格(元/月)'].groupby(file_data['区域']).sum()
       sum_area = file_data['面积(m²)'].groupby(file_data['区域']).sum()
       df_all['房租总金额'] = sum_price.values
       df_all['总面积(m²)'] = sum_area.values
       df_all
Out[]:        区域    房租总金额   总面积(m²)
       0      东城    3945550    27353.99
       1      丰台    4404893    50922.79
       2   亦庄开发区  1318400    15995.53
       ...    ...      ...         ...
       10     通州    2719600    46625.23
       11   门头沟    1048300    20258.20
       12     顺义    2190900    33668.97
```

计算出各区房租总金额和房屋总面积之后，便可以计算平均租金。在 df_all 对象的基础上增加“每平方米租金 (元)”一列，用于保存计算的平均租金，具体代码如下：

```
In []: # 计算各区域每平方米房租价格，并保留两位小数
       df_all['每平方米租金(元)'] = round(df_all['房租总金额']/
                                        df_all['总面积(m²)'], 2)
       df_all
```

```
Out[]:          区域    房租总金额    总面积 (m²)   每平方米租金 ( 元 )
       0        东城    3945550     27353.99     144.24
       1        丰台    4404893     50922.79      86.50
       2    亦庄开发区    1318400     15995.53      82.42
       ...      ...     ...          ...          ...
       10       通州    2719600     46625.23      58.33
       11      门头沟    1048300     20258.20      51.75
       12       顺义    2190900     33668.97      65.07
```

接着，将之前创建的 new_df 对象与 df_all 对象进行合并，由于这两个对象中都包含“区域”一列，所以这里可以采用主键的方式进行合并，具体代码如下：

```
In []: # 合并 new_df 与 df_all
       df_merge = pd.merge(new_df, df_all)
       df_merge
Out[]:          区域    数量   房租总金额    总面积 ( m² )   每平方米租金 ( 元 )
       0        朝阳   1597  20281396   166921.72          121.50
       1        海淀    605   7279350    57210.39          127.24
       2        丰台    577   4404893    50922.79           86.50
       3        通州    477   2719600    46625.23           58.33
       4        西城    442   5636975    37141.64          151.77
       5        大兴    362   2286950    35884.15           63.73
       6        昌平    347   2521515    35972.92           70.09
       7        顺义    297   2190900    33668.97           65.07
       8       门头沟    285   1048300    20258.20           51.75
       9        东城    282   3945550    27353.99          144.24
       10       房山    180    726750    15275.41           47.58
       11      石景山    175   1156500    13956.67           82.86
       12    亦庄开发区    147   1318400    15995.53           82.42
```

最后，借用图表直观地展示各区房源的具体情况，其中房源数量可以用柱形图进行展示，平均租金可以用折线图进行展示，具体代码如下：

```
In []: import matplotlib.ticker as mtick
       from matplotlib.font_manager import FontProperties
       plt.rcParams['font.sans-serif']=['SimHei']
       num = df_merge[' 数量 ']
       price = df_merge[' 每平方米租金 ( 元 )']
       l = [i for i in range(num.values.size)]
       region = df_merge[' 区域 ']
       # 创建一个画布
       fig = plt.figure()
       # 创建一个与画布同等大小的绘图区域
       ax1 = fig.add_subplot(111)
       ax1.plot(l, price, marker='o', ms=5, color='r', label=' 价格 ')
       for i,(_x,_y) in enumerate(zip(l,price)):
           plt.text(_x, _y, price[i], color='black', fontsize=10)
       ax1.set_ylim([0, 200])
       ax1.set_ylabel(' 租金 ( 元 ) ')
```

```
# 添加图例，设置图例的位置和文本字体大小
plt.legend(prop={'size': 8}, loc='upper left')
# 生成另一个与 ax1 共享 x 轴的绘图区域
ax2 = ax1.twinx()
ax2.bar(l, num, alpha=0.3, color='green', label=' 数量 ')
ax2.set_ylabel(' 数量（套）')
ax2.set_ylim([0, 2000])
plt.legend(prop={'size': 8}, loc="upper right")
plt.xticks(l, region)
plt.show()
```

运行代码，效果如图 10-4 所示。

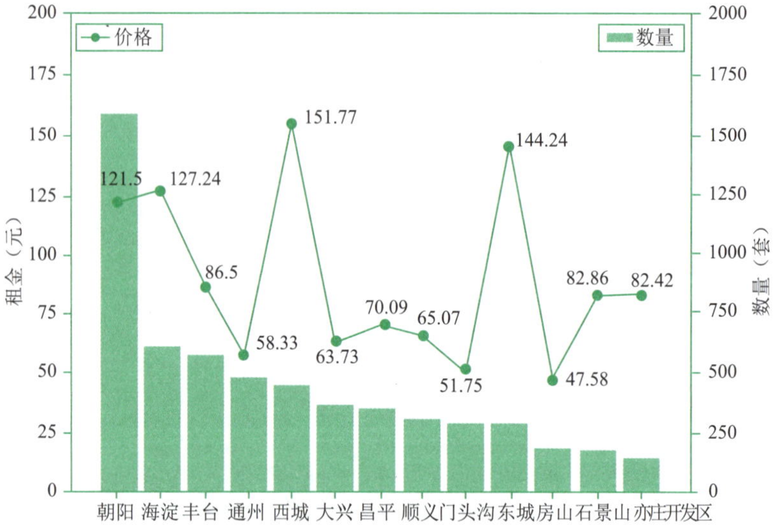

图 10-4　运行结果

从图 10-4 中可以看出，西城区、东城区、海淀区、朝阳区的房租价格相对较高。

10.3.4　房源面积区间分析

下面将房屋的面积按照一定的规则划分成多个区间，看一下各面积区间的占比情况，便于分析租房市场中哪种房屋类型容易出租，哪个面积区间的租房人数最多。

如果希望了解各面积区间的占比情况，则需要先获取租房数据中的最大面积和最小面积，根据具体情况划分几个面积分组，再统计每个分组的数量，之后使用饼图展示各面积区间的占比情况，具体步骤如下。

首先，使用 max() 与 min() 方法分别计算出房屋面积的最大值和最小值，具体代码如下：

```
In []: # 查看房屋的最大面积和最小面积
       print(' 房屋最大面积是 %d 平方米 '%(file_data[' 面积 (m²)'].max()))
       print(' 房屋最小面积是 %d 平方米 '%(file_data[' 面积 (m²)'].min()))
Out[]: 房屋最大面积是 1133 平方米
       房屋最小面积是 11 平方米
```

接下来参照链家官网的面积区间将房屋面积划分为 8 个区间，使用 describe() 方法描述各

个区间出现的次数（counts）以及频率（freqs），具体代码如下：

```
In []:# 面积划分
area_divide = [1, 30, 50, 70, 90, 120, 140, 160, 1200]
area_cut = pd.cut(list(file_data['面积(m²)']), area_divide)
area_cut_data = area_cut.describe()
area_cut_data
Out[]:                counts     freqs
categories
(1, 30]              41  0.007102
(30, 50]            710  0.122986
(50, 70]           1566  0.271263
(70, 90]           1094  0.189503
(90, 120]          1082  0.187424
(120, 140]          381  0.065997
(140, 160]          274  0.047462
(160, 1200]         625  0.108263
```

最后，使用 Matplotlib 绘制饼图，通过饼图展示各面积区间的占比情况，具体代码如下：

```
In []:import numpy as np
area_percentage = (area_cut_data['freqs'].values) * 100
labels = ['30平方米以下', '30～50平方米', '50～70平方米', '70～90平方米',
          '90～120平方米','120～140平方米','140～160平方米','160平方米以上']
# 绘制图像
# 标签是 labels，扇区显示的格式为百分比的形式，并保留两位小数
plt.pie(x=area_percentage, labels=labels, autopct='%.2f %%',
pctdistance = 0.7)
# 显示图例，并设置图例显示到右上角位置
plt.legend(bbox_to_anchor=(1.08, 1))
plt.show()
```

上述代码中，legend() 函数的参数 bbox_to_anchor 用于指定图例显示的位置，该参数需要接收一个包含两个值的元组或者列表，表示图例锚点位置的坐标。坐标值是相对于图形区域的，其中（0,0）表示图形区域的左下角，（1,1）表示图形区域的右上角。

运行代码，效果如图 10-5 所示。

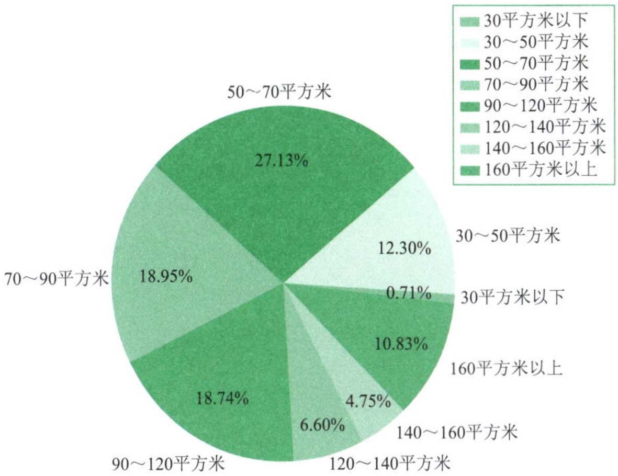

图 10-5 饼图

从图 10-5 中可以看出，50 ～ 70 平方米的房屋在租房市场中占有率最大。总体看来，租户主要会以 120 平方米以下的房屋为租住对象，其中 50 ～ 70 平方米以下的房屋为租户的首先对象。

小　　结

本章运用前面所学的知识，开发了一个相对比较完整的项目——租房数据统计分析。希望读者通过对本章的学习，能够熟练地掌握数据分析库的使用，举一反三，以具备开发数据分析项目的能力。